湖南省生态环境干部培训系列教材

生态保护与环境污染防治

许　银　曹　喆　主编

中国环境出版集团·北京

图书在版编目（CIP）数据

生态保护与环境污染防治 / 许银，曹喆主编. —北京：中国环境出版集团，2024.1
湖南省生态环境干部培训系列教材
ISBN 978-7-5111-5769-0

Ⅰ. ①生… Ⅱ. ①许…②曹… Ⅲ. ①生态环境保护—教材②污染防治—教材 Ⅳ. ①X171.4②X5

中国国家版本馆 CIP 数据核字（2023）第 253896 号

出 版 人　武德凯
责任编辑　孟亚莉
封面设计　岳　帅

出版发行　中国环境出版集团
（100062　北京市东城区广渠门内大街 16 号）
网　　址：http://www.cesp.com.cn
电子邮箱：bjgl@cesp.com.cn
联系电话：010-67112765（编辑管理部）
发行热线：010-67125803，010-67113405（传真）
印　　刷　玖龙（天津）印刷有限公司
经　　销　各地新华书店
版　　次　2024 年 1 月第 1 版
印　　次　2024 年 1 月第 1 次印刷
开　　本　787×960　1/16
印　　张　18
字　　数　303 千字
定　　价　54.00 元

前　言

党的十八大以来，以习近平同志为核心的党中央把生态文明建设作为统筹推进“五位一体”总体布局和协调推进“四个全面”战略布局的重要内容，不断推进生态文明建设的实践探索和理论创新，实现了马克思主义基本原理同中国生态文明建设实践相结合、同中华传统生态文化相结合，创立了习近平生态文明思想。深刻回答了新时代生态文明建设的基本原则、战略路径等一系列重大理论与实践问题，指导我国生态环境保护发生了历史性、转折性、全局性变化，创造了举世瞩目的绿色发展奇迹和生态奇迹。

当前，生态文明建设正处于压力叠加、负重前行的关键期，已进入提供更多优质生态产品以满足人民日益增长的优美生态环境需要的攻坚期，也到了有条件、有能力解决突出生态环境问题的窗口期，要坚持问题导向，聚焦突出问题，加大攻关力度，打好标志性的重大战役，为人民创造良好生产、生活环境。本书全面系统地介绍了生态、水、气、土壤、固体废物、噪声中的基本原理，控制技术和典型案例，力求理论联系实际，供各级干部教育培训机构教学使用和学习参考。

本书由湘潭大学许银和长沙环境保护职业技术学院曹喆担任主编，

其他参与编写的人员有湘潭大学葛飞、张俊丰、黄妍、李峰、田凯勋、赵令葵、田江、陈跃辉、李婷、陈洪波，长沙环境保护职业技术学院朱鸿毅、曹慧，长沙市环境科学研究与信息中心张晨。北京林业大学孙德智教授、中国人民大学郑祥教授、中国环境出版集团侯华华审阅了书稿，提出了宝贵的意见，在此表示感谢。

环境科学与工程是一门交叉学科，它涉及的范围非常广泛，研究成果仍在不断丰富，其资料量浩瀚如海。限于编者的水平，书中难免有错误和纰漏，恳请读者予以批评指正。

编　者

2023.8

目 录

第一章 生态文明与绿色发展

党的十八大以来，在以习近平同志为核心的党中央领导下，我国在生态文明建设方面开展了一系列根本性、开创性、长远性的工作，顶层设计统揽全局，制度安排周密到位，各地实践探索创新，强力推进解决问题，取得了显著成效。习近平生态文明思想内涵丰富，意蕴深邃，视野宏大，继承和发扬了中国传统生态文化和生态智慧，深化和发展了马克思主义自然生态观，根植于中国特色社会主义建设伟大实践，是一个科学完整的思想体系。

第一节 生态文明提出的时代背景

一、生态文明建设是对当代世界发展实践和发展理念的借鉴

自 1972 年联合国人类环境会议以来，人们逐渐意识到传统发展模式所带来的危害，全球生态恶化已经成为一个不争的事实，全世界联合起来拯救地球成为共识。1992 年 6 月，里约地球峰会形成了《里约环境与发展宣言》《21 世纪议程》《关于森林问题的原则声明》等一系列具有划时代意义的文件。2002 年约翰内斯堡峰会对水资源、能源、健康、农业和生物多样性 5 个方面的全球环境问题进行讨论。2012 年在里约热内卢召开的联合国可持续发展大会中提到了就业、能源、城市、粮食、农业、水资源、海洋、灾害等方面的环境问题。2020 年 9 月，中国明确提出“碳达峰”与“碳中和”目标。生态文明、生态保护、低碳生活正在成为全球关注的焦点。

在过去的数百年间，西方发达国家走的是先浪费后节约、先污染后治理的道

路。在工业化进程中，大概占全球人口15%的西方国家却消耗了世界60%的能源和40%的矿产资源。截至2020年我国人口约占全球总人口的22%，如果走西方的工业化道路，是根本不可能找到足够资源的。虽然人类不遗余力地推进环境治理，但宏观趋势的复杂性以及各国对自身利益的考量，使全球以可持续发展为目标而出台的《21世纪议程》等重要文件的执行情况远未达到预期，全球环境危机不仅没有根本扭转，反而一些新环境问题还层出不穷。无论是面对旧的环境问题，还是新出现的环境问题，中国至今都面临着巨大的挑战。

二、生态文明建设是直面中国现实国情的要求

人们常说中国的发展速度和效率是基于人口红利、全球化红利和资源环境要素红利这三大红利，但是随着计划生育的实施，适宜劳动力人口比率持续下降，人工成本快速上升；美国次贷危机引发经济全球化放缓，更重要的是巨大的消费市场造成资源要素、环境原材料价格大规模持续攀升，原先的红利都在快速消失，这是发展模式不可持续造成的。虽然通过节能减排，资源综合产出率、固体废物综合利用率等得到提升，能源消费弹性系数大幅下降，供需矛盾得以缓解，污染物排放得到有效控制，环境质量有所提升，但粗放型发展模式并未根本改观。中国正处于工业化中后期和城镇化加速发展的阶段，发达国家一两百年时间逐步出现的环境问题在中国集中显现，呈现明显的结构型、压缩型、复合型特点，环境总体恶化的趋势尚未根本改变，压力甚至还在持续加大。

面对资源约束趋紧、环境污染严重、生态系统退化的严峻形势，必须树立尊重自然、顺应自然、保护自然的生态文明理念，把生态文明建设放在突出地位，融入经济建设、政治建设、文化建设、社会建设各方面和全过程。其中资源约束趋紧、环境污染严重、生态系统退化的严峻形势是生态文明建设的现实国情。从资源方面来讲，我国并不是一个地大物博的国家。据《2005年中国可持续发展战略报告》，我国65%的国土面积是山地或丘陵，33%的国土面积是干旱或荒漠地区，70%的国土面积每年受季风的影响，55%的国土面积不适宜人类生产或生活，资源相对紧缺，耕地、淡水、能源、铁矿等主要资源的人均占有量不足世界平均水平的1/4。与此同时，环境质量不容乐观：土地沙化、草原退化、河流的水功能严重失调，特大洪涝灾害频繁发生；土壤污染、危险废物、空气污染、持久性有机

污染物等污染持续增加。我国已进入污染事故多发期和矛盾凸显期，资源浪费和短缺、环境破坏已经成为制约经济社会可持续发展的“瓶颈”因素。

三、生态文明建设是对民意的回应

在发展过程当中，我国部分地区因GDP增长而改善物质生活的同时，也品尝到GDP快速增长所引发的苦果。大气污染、重金属污染、水资源污染、土壤污染已经成为致病的主要因素。随着环境的破坏、污染的加重，人们的环境焦虑、生态期盼随着经济指数的攀升而日益凸显。生态文明建设是对民意的回应，应更加重视民生福祉、社会公正和幸福感受。

坚持生态惠民、生态利民、生态为民，打好污染防治攻坚战，解决关系人民群众生命安全和健康的突出生态环境问题，不断满足人民群众对优美生态环境的需求。坚持生态优先、绿色发展，因地制宜壮大“美丽经济”，不断丰富优质生态产品供给，努力开创生态保护、经济发展和民生保障共赢的良好局面。我国把生态文明建设纳入总体布局，代表了人民群众的根本利益和共同愿望，充分体现了我党以人为本、执政为民的理念。随着生活水平的不断提升，人们经历了从求温饱到盼环保、从谋生计到保生态的转变，生态文明建设则顺应了人民群众渴望提高生活品质、呼吸清新的空气、喝上干净的水、拥有宜居的环境、吃上放心的食品的美好期待。

第二节　资源和能源的绿色开发利用

合理利用和开发能源是人类生存的基本条件，能源也是我国国民经济的重要物质基础，能源安全关系着我国经济安全。随着我国经济的快速发展，生态问题、能源问题随之而来，当前绿色能源产品发展势头良好，人们的绿色消费观念不断强化，绿色能源在整体能源利用中的消耗比例不断增加，世界能源的利用趋势正朝着绿色化方向发展。

一、我国的能源利用形式

能源是人类发展的必备要素，随着经济的不断发展和生活水平的不断提高，人们的环保意识不断得到增强，对所处的生活环境的要求也在不断提高。从整体的能源发展战略来看，在21世纪，人们必须寻找到一条资源的可持续发展道路。增加清洁的、可再生的、无污染的绿色能源的利用和开发，以应对人类生存过程中的能源问题。

随着世界工业发展速度的加快，预计全球未来能源消耗的增速将不断加快，煤炭、石油等常规能源将面临日渐减少的困境，自20世纪70年代世界范围内的能源危机发生以后，全球石油售价提高，不断刺激着能源消耗大国，如英美等国将主要研究精力放在研发常规能源外的其他能源上，甚至有的国家一度以军事打击为手段攫取石油等能源，充分说明世界范围内的能源危机正深刻影响着世界各国的政治、经济关系。

实际上，与石油、煤炭等常规能源相比，其他的绿色能源（如太阳能、风能、潮汐能、水能等）也蕴含着较大的能量储备。例如，地球10天内接收到的太阳能就是全球所有化石燃料能源储备的总量。目前，全球各国都积极制定清洁能源的发展战略，欧盟计划到2030年，将可再生能源供电比例提高到50%；2050年实现净碳排放量为零，能耗水平达到2005年的一半，电力在终端能源需求中的占比增加一倍，其中，可再生能源电力超过80%。在21世纪中能源结构将发生较大变化，太阳能、水能等清洁能源将代替煤炭、石油等传统能源，我国也积极提倡以绿色能源为主导的经济发展模式，还积极制定了环境与发展措施，确定了“因地制宜、合理利用和开发地热能、水能、太阳能等绿色能源”的发展思路。

二、能源的发展方向

为了确保国民经济的可持续发展，不断提高人们的物质生活水平，必须要坚持能源的可持续发展，这就要求在发展经济的同时为能源的发展制定正确合理的方向，这样才能保护原本已经十分脆弱的生态环境，保证可持续发展顺利进行。

（一）加快调整能源利用结构

在社会生产力不断发展的情况下，经济发展对能源的需求量也在不断增加，而能源利用结构也在不断调整和完善。目前，化石燃料是世界能源结构的主体，但是，煤矿、石油等矿物能源属于不可再生能源，总有一天会枯竭。目前，矿物能源已经出现供不应求的局面，世界各国争夺能源引起了世界局势的动荡。我国对能源需求量很大，其中煤炭是主要消耗能源，1995 年需求量为世界的 10.4%，2020 年增加至 15.3%，而我国的人均煤炭需求量为世界的 1/2。在不久的将来，我国的能源消耗将大部分依靠进口，这将严重遏制我国经济的可持续发展。另外，矿石能源经过燃烧后也会对环境造成严重影响，引起酸雨、温室效应等问题，对森林、耕地等造成污染和破坏，影响了环境的可持续发展。

（二）绿色能源成为发展趋势

据预测，2250—2500 年世界的煤炭能源将被完全消耗，面对能源危机，能源与经济、环境的矛盾将越来越突出，绿色能源作为调整能源结构的关键步骤，引起了世界各国的重视。简言之，绿色能源就是再生能源以及清洁能源，广义的绿色能源包括在利用开发中污染较低的能源，如核能、天然气、清洁煤炭等。狭义的绿色能源是指可再生能源，如水能、太阳能、风能、氢能、燃料电池、生物质能等，这些能源储存量丰富，基本不会对环境造成污染，还可以就地使用，在利用形式上可以集中建设，也可以分散建设，形式灵活多样。绿色能源不但可以解决经济的持续发展问题，同时也促进了生态环境问题的解决，发展前景广阔。世界对这些绿色能源的利用进行了长时间的研究，部分能源已经在实际生活中发挥了较大的社会效益和经济效益。

三、绿色能源的合理开发和利用

在改善能源结构、强化能源供应、大力保护环境中，绿色能源的利用和开发有重要的作用，这也是实现环境保护、化解能源供需矛盾、坚持可持续发展的必然选择，我国已经颁布《中华人民共和国可再生能源法》，建立了绿色能源的发展基金，对绿色能源相关的技术研发和工程试点给予了政策上的大力支持，绿色能源的合理开发和利用的发展前景十分明朗。

（一）水能的利用

我国的水能蕴藏量十分丰富，但是水能资源的分布极不均衡，我国水能资源的理论蕴藏量折合成发电量约为 6.19 亿 kW·h，年发电量可达到 1.76 亿 kW·h，这一数值约占世界水能资源的 20%，居世界第 1 位。我国的小型水电资源的分布也较为广泛，全国 2 000 多个县（市）中至少有 1 500 个县（市）拥有能够开发的水电资源，目前建成的有 1 000 万 kW 以上水电开发量的有 1 100 多个县（市），与太阳能等其他绿色能源的利用相比，我国水电利用造价较低且技术较为成熟，适合在具有水能资源的农村地区进行水力发电和电气化的建设工程。但是目前我国的水能资源开发程度仍然较低，根据我国对小水电的规划，制定了到 2020 年实现水电装机 9 300 万 kW 的目标。

（二）海洋能的利用

海洋能是指存在于海洋之中的可再生能源，其主要的存在形式包括波浪、潮汐、海流、温度差等。我国有宽广的海岸线，海洋管辖范围广泛，因此，我国的海洋能资源丰富，具有很高的利用价值。我国海洋能开发利用历史悠久，具有丰富的经验和较为扎实的基础，如已经拥有了小型潮汐发电技术，建立潮汐发电站的条件基本成熟，岸式波力发电技术走在了世界波浪能技术开发的前列，但不可否认的是，目前我国海洋能的利用形式较为单一，整体规模有限，在海洋能的实用性方面仍然欠缺。

（三）太阳能的利用

太阳能的利用主要表现在太阳能发电、太阳能热水器、太阳能建筑等方面，2006 年，我国生产的硅片和太阳能电池分别占全球市场的 25%、15%，我国已经是全球最大的太阳能热水器的消费国和生产国，每年的太阳能热水器产量占世界推广量的 7%，且仍在以 25%的增速发展。另外，太阳能采暖建筑的推广范围也在不断扩大，在我国目前的住宅小区发展趋势明显，利用太阳能的住宅区内每平方米每年能节省 20～40 kg 标准煤，因此，利用太阳能可发挥出良好的社会效益和经济效益。

（四）风能的利用

我国风能利用主要通过风力发电机、风力发电场、风力提水机、风力发电组等形式，目前风力发电机的应用范围也在逐渐扩大，从最开始的家庭用电发展成铁路、公路、通信等多方面应用。2006—2017 年的 12 年间，风电装机容量年平均增长率达 46%，截至 2021 年年底，风电装机容量突破 3 亿 kW，位居世界第一。另外，我国还出台了风电设备生产要求，设置风电特许权，强化了风电开发的扶持政策等，风能已经成为我国绿色能源的重要组成部分。

（五）生物质能源的利用

生物质能分布平均、蕴藏丰富，能够代替化石燃料，是缓解温室效应、维护生态平衡、解决环境与能源间矛盾问题的重要手段，是一种来源于太阳能的环保、绿色能源。生物质能主要来源于畜禽粪便、树木枝丫、农作物秸秆等，根据《全国农作物秸秆综合利用情况报告》，我国秸秆产量近 10 年来稳定在 8 亿 t/a，部分用于喂养家畜和回收造纸，大部分作为燃料进行使用。生物质能的利用方式多种多样，最常见的就是直接燃烧，但会产生浓烟影响空气质量，而且能源的利用率仅为 10%～15%。为了增加生物质能的能量转换效率，需加强对生物质能的利用开发，生物质的热解气化技术着眼于将秸秆等材料转化为气体燃料，以增加能源的利用效率和清洁程度，这是一种开发前景非常好的绿色能源利用手段，在我国已经得到了广泛推广和应用。目前，生物质能的主要应用与开发技术包括气化发电机组、对植物（如木材）加工直接气化利用、秸秆集中气化供气等，尤其是在我国广大的农村，生物质能开发利用的代表技术为沼气技术，作为新一代的生物燃料，国家对沼气技术的研发重视程度不断提高，沼气利用正朝着商业化的方向逐步发展。

第三节　生态文明建设的典型案例

加强生态文明制度建设，要把资源消耗、环境损害、生态效益纳入经济社会发展评价体系，建立体现生态文明要求的目标体系、考核办法和奖惩机制。建立国土空间开发保护制度，完善最严格的耕地保护制度、水资源管理制度、环境保护制度。深化资源性产品价格和税费改革，建立反映市场供求和资源稀缺程度、体现生态价值和代际补偿的资源有偿使用制度和生态补偿制度。加强环境监管，健全生态环境保护责任追究制度和环境损害赔偿制度。加强生态文明宣传教育，增强全民节约意识、环保意识、生态意识，形成合理消费的社会风尚，营造爱护生态环境的良好风气。

一、山东

2012年，山东财政筹集资金近30亿元，大力支持实施造林绿化、生态能源、资源修复、面源治污和乡村文明五大工程，积极推进农村生态文明建设。

（一）实施造林绿化工程

在荒山区、风沙区和平原区积极开展造林绿化，启动国家森林城市创建奖评选和农村中小学校园绿化，全省新增造林面积200万亩*以上；对2 046万亩国家级和省级公益林进行生态效益补偿，实施林木良种补贴和林业有害生物防治，在150万亩林地开展森林抚育补贴试点，努力提高林木资源质量。

（二）实施生态能源工程

大力推进农村沼气建设，全省新增农村沼气用户1.31万户；在25个县开展生态农业与农村新能源示范县建设，区域化推动农作物秸秆、太阳能、沼气等清洁能源综合开发利用，支持建设生态循环农业示范基地，着力打造农业生态和农村能源建设的新样板。

（三）实施资源修复工程

将国家水土保持重点建设工程实施范围由6个县扩大到13个沂蒙革命老区县，支持省级重点风沙区水土保持项目实施，治理水土流失面积568.5 km^2；启动小清河调水补源工程，大力实施渔业资源修复行动计划，稳步推进湿地公园和国家级、省级自然保护区建设，逐步从源头上扭转生态环境恶化的趋势。

（四）实施面源治污工程

继续在所有农业县实施测土配方施肥补贴，扩大土壤有机质提升补贴范围，

* 1亩≈666.67 m^2。

指导农民科学用肥，降低施肥不当造成的环境破坏；全面实施养殖环节病死生猪无害化处理补助，减少动物疫病传播和面源污染；支持开展农产品标准化生产基地建设，大力实施农产品质量安全提升工程，加强农业投入品和农产品质量监测，减少农业违禁品使用和废物随意排放，促进实现农业可持续发展。

（五）实施乡村文明工程

积极实施农村饮用水安全工程，着力推进山丘区找水打井，全省新增解决460万农村居民和40万农村学校师生的饮用水安全问题；采取“以奖代补、以奖促建”方式，扎实开展生态文明乡村建设，鼓励各地依托资源、因地制宜、整体规划、科学实施，努力把广大农村建设成为产业生态高效、环境优美宜居、生活文明健康的美好家园。

二、山西

山西作为全国重要的能源基地，生态环境较为脆弱，十年九旱，缺林少绿，水土流失严重，生态问题已成为制约山西经济社会发展的突出障碍，生态产品已成为全省人民群众的最高渴望。山西之长在于煤，山西之短在于水，山西之基在于林，已成为全省上下的共识。近几年，山西省委、省政府高度重视林业工作，把林业生态建设作为山西转型、跨越发展的基础和前提，摆在突出位置来抓，取得了显著成效，综观全省主要有以下几种做法。

（一）高定位，把造林绿化确定为兴省之策

在2009年召开的山西省委林业工作会议上，山西省委、省政府下发了《关于实施生态兴省战略，加快推进林业改革发展的意见》。2010年山西省人民代表大会通过了《关于大力推进林业生态建设的决定》，将生态建设上升到法律的层面加以推进。同时省政府下发了《山西省林业生态建设总体规划纲要》《山西省创建林业生态县实施方案》，进一步明确了造林绿化的行动指南，加大了全省林业建设力度。

（二）定策略，把筹集资金更改为多元化

山西采取了政府投资、企业筹资、社会集资等多元化的融资手段。首先，各级财政逐年加大造林投资，吕梁市随着财政收入增加，全市投资林业达 20 多亿元。朔州市筹措造林绿化资金达 12 亿元，多数县区财政投资超过亿元，投资最多的平鲁区超过 3 亿元。同时，在全省建立了省级公益林补偿基金，并将林改造林、新造干果经济林、新造灌木林列入强农惠农富民政策，予以重点保障。将煤炭企业生态环境治理保证金的 20%～30%直接用于造林绿化。长治市、晋城市专门出台了生态环境治理保证金政策，晋城市政府规定从矿山环境恢复治理保证金中每吨煤提取 3 元，作为专项造林绿化经费，全市共筹资 3 亿多元，造林 4 万多亩。

（三）集民心，把全省企业汇集到造林中

全省积极引导企业投入造林，全面推广“一矿一企治理一山一沟”“挖一吨煤栽一棵树”等资源型企业反哺林业的经验。此外，广泛吸纳社会资金，建立中国绿色碳基金山西专项，筹集 4 820 万元开展碳汇造林。由于多元化筹资，全省每年用于造林绿化的资金高达近百亿元，这在山西林业建设史上堪称罕见。“出真招”，采用造林“组合拳”让山川披绿。近几年，山西省按照“山上治本、身边增绿、产业富民、林业增效”的思路，全方位推进造林绿化工作。在“山上治本”方面，高标准实施了“天保工程”、退耕还林工程、“三北”工程等一批国家林业重点工程，努力增加森林植被。仅“十一五”期间，全省即完成荒山造林 1 649 万亩。在“身边增绿”方面，山西省实施了通道绿化、交通沿线荒山绿化、环城绿化等工程，已建成森林公园 111 个，湿地公园 36 个，城市建成区绿地覆盖率达 37.7%，绿化村庄 1 万多个，完成通道绿化 2.65 万 km，绿化交通沿线荒山 180 万亩，构成了四通八达的路网绿化带，使城乡面貌大为改观。

山西省大力实施太行山、吕梁山“两山”造林工程，水网、路网“两网”绿化工程，干果经济林、速生丰产林“两林”富民工程，城市郊区、矿区“两区”增绿工程，新造乔木林 100 万亩、改造灌木林 100 万亩“双百”示范工程，天然林保护和森林资源综合保护“双保”管护工程等“六大林业工程”，已高标准完成造林 460 万亩。

三、湖南

湖南省委、省政府对生态文明建设和生态文明体制改革高度重视。长株潭城市群作为全国首个资源节约型、环境友好型社会建设综合配套改革试验区（以下简称两型试验区），自 2007 年 12 月获批以来，先后实施 106 项原创性改革，形成了一批可推广、可复制的经验模式。2012 年，加快推进绿色湖南建设，取得了显著成绩。党的十八届三中全会后，湖南省委成立生态文明体制改革专项小组，明确以长株潭两型试验区为龙头，以生态文明体制改革统筹两型社会建设综合配套改革和绿色湖南建设。按照先行先试的要求，专项小组着手起草省生态文明体制改革实施方案，经过反复修改，报请省委全面深化改革领导小组第八次会议审议通过。

2015 年 5 月 7 日，《湖南省生态文明体制改革实施方案（2014—2020 年）》（以下简称《方案》）正式出台，为全国首个同类改革实施方案，标志着湖南省生态文明体制改革的顶层设计基本完成。《方案》共 6 个部分 25 条，包括指导思想、基本原则、目标步骤、重点任务和保障措施，通篇贯彻党的十八大和十八届三中、四中全会精神和习近平总书记关于生态文明建设一系列重要论述、重要指示精神，体现了湖南省近些年先行探索的实践成果和制度成果。《方案》按照“源头严防、过程严管、后果严惩”的整体思路，突出改革创新和制度建设，突出系统性和可操作性，明确深入推进两型社会建设综合配套改革，加快健全自然资源资产产权和用途管制、划定生态红线、生态补偿、节能减排治污市场化、生态环境保护责任体系、法治保障等方面的制度，并分别明确了任务书、时间表和责任单位，确定了全省生态文明体制改革的“施工图”。

参考文献

[1] 方世南. 马克思主义生态观的时代发展[N]. 光明日报，2018-06-22（11）.

[2] 杨瑞，鲁长安. 生态文明新篇章[M]. 北京：中国人民大学出版社，2019.

[3] 曾蓉. 土壤重金属污染现状及修复研究[J]. 安徽农学通报（下半月刊），2012，18（20）：20-32.

[4] 张培丽，阴朴谦，管建洲. 人口、资源与环境经济学研究新进展及未来研究方向[J]. 经济研究参考，2020（1）：27-45.

[5] 李俊峰，李广. 中国能源、环境与气候变化问题回顾与展望[J]. 环境与可持续发展，2020，45（5）：8-17.

[6] 杨晓占，冯文林，冉秀芝. 新能源与可持续发展概论[M]. 重庆：重庆大学出版社，2019.

[7] 钟史明. 能源与环境节能减排理论与研究[M]. 南京：东南大学出版社，2017.

[8] 黄炳颂. 把生态文明建设放在更加突出的地位[N]. 人民日报，2014-11-21（7）.

[9] 高小平. 深化生态文明体制改革的现实需要[N]. 光明日报，2013-11-21（5）.

第二章 环境污染生态治理

第一节 生物与环境

一、环境与生态因子

（一）环境

1. 环境的基本概念

环境是指生物有机体周围一切的总和，它包括空间及其中可以直接或间接影响有机体生活和发展的各种因素，如大气、水、土壤、生物等。根据《环境科学大辞典》，环境是指以人类为主体的外部世界，主要是地球表面与人类发生相互作用的自然要素及其总体。它是人类生存和发展的基础，也是人类开发利用的对象。根据《中华人民共和国环境保护法》，环境是指影响人类生存和发展的各种天然的和经过人工改造的自然因素的总体，包括大气、水、海洋、矿藏、森林、草原、野生生物、自然遗迹、人文遗迹、自然保护区、风景名胜区、城市和乡村等。

2. 环境的范围与分类

环境有大小之别，大到整个宇宙，小到基本粒子。例如，对太阳系中的地球而言，整个太阳系就是地球生存和运动的环境；对栖息于地球表面的动植物而言，整个地球表面就是它们生存和发展的环境；对某个具体的生物来讲，环境是指该生物周围影响其生长发育的全部无机因素（如光、热、水、土壤、大气、地形等）和有机因素（植物、动物、微生物及人类）的总和。

（二）生态因子

1. 生态因子的基本概念

生态因子是指环境中对生物的生长、发育、生殖、行为和分布有直接或间接影响的环境要素。例如，光照、温度、湿度、食物、O_2、CO_2、H_2O 和其他相关生物等。生态因子是生物生存不可或缺的环境条件，有时又称为生物的生存条件。所以生态因子构成生物的生态环境。生态因子也可以认为是环境因子中对生物起作用的因子，而环境因子则是指生物体外部的全部环境要素。

2. 生态因子的分类

在任何一种生物的生存环境中都存在很多生态因子，这些因子在其性质、特性和强度方面各不相同，它们彼此之间相互制约、相互组合，构成了多种多样的生存环境，为各类不相同的生物的生存进化创造了多种多样的生境类型。虽然生态因子的分类很多，但可按照其性质划分为 5 个基本类型。

① 气候因子，包括光、温度、湿度、降水、风等。

② 土壤因子，包括土壤结构、土壤的理化性质、土壤肥力、土壤生物等。

③ 地形因子，包括地面的起伏、海拔、坡向等，通过影响气候和土壤，间接地影响植物的生长和分布。

④ 生物因子，包括生物之间的各种关系，如捕食、寄生、竞争和共生等。

⑤ 人为因子，人类对生物资源的利用、破坏、改造和发展过程中的生态作用，如垦殖、放牧、采伐等。

3. 生态因子作用的基本特征

（1）综合性

一个生态因子对生物不论有多么重要，它的作用只有在其他因子的配合下才能表现出来。生态因子不是孤立存在的，而是彼此联系、互相促进、互相制约的，任何一个因子的变化，必将引起其他因子不同程度的变化及其反作用。生态因子所发生的作用虽然有直接和间接作用、主要和次要作用、重要和不重要作用之分，但它们在一定条件下又可以互相转化。例如，光和温度的关系就密不可分，光照强度的变化不仅影响空气的温度和湿度，同时也会影响土壤的温度和湿度。这是由于生物对某极限因子的耐受限度，会因其他因子的改变而变化，所以生态因子对生物的作用不是单一的，而是综合的。环境对生物体的生态作用是生境中各种生态因子综合作用的结果。

（2）主导性

在诸多生态因子中，有一个对生物起决定作用的生态因子，称为主导因子。主导因子发生变化会引起其他因子也发生变化。

（3）直接性和间接性

在环境中有些生态因子能直接影响生物的生理过程或参与生物的新陈代谢，称为直接因子，如光、温度、水、土壤、CO_2、O_2、无机盐等；另一些生态因子通过影响直接因子而间接作用于生物，称为间接因子，如海拔高度、坡面、坡向、经度、纬度等。区分生态因子的直接作用和间接作用对认识生物的生长、发育、繁殖及分布都很重要。环境中的地形因子对生物的作用是最典型的间接作用。例如，四川二郎山的东坡湿润多雨，分布着常绿阔叶林，而西坡空气干热、缺水，仅分布着耐旱的灌草丛，同一山体由于坡向不同，导致植被类型完全不同。

（4）阶段性

由于生物在生长发育的不同阶段对生态因子的需求不同，因此，同一生态因子在生物的各个不同发育阶段所起的作用也是不同的，也就是说生态因子对生物的作用有阶段性，这种阶段性是由生态环境的规律性变化所造成的。例如，某些作物，低温在春化阶段是必要的条件，而在它以后的生长期中，低温肯定是有害的。另外，同一生态因子在生物某发育阶段可能不起作用，而在另一阶段是必需的。例如，光照长短在植物的春化阶段并不起作用，但在光周期阶段是非常重要的。

（5）不可替代性和补偿性

环境中各种生态因子对生物的作用虽然不尽相同，但都各有重要性，尤其是起主导作用的因子，如果缺少，便会影响生物的正常生长发育，甚至造成其生病或死亡。例如，植物生长发育需要铁等微量元素，虽然需要量很微小，但如果没有，植物的生长就会完全终止。所以总体上说，生态因子的作用是不可替代的，但局部是可以补偿的。例如，某一生态因子在量上的不足，可以通过其他因子的增加得到补偿，以获得相似的生态效应。

4. 生态因子的生态作用

（1）光的生态作用

地球上所有生命都是靠太阳辐射进入生物圈的能量来维持的，所以，光是地球上一切生物能量的源泉。光对生物的生态作用是由光照强度、日照长度和光谱成分的对比关系构成的。它们各有其空间和时间的变化规律，随着不同地理条件和不同的时间而发生变化。光的特性及其变化都会对生物的生长、发育和行为等生理过程产生影响和作用。因此，它是绿色植物生长发育过程中的一个极为重要的生态因子，对动物和微生物也能起到直接或间接的生态作用。

（2）温度的生态作用

温度是另一个重要的环境因子，任何生物都生活在具有一定温度的外界环境中，并受温度变化的影响，温度对生物的活动起着特殊的限制作用，如生物的新陈代谢、生长发育、繁殖、行为和分布等。温度还通过影响其他环境因子（如湿度、土壤肥力和空气流动）对生物产生间接作用。

（3）水的生态作用

水是生物生存的重要条件，也是生物体的主要成分。一般植物体内含水量达60%～80%，动物体内含水量比植物更高。一切生物的新陈代谢都必须在有水的参与下才能正常进行。水是很好的溶剂，对许多化合物有水解和电离作用，许多化学元素都是在水溶液的状态下被生物吸收和运转；水是光合作用的原料。因此，水是生命的基础，没有水就没有原生质的生命活动。此外，水有较大的比热容，当环境中温度剧烈变动时，它可以发挥调节体温的作用。水还能维持细胞和组织的紧张度，使生物保持一定的状态，维持正常的生活。水的形态有多种，这些降落到地面的不同形态的水，统称为降水，其强度大小、时间分布等对生物的生长、发育、形态结构和地理分布等都具有重要的生态意义。

（4）土壤的生态作用

土壤是岩石圈表面能够生长植物的疏松表层，是陆生生物生活的基质，它供给动植物、微生物以生活空间、矿质元素和水，是生命的立足点和营养库，是生态系统中物质与能量交换的重要场所；同时，它本身又是生态系统中生物部分和无机环境部分相互作用的产物。土壤无论对植物还是对土壤动物来说都是重要的生态因子。对植物而言，植物的根系与土壤之间具有极大的接触面，在植物和土壤之间有着频繁的物质交换，彼此有着强烈的影响，因此通过控制土壤等因素可影响植物的生长与发育。对动物而言，土壤是比大气环境更为稳定的生活环境。因为土壤的热容量大且其本身具有良好的屏蔽作用，使土壤内的温度、湿度变化幅度小，且可以躲避高温、干燥、大风和阳光直射等不利因素，所以它能成为一些适应性弱的动物的良好生存场所。土壤摩擦力较大，动物在土壤中运动要比在大气和水中困难得多，大多数土壤动物都只能利用枯枝落叶层中的空隙和土壤颗粒的间隙作为自己的生活空间。

二、种群与群落

（一）种群的概念

在自然界，物种不是以个体形式分散着存在的，而是以不同数量的个体集合在一起，形成具有一定年龄、性别比例、遗传特性以及空间结构的许多组织单元，这些组织单元即为种群，所以种群是指在一定时空中同种个体的组合。也就是说种群是在特定的时间和一定的空间中生活和繁殖的同种个体所组成的群体。

同一种群内的个体栖息于共同的生态环境（生境）中，分享同一食物来源，个体之间可以繁殖并产生有生殖力的后代。

种群的分界线是人为划定的。生态学研究工作者往往为了方便起见，划定出种群的分界线。例如，岛屿上的种群，水体就是该种群与其他种群的分界线。

由种群的定义可以看出，种群是由许多同种个体组成的，而且同一种群内的个体彼此之间的联系较不同种群的个体之间的联系更为密切。种群占有一定的空间，而且随着时间的变化，空间中的种群也不断发生变化。

在自然条件下，种群既是物种存在的基本单位，又是生物群落的基本组成。任何一个种群在自然界中都不能孤立存在，而是与其他物种的种群一起形成群落。每一个群落中都含有几个属于不同物种的种群。这说明种群不仅是物种的具体存在单位，而且也是群落的基本组成成分。

（二）种群的基本特征

1. 密度特征

种群具有一定的大小，并随时间变动。种群的大小通常用种群密度表示，指在一定时间内，单位面积或单位空间内的个体数目，例如，在 10 hm^2 荒地上有 10 只山羊或 1 mL 淡水中有 5×10^2 个小球藻。此外，还可以用生物量来表示种群密度，它是指单位面积或空间内所有个体的鲜物质或干物质的质量，例如，1 hm^2 林地上有栎树 350 t。种群密度可分为绝对密度和相对密度。前者指单位面积或空间上的个体数目，后者表示个体数量多少的相对指标。相对密度可以用来比较哪一个种群大，哪一个种群小；或哪一个地方的生物多，哪一个地方的生物少。相对密度的生物数量虽不准确，但在难以对生物的数量进行准确测定时，也是常用的密度指标。

2. 出生率和死亡率特征

出生率和死亡率是影响种群增长的重要因素。出生率常用生理出生率和生态出生率表示，生理出生率是指种群处于理想条件下的出生率，也叫最大出生率。生态出生率是指在一定时期内，在特定环境条件种群实际繁殖的个体数量，也叫实际出生率。完全理想的环境条件，即使在人工控制的实验室也是很难建立的，因此，最大出生率在一般情况下是不存在的。但在自然条件下，当出现最有利的条件时，它们表现的出生率可视为“最大的”出生率。它可以作为度量的指标，用于分析各种种群的变化。

种群的数量变动首先取决于出生率和死亡率的对比关系。在单位时间内，出生率与死亡率之差为增长率，因而种群数量的大小，也可以说是由增长率来调整的。当出生率超过死亡率，即增长率为正时，种群数量增加；如果死亡率超过出生率，增长率为负时，则种群数量减少；而当出生率和死亡率相平衡，增长率接近于零时，种群数量将保持相对稳定状态。

3. 年龄结构和性比例特征

任何种群都是由不同年龄的个体组成的，各个年龄或年龄组在整个种群中都占有一定的比例，形成一定的年龄结构。种群各年龄段的出生率和死亡率相差很大，因此，研究种群的年龄结构有助于了解种群的发展趋势，预测种群的兴衰。

种群年龄结构常用年龄锥体或年龄金字塔来表示，年龄锥体是用从下到上的一系列不同宽度的横柱做成的图。从下到上的横柱分别表示由幼年到老年的各个年龄组。横柱的宽度表示各年龄组的个体数或其所占的百分比。年龄锥体分为 3 种基本类型，即增长型种群、稳定型种群、下降型种群。

性比例是指种群中雄性个体与雌性个体的数量比例。性比例影响着种群的出生率，因此也是影响种群数量变动的因素之一。

4. 空间分布特征

种群空间分布是指种群中的个体在其生活空间中的位置状态或布局。种群的空间分布分为 3 种，即均匀型、随机型和集群型。

5. 迁入和迁出特征

扩散是大多数动植物生活周期中的基本现象。扩散有助于防止近亲繁殖，同时又是在各地方种群之间进行基因交流的生态过程。有些自然种群持久地输出个体，保持迁出率大于迁入率，有些种群只有依靠不断输入才能维持下去。植物种群中迁出和迁入的现象相当普遍，如孢子植物借助风力把孢子长距离地扩散，不断扩大自己的分布区。种子植物借助风、水及动物等因子，传播其种子和花粉，在种群间进行基因交流，防止近亲繁殖，使种群的繁殖能力增强。

从以上特征可以看出，由于种群是由同一物种的个体集合而成，所以它部分反映了构成种群的个体的生物学特征，也就是说，种群具有可以与个体相类比的一般性特征。种群作为更高级的结构单位，还具备了一些个体所不具备的特征，如种群密度及密度的变化，空间分布型，以及种群的扩散与积聚等。特别是种群具有按照环境条件的变化而调节自身密度的能力。种群是一个自我调节系统，借以保持生态系统内的稳定性。虽然种群内的个体在单位时间和空间内不断地增殖、死亡、迁入和迁出，但作为种群整体却是相对稳定的，因为它可以借助出生率、死亡率、年龄结构、性比例、分布、密度、食物等一系列因子来调节。

（三）群落的概念

生物群落是指生活在一定区域内的有机体（包括植物、动物、微生物）相互结合在一起，以多种多样的方式彼此发生作用，形成的一种有规律的特殊集体。

（四）群落的基本特征

生物群落具有以下 7 个基本特征。

1．具有一定的动态特征

生物群落由生物组成，生物具有不停地运动发展的特征，因此，群落也具有动态特征。其动态特征包括季节动态、年际动态、演替与演化。

2．具有一定的分布范围

任何群落都形成在特定地段或特定生境上，无论在全球范围内，还是在区域范围内，生物群落都对应着一定的地段规律分布。

3．具有一定的边界

在自然条件下，有些群落具有明显的边界，可以清楚地加以区分；有的则不具有明显边界，群落生长处于持续变化中。

4．具有一定的种类组成

每个群落都由一定的植物、动物、微生物种群组成，物种组成是区别不同群落的首要特征。一个群落中物种的多少及每个物种的个体的数量，是度量群落多样性的基础。

5．不同物种之间的相互影响

群落中的物种有规律地共处，即在有序状态下生存。生物群落是生物种群的集合体，但不是物种的任意组合。一个群落的形成和发展必须经过生物对环境的适应和生物种群之间的相互适应。哪些种群能够组合在一起组成群落，取决于两个条件：第一，能否共同适应它们所处的无机环境；第二，它们内部的相互关系能否取得协调、平衡。因此，研究群落中不同种群之间的关系是阐明群落形成机制的重要内容。

6．具有一定的结构

生物群落除具有一定的物种组成外，还具有一系列的结构特点。其结构包括形态结构、生态结构与营养结构，如生活型组成、种的分布格局、成层性、季相、捕食者和被捕食者的关系等。群落结构常常是松散的，不像一个生物体的结构那样清晰，常被称为松散结构。

7. 具有形成群落环境的功能

生物群落对其居住环境产生重大影响，并形成群落环境。如森林中的环境与周围裸地就有很大的不同，包括光照、温度、湿度与土壤等都经过了生物群落的改造。即使是生物非常稀疏的荒漠群落，对土壤等环境条件也有明显的改造作用。

三、生态系统

（一）生态系统的概念

生态系统是指在一定时间和空间内，由借助物种流动、能量流动、物质循环、信息传递和价值流动而相互联系、相互制约的生物群落与其环境组成的具有自调节功能的复合体。生态系统研究更关注各组成要素间的物质和能量运动。生态系统可以是抽象的概念，也可以是一个很具体的实体，一个池塘、一块草地、一片森林都是一个生态系统。小的生态系统联合成大的生态系统，简单的生态系统组合成复杂的生态系统，而最大、最复杂的生态系统就是生物圈。

（二）生态系统的特征

从生态系统的概念可知，每一个生态系统都是一定的生物群落与其栖息环境的结合，其内进行着物种、物质和能量的运动，这种运动在一定时空条件下，处于协调的动态之中。作为一个系统，生态系统毫无疑问具有一般物理系统的基本的、核心的、本质的特点，如整体性、层级有序性、功能性，而由于生命活动的特殊性及环境条件的丰富变化，不仅使系统的基本特点在生态系统里进一步特化，而且使生态系统具有不同于机械系统的独特特征。

1. 区域特征

生态系统与特定的空间相联系，因而包含地区或范围的空间意义。生态系统的区域特征包括两层含义。其一，相较物理系统的机械边界，生态系统的区域边界更模糊而难以精确确定。其二，不同环境条件的区域与生物群落存在对应关系，一方面，不同环境条件可满足不同生物类群栖息的需要；另一方面，生态系统的结构和功能可以反映地区特性，即根据物种结构、物种丰度或系统的功能差别，便可判明系统所在的地区特征，而汽车、家电之类的物理系统不具备这种区域对应特征。

2．动态特征

生态系统的动态特征主要表现为开放但不平衡的热力学特征及双向演化两个方面。

3．自持特征

机械系统需要通过人的管理和操纵来维持能量和物质的输入和输出从而完成其功能。自然生态系统则不同，它通过生产者对太阳光能的“巧妙”转化获取所需要的能源，同时从环境中获取所需要的物质，并通过分解者分解动、植物残体以及生物生活时的代谢排泄物将有机物中的矿质元素归还到环境（土壤）中，供系统重新利用。这就是所谓的“自持”。这个过程往复循环，从而不断地进行着能量和物质的交换、转移，保证生态系统完成功能并输出系统内生物过程所制造的产品。生态系统自我维持的基础是它所具有的代谢机能，这种代谢机能是通过系统内的生产者、消费者、分解者 3 个不同营养水平的生物类群完成的，它们是生态系统“自持”的结构基础。

4．自动调节特征

所谓自动调节是指当受到外来干扰而使稳定状态改变时，系统靠自身内部的机制再返回稳定、协调状态的能力。自然生态系统若未受到人类或者其他因素的严重干扰和破坏，其结构和功能是非常和谐的，就是因为生态系统具有自动调节的功能。生态系统自动调节功能表现在 3 个方面，即同种生物种群密度调节、异种生物种群间的数量调节、生物与环境之间相互适应的调节（主要是生物自动调节与环境之间的物质和能量的输入和输出，如贝格曼效应）。

5．有限负荷特征

生态系统承载负荷是有限的，只是它的限度不如物理系统的负荷限度确定或明确。生态系统输出负荷，这是一个涉及系统生产力和对系统使用强度的二维概念。显而易见，对系统的使用强度增加，会导致系统资源的减少。认识到这一点，在实践中就应设法控制对物种的使用量，将种群保持在环境条件所允许的最小数量以维持种群的繁殖速率，保证系统的持续稳定输出。生态系统输入负荷，任何系统能承载的输入都是有限的，生态环境工作重点关注生态系统能承载的污染性输入限度，即环境容量。环境容量是指在不受损害的前提下，一个生态系统所能容纳的最大污染物量。环境容量越大，可接纳的污染物就越多，反之则越少。向生态系统排放污染物，必须与生态系统的环境容量相适应。

（三）生态系统的结构和功能

1．生态系统的组成

任何一个生态系统都由非生物成分和生物成分组成。非生物环境，即无机环境，包括能源和热量、生物生长的基质和媒介、生物生长代谢的材料三方面。生物是生态系统的主角，根据在生态系统中发挥的作用和地位，生物分为三大功能类群，即生产者、消费者和分解者。

2．生态系统的结构

结构是指系统中各要素相互关系的总和。就生态系统而言，众多要素的相互关系可以从数量关系、时空关系、功能关系方面加以描述，即通常所说的生物多样性结构、系统的时空结构、系统的营养结构。

营养级是指处于食物链某一环节上的所有物种的总和。一个营养级可能包含不同系统分类等级的生物，而一种生物可能在不同的食物链中处于不同的营养级。通常，绿色植物和其他自养生物为第一营养级，草食动物为第二营养级，一级肉食动物为第三营养级，二级肉食动物为第四营养级。

一般情况下，随营养级位次的提高，营养级内的生物个体数量、生物量、能量逐渐减少。如果将各营养级生物个体数量、生物量、能量的数值分别图形化叠放，就会构成一组金字塔，这组生物个体数量金字塔、生物量金字塔、能量金字塔统称生态金字塔。能量金字塔是生态金字塔的基础，生物量金字塔和生物个体数量金字塔是能量金字塔的外在表现。

3．生态系统的基本功能

生态系统具有多种功能，通常人们主要关心其在能量、物质、信息、运动方面发挥的功能。

生态系统的生物部分，具有吸收、转化、储存、释放能量的功能，或者说，能量通过生态系统的生物部分而流动。生态系统能量的流动是单一方向的，能量总是一次性流经生态系统，是不可逆的；能量在生态系统中流动，最终通过呼吸作用以热的形式散失，散失到空间的热能不能再回到生态系统中参与流动。至今尚未发现以热能作为能源合成有机物的生物。

生态系统中的物质通常指维持生命活动正常进行所必需的各种营养元素。生态系统的物质运动是双向或循环的，一方面，这些物质通过食物链各营养级传递和转化；另一方面，生态系统中各种有机物质经过分解者分解归还环境后，可被生物再次利用，同一种物质可以被食物链的各个营养级多次利用。物质的这种周而复始流动的过程，叫作物质循环。在循环过程中，物质可在生物或非生物环境暂时滞留（固定或储存）一定数量，这种滞留一定量物质的生物或非生物环境，称为库。例如，在一个湖泊生态系统中，水体是一个库，浮游植物也是一个库，可见，生态系统中的物质循环实际上就是物质在库与库之间的转移。

生态系统中包含的信息大致可以归为物理信息、化学信息、行为信息和营养信息4类。生态系统物理过程传递的信息称为物理信息，光、声、热、电、磁都是物理信息。生物代谢产生的化学物质传递的信息称为化学信息；传递信息的化学物质称为信息素。植物的表现和动物的行动传递信息称为行为信息。在生态系统中，食物链各营养级的种类和数量信息称为营养信息。

（四）生态平衡及其调节机制

1. 生态平衡的概念

一般情况下，如果一个生态系统的输入和输出长期保持稳定相等或分别稳定，生态系统的结构和功能就在较长时间内处于稳定状态，表现为生物的种类组成及数量比例没有明显变动，且在遭遇外来干扰时能通过自我调节从受冲击的状态恢复到稳定状态，人们把生态系统的这种稳定状态称为生态平衡。在自然界中，一个正常运转的生态系统，其能量和物质的输入和输出最终会自动趋于平衡。人们在任何时候看到的生态系统都只是生命之流的某一片段，而生态平衡是一个较长时间的、动态的、相对平衡的生命的流片段。

2. 生态平衡的调节机制

生态平衡是通过系统的反馈、后备力、抵抗力和恢复力等调节机制发挥作用实现的。

反馈就是系统的输出变成了决定系统未来功能的输入。反馈可分为正反馈和负反馈。如果回输的信号与原输入的信号相同，且使整个系统运动加剧，就是正反馈。如在无限系统中，或在生态系统的幼年期，生物的生长繁殖对种群数量的增加具有促进作用，就是正反馈。如果回输的信号与原输入的信号相反，且使整个系统的运动受到抑制，就是负反馈。

后备力是指生物群落中具有同样生态功能的物种，即同功能团的物种互为后备力。在正常情况下，同功能团中仅有一个物种履行着功能职责，其他物种则显然并不那么重要或作用不明显，而一旦环境条件发生变化，在原履行功能职责的物种衰退或消亡后，后备力就替代原履行功能职责的物种发挥作用，从而保证系统结构的相对稳定和功能的正常进行。

抵抗力是生态系统抵抗外干扰的能力。抵抗力与物种特性及系统发育阶段状况有关，生物个体对环境因子的适应性越强，系统发育越成熟，系统抵抗外干扰的能力就越强。例如我国长白山红松针阔混交林生态系统，生物群落垂直层次明显、结构复杂，系统自身储存了大量的物质和能量，这类生态系统抵抗干旱和虫害的能力要远远超过结构单一的农田生态系统。

恢复力是指生态系统遭受外部干扰破坏后恢复到原状的能力。恢复力主要由生命成分的基本属性（生命力和种群世代延续的基本特征）和生物群落特征决定。一般而言，生物的生活世代短、系统的结构简单，其恢复力就强。如杂草生态系统遭受破坏后的恢复速度要比森林生态系统快得多。自净作用是系统恢复力的表现形式。对生态系统而言，抵抗力和恢复力之间存在相反的关系，抵抗力强的生态系统其恢复力一般比较低，反之亦然。

生态系统能否在受到干扰时保持平衡，除与构成生态系统调节能力的上述 4 个方面有关外，还与外干扰因素的性质、作用方式、持续时间等有关。通常，把不使生态系统丧失调节能力或未超过其恢复力的干扰及破坏作用的强度称为生态平衡阈值。生态平衡阈值是自然生态系统资源开发利用的重要参量，也是人工生态系统规划与管理的理论依据之一。

3．生态系统平衡失调的概念

任何生态系统在受到了超过系统自身调节能力的外界压力（自然的或人为的）的情况下，其现存的生态关系将被打乱，反馈自控能力将下降，这会造成结构破坏和功能受阻。生态系统的调节能力是有限的，一旦超过限度，生态平衡就会被破坏，平衡的生态系统偏离平衡状态的现象称为生态平衡失调。

4. 生态系统平衡失调的原因

引起生态平衡失调的因素可分为自然因素和人为因素两类。自然因素主要有火山喷发、海陆变迁、雷击火灾、海啸地震、洪水和泥石流以及地壳变动等，这些因素通常是局部的。人为因素主要有开采资源、构筑建筑、单一生产、环境污染等，这些因素普遍存在。随着经济的发展，人为因素越来越强烈地干预着自然生态系统的发展过程，经常而普遍地导致生态系统平衡失调，主要表现在以下5个方面：①乱砍滥伐森林，重采轻造，采育失调，使森林资源遭到很大破坏；②排放“三废”，滥施化肥农药，使有毒物质进入食物链，危害生态系统的健康；③大量围湖造田，缩小了内陆的水面，破坏了全球生态系统的比例结构；④滥垦草场，过度放牧，加速了草原的沙化，同时，优质牧草减少导致生态系统生产受损；⑤农田灌溉排水系统不配套，加剧了土壤的次生盐碱化。

5. 生态系统平衡失调的预防

应进一步认识自然，了解生态规律，自觉地将生态平衡的理论应用到生产实践中，以预防生态系统平衡失调。特别要注意以下3点。①正确认识保持生态平衡与促进社会经济发展的辩证关系。保持生态平衡，可以提供稳定的物质和能量供给来促进社会经济发展，而社会经济的发展，可以提供强大的政策、法律和资金支持来强化生态平衡保护工作，两者相辅相成。对于发展中国家和欠发达地区而言，不能再走以牺牲生态平衡换取社会经济发展的老路，而应探索在生态平衡基础上发展社会经济，并进一步完善生态平衡保护工作，实现持续的、与发达国家和地区协调的发展进步。②努力控制对资源的适宜需求水平。生态系统中的生物资源是可再生资源，但再生至少要满足两个条件，其一，要保有一定的生物种群量；其二，要经历相当长的时间。这就要求人类应将对资源的开采利用数量控制在保证生态系统维持其稳定再生产的水平，而且开采利用使种群量接近再生产所需的最小种群量时，就必须停止，待其恢复发展到足以维持稳定再生产的水平后才可再度开发利用。③尽量维持生态系统内部和生态系统间的自然优化状态。人类已经掌握了大量通过控制物质和能量输入来调控特定生物生产的技术，但对这类输入所造成的对生态系统的全面影响还知之甚少，因此，在尽量减少从生态系统输出的同时也应尽量减少这类输入，保证维持生态系统能迅速恢复的自然优化状态来满足人类的需求。

（五）生物圈内主要生态系统

生物圈是一个巨大而极其复杂的生态系统，它由无数个大小不等的各类生态系统组成。这些大小不等、类型各异的生态系统可归为陆地生态系统和水域生态系统，而水域生态系统又包括淡水生态系统和海洋生态系统。

1. 陆地生态系统

陆地生态系统是地球上最重要的生态系统，包括森林、草地、荒漠等。它为人类提供了居住环境以及食物和衣着的主体部分。陆地生态系统中虽然太阳光充足，但空气中的光合原料 CO_2 稀少，且多数营养物质必须经相对狭窄的根系通道由土壤溶液进入生物体，所以陆地生态系统整体上能量流通率低、物质周转速率慢。由于空气浮力小、环境温度变化大，陆生植物演化出了发达的支持组织和保护组织。

森林又称林地，是以木本乔木为主体的陆地生态系统，是地球上最重要的陆地生态系统类型。世界资源研究所 1986 年的报告显示，在人类大规模砍伐之前，世界林地面积约占地球陆地总面积的 45.8%，截至 1985 年，森林面积下降到占陆地总面积的 31.7%。在陆地生态系统每年生产的 102.0×10^9 t 有机物质中，森林生产了 58.0×10^9 t，约占 56.9%；草地生产了 20.8×10^9 t，约占 20.0%；农作物生产了 10.5×10^9 t，约占 10.0%。地球上的森林主要有热带雨林、亚热带常绿阔叶林、温带落叶阔叶林及北方针叶林 4 种。

草地是以多年生草本植物为主体的陆地生态系统，可分为草原与草甸两大类。前者在地球表面占据特定的生物气候地带，由耐旱的多年生草本植物组成，是地球上草地的主要类型；后者可出现在不同的生物气候地带的不同生境，如河漫滩湿地、林间空地、森林砍伐区，属于隐域植被，由喜湿润的中生草本植物组成。草原是内陆干旱到半湿润气候条件的产物，旱生多年生禾草占绝对优势，并有多年生杂类草及半灌木。世界草原总面积约 2.4×10^7 km^2，约占陆地总面积的 1/6，大部分地段是天然放牧场。因此，草原是人类重要的畜牧业基地且是地球演化的产物。

2. 水域生态系统

水域分为陆地上的地表水域、海洋水域和介于两者之间的滨海水域。可以依据对生物分布、生长等起重要作用的主要生态因子（如水温、盐度等），对水域的类型进行划分。

在各类水域内，有丰富的水域生态系统类型。水域生态系统的结构和功能与陆地生态统有许多明显的差异，这些差异主要源于其以水作为系统的环境因素，正是由于水的理化特征，使水域生态系统具有了一些共同特征，即环境特点、营养结构特点、功能特点。

地表水域生态系统大致分为河流生态系统、湖泊生态系统、沼泽生态系统。

河流可划分为两大类：一类为注入海洋的外流河；另一类为流入封闭的湖泊或消失于沙漠、盐海的内流河。

河流属于流水型生态系统，在生物圈的物质循环中起着重要作用。湖泊就是地面上长期存水的洼地。水库、池塘等可被视为人工的湖泊。

湖泊的生态结构与功能呈同心圆状分布，由外向内大致为湖泊沼泽、沿岸带、深水区三部分。这与湖岸的倾斜度和深度、养分的多少、温度变化以及湖泊的底质成分等有关。湖泊有其独特的发展过程，可经历贫营养阶段、富营养阶段、水中草本阶段、低地沼泽阶段演变为森林顶极群落，即最终由水域生态系统演变为陆地生态系统。人为干扰的增强，将大大缩短演变时间。这已成为湖泊生态系统面临的一个很突出的环境问题。

沼泽是水体和陆地之间的过渡型自然综合体，是典型的湿地生态系统，沼泽植物占优势，动物的种类也很多。从含盐量的角度，沼泽分为淡水沼泽和盐水沼泽。半水半陆的生态环境，决定了沼泽植物群落和动物群落具有明显的水陆相兼性和过渡性。多样的沼泽植物、沼泽动物、细菌和真菌类群，组成了极为复杂的沼泽生态系统。沼泽生态系统的能量流和蕴藏的较大的生物生产力，对沼泽的生态平衡和充分利用，有着重要的理论价值和生产意义。

3. 海洋生态系统

河口是地球上陆海两类生态系统之间的过渡区之一，特指海水与淡水交汇和混合的海湾及河段。这一定义的含义是海水和淡水的自由连接，至少一年中有一部分时间是如此。这一定义排除了那些永远隔离的堤坝围住的近岸水域，也排除了像里海、亚速海和大盐湖之类孤立的半咸水水域或咸水水域。

浅海区是指潮下带内缘至深度 200 m 以内的大陆架线之间的区域。

大洋区是指大陆架之外的整个水体。大陆和岛屿边缘的浅海水域还不到世界大洋总面积的 1/10，有光照的大洋上层水域体积只占海洋总体积极小的一部分，而永远寒冷和黑暗的深海水域以及与之相连的海底占地球表面水域的 85%～90%。

第二节 生态环境污染

一、生态系统内污染物的迁移规律

（一）污染物的概念

何谓污染物？有的人认为，污染物是指进入环境后能直接或间接危害人类健康和生存的物质，但从生态学的角度来看，污染物的作用对象是所有（包括人在内）的生物。因此，污染物可作如下定义：进入环境后使环境的正常组成发生变化，直接或间接有害于生物生长、发育和繁殖的物质。这类物质有自然产生的，也有人类活动产生的。环境科学研究的主要是人类生产和生活排放的污染物。

从广义来讲，任何物质都可能成为污染物。也就是说，一种物质成为污染物，必须在特定的环境中达到一定的数量或浓度，并且持续一定的时间。污染物有的是生产中的有用物质，有的甚至是人和生物必需的营养元素。污染物在环境中并非一成不变，而是能不断转化，具有易变性。如人体吸收的硝酸盐会转变成毒性更大的致癌物质亚硝酸盐；汞转变成甲基汞和亚甲基汞后毒性增强；一些污染物（如农药）通过光化学降解或生物体降解后毒性降低。不同污染物共存时，会发生相加、协同、拮抗等作用而使毒性增大或降低。

（二）污染物在生态系统中的迁移方式

污染物的迁移转化，是指污染物在环境中空间位置的转移和存在形式的转化，在多数情况下，这两者是同时发生的，尤其是存在形式的转化必然伴随空间位置的移动。污染物在环境中的迁移，按照物质运动形式，可分为以下 3 种基本类型。

① 机械迁移：污染物被水流或气流机械搬运，如气体污染物在大气中的扩散，水污染物在水体中的扩散等。

② 物理—化学迁移：对无机污染物而言，是指污染物以简单离子、配离子和可溶性分子在环境中通过一系列物理化学作用，如水解作用、氧化还原作用、沉淀溶解作用，配位、整合和吸附作用等所实现的迁移；对有机污染物而言，除指上述迁移方式外，还指污染物的化学分解、光化学分解和生物化学分解过程。物理—化学迁移是污染物在环境中迁移的重要形式。这种迁移的结果，决定了污染物在环境中的存在形态、富集状况和潜在危害程度。

③ 生物迁移是指污染物通过生物体的新陈代谢和生长、死亡过程以及食物链等过程所进行的迁移。这是一种复杂的迁移，不仅是物理—化学问题，而且是服从于复杂的生物学规律（包括遗传、变异等）的。

（三）影响污染物在生态系统中迁移转化的因素

污染物的迁移转化，一方面取决于污染物自身的物理化学性质，如组成该污染物的元素形成化合物的能力、形成不同电价离子的能力、形成配合物的能力和被胶体吸附的能力等；另一方面取决于外部的物理化学条件，主要是环境的酸碱条件、氧化还原条件、胶体的种类和数量、有机质的数量与性质等。此外，污染物对生物的毒性和生物体对污染物的代谢与解毒作用也是重要的因素之一。影响因素可以概括为 7 个方面：生物的物种的生物学、生态学特性，污染物的种类及其形态差异，pH，氧化还原电位，土壤阳离子交换量，污染物间的不同效用，土壤的性质。

（四）污染物在生态系统中迁移转化的途径

进入生态系统的污染物，如果浓度达到杀死某种生物的剂量，它将直接危害和消灭生态系统的某种成分，破坏生态系统的结构。如果污染物的浓度较低，它将沿着食物链转移，逐渐浓缩，对处于高位营养级的消费者造成的伤害最大，甚至造成死伤。有些污染物不容易分解，在土壤里残留时间较长，缓慢而持久地进入生态系统的物质循环之中，长期危害生态系统的功能。

二、生物富集

（一）生物富集的概念

生物个体或处于同一营养级的许多生物种群，从周围环境中吸收并积累某种元素或难分解的化合物，导致生物体内该物质的浓度超过环境中浓度的现象，叫作生物富集，又称生物浓缩。生物富集常用富集系数或浓缩系数（生物体内污染物的浓度与其生存环境中该污染物浓度的比值）来表示。生物富集的这类物质，可以是生长发育所必需的营养物质或元素，也可以是生长发育不需要的物质，还可以是对生物的生长发育有毒性作用的物质。值得强调的是，另外有一些生物还可以具有在体内富集某种元素或化合物的能力。

生物富集现象还可以用生物积累、生物放大等术语来描述。生物积累是指同一生物个体在生长发育的不同阶段生物富集系数不断增加的现象（直接积累）；生物放大是指在同一食物链上，生物富集系数从低位营养级到高位营养级逐渐增大的现象。

（二）影响生物富集的因素

影响生物富集的因素很多，其中生物种的特征、污染物的性质、污染物的浓度和作用时间及环境特点是主要的、决定性的因素。另外，生物体的个体大小、性别、周期性、食性及脂肪含量等对污染物的积累也有明显的影响。如有学者认为营养等级高的动物体内脂溶性污染物含量之所以比较高，是因为营养等级高的动物体内含有较多脂肪。

1．生物体本身的特征

生物富集主要取决于生物本身的特征，特别是生物体内存在的、能与污染相结合物质的活性强弱和数量多少。生物体内凡是能和污染物形成稳定结合物的物质，都能增加生物富集量。

生物的不同器官对污染物的富集量有很大的差异。这是因为各类器官的结构和功能都不同，与污染物接触时间的长短、接触面积的大小等都存在很大差异。

生物在不同发育期接触污染物，其体内富集量有明显差异。

不同物种对污染物的累积情况存在差异。有些植物能超量吸收和积累重金属，称其为超量积累植物。

2．污染物的性质

污染物的性质主要包括污染物的价态、形态、结构形式、相对分子质量、溶解度或溶解性质、物理稳定性、化学稳定性、生物稳定性、在溶解中的扩散能力和在生物体中的迁移能力等。

化学稳定性和高脂溶性是生物富集的重要条件。污染物的化学结构往往决定了生物体的解毒能力。其解毒能力越强，则富集能力越弱，反之富集能力则越强。污染物在生物体内穿透能力的强弱，决定了污染物在生物体的富集部位不同。

重金属具有显著的不同于其他污染物的特点：①重金属在环境中不会被降解，只会发生形态和价态变化，因此，重金属可以在环境中长期存在；②许多重金属是生物生长发育所必需的环境元素（如铜、锌、铬等），这些重金属具有很强的生物富集效应；③环境中某些重金属可在微生物的作用下转化为毒性更强的重金属化合物，如汞的甲基化作用；④重金属（如汞、铬、铅等）在进入生物体内后，不易被排出，在食物链中的生物放大作用十分明显，能导致人体慢性中毒，影响人体健康。

生物体内污染物的富集量与环境中污染物的浓度呈正相关，但富集系数与环境中污染物的浓度无明显的正相关性，相反有随污染物浓度增高而逐渐下降的趋势。富集量不仅与污染物浓度有关，还与作用时间密切相关。污染物的浓度越高，作用时间越长，则生物体内污染物富集量也越多。

环境要素通过影响生物的生长发育和污染物的性质来间接影响污染物的生物富集。

3．污染物的浓度和作用时间

生物体内污染物的富集量与环境中污染物的浓度呈正相关，但富集系数与环境中污染物的浓度无明显的正相关性，相反有随污染物浓度增高而逐渐下降的趋势。如对高等水生植物（如水葫芦、荇菜、狐尾藻等）的研究表明，水中镉浓度在 1.0 mg/L 以下，植物能更有效地吸收镉，其富集系数在水中镉浓度为 0.005 mg/L 时达到最大值；镉浓度增至 1.0 mg/L 后，植物的富集系数很快下降，这与镉的毒害作用等有关。富集量不仅与污染物浓度有关，还与作用时间密切相关。污染物的浓度越高，作用时间越长，则生物体内污染物富集量也越多。根据这一规律，美国科学院（NAS）于 1971 年提出了剂量累积公式：

$$\Delta F = Kct \tag{2-1}$$

式中：ΔF——生物体内污染物的富集量，μg/g；

K——富集系数；

c——环境中污染物的浓度，$\mu g/m^3$；

t——作用时间，s。

值得强调的是，某些污染物在进入生物体后，在体内的不同器官中富集量高低的顺序，有可能随着时间的延长发生顺序上的变化。

4. 环境特点

环境要素是通过影响生物的生长发育和污染物的性质来间接影响污染物的生物富集。土壤环境对植物的富集作用有十分重要的影响。土壤水分过多，污染物以还原态为主，活性受到抑制，富集量减少；土壤水分过少，污染物的可结合态数量少，富集量也因此减少。土壤的 pH 低，有利于污染物的活化，富集量增加。土壤中有机质和矿质元素的大量存在，会极大地降低植物富集重金属的量。此外，水体的温度、溶解氧对污染物的生物富集的影响也很大。水温升高，溶解氧的量下降，则污染物的生物富集量升高。

（三）生物富集生态效应

污染物的生物富集，能影响一部分生物的正常生理机能、繁殖习性、生物遗传、能量转换、摄食行为等，从而破坏生物资源，降低生物生产力，可引起一系列的生态问题。

1. 种类组成的变化

污染物可能消灭某些敏感的生物种类。如果这些种类是食物网中关键的环节，势必会消除或降低较高营养级动物的饵料基础。

2. 个体数量的变化

有机氯化合物对鱼类、水鸟及哺乳动物的繁殖有严重影响。由于污染物的生物富集作用，可使生产者和消费者的种类组成和比例发生变化，使生态系统的养分大量损失，不稳定性大为增加，使生态系统中的生产者、消费者、还原者与非生物环境的关系发生改变，导致物质循环与能量流动的失调。

第三节 环境污染生态治理

一、大气污染生态治理

（一）大气污染对植物的影响

1. 污染气体对植物的伤害

污染气体对植物的伤害是指污染气体引起的植物形态、结构的变化或生理功能的紊乱和抑制。按照植物受害的症状表现，可分为可见伤害和不可见伤害。可见伤害按污染气体的浓度的不同，又分为急性伤害与慢性伤害。按植物受害的形式可分为直接伤害和间接伤害。而按其受害的程度则又可划分为严重、中度、轻度等伤害等级。

植物受害后的可见伤害，通常是在叶片上产生坏死斑。坏死斑因植物种类和污染气体种类不同而呈现不同的颜色和形状，如灰白、土黄、黄褐、红棕、黑色的点状、块状或条状等坏死斑。

急性伤害的症状通常以植物叶片短期内出现坏死斑为特征；慢性伤害症状则以叶片失绿为主要特征。从整个植株来看，在污染气体长期、慢性的积累伤害下，通常抗性差的植物表现为生长不良、植物矮化、枝叶簇生、节间缩短、叶片失绿、萎蔫皱缩、变形等。有的甚至造成植物器官的病态、畸形和落花落果等。

2. 大气中污染物质的临界浓度和临界时间

大气中污染物质浓度很低时，对植物无任何影响。当污染物质浓度超过植物忍受、自净的限度时，植物便开始富集受害，在这个限度上，污染气体的浓度越大，植物受害越重，植物受害的最低浓度为临界浓度。此外，植物受害程度还与植物接触污染气体的时间有关，植物接触临界浓度以上的污染气体时，受害的最短时间为临界时间。在一般情况下，污染气体的浓度越高，植物受害的临界时间越短；浓度越低，临界时间越长。如果浓度高，时间又长，则植物受害更严重。

各种气体的临界浓度和临界时间是不同的。

3. 污染气体对植物的生理和生长发育的影响

植物在受到污染气体侵害后，通常在未出现可见症状以前，就表现出光合作用下降和光能利用率的减弱。通常植物受污染气体伤害后，呼吸作用有较明显的提高，蒸腾强度普遍减弱。通常认为污染气体对植物的影响最先是在细胞膜上，植物叶绿素浓度的减少通常与植物的可见伤害的严重程度呈正相关。据报道，SO_2 和 O_3 都能减少植物体内的蛋白质含量。试验表明，植物受有害气体污染后，可影响其根、茎的伸长和横向生长。污染气体作用于植物的不同生长发育阶段所造成的影响也不相同。

（二）大气污染对动物及人体的影响

1. 大气污染对动物的危害

大气污染对动物的危害有直接的和间接的。在烟雾发生期间，动物吸入污染物，引起呼吸道感染，发生中毒，甚至死亡。大气污染对动物最大、最广泛的危害是通过间接途径出现的。污染物进入水中和土壤，通过生物作用，毒物在牧草中累积，引起牧畜中毒。重金属元素能严重影响和破坏鱼类的呼吸器官，导致呼吸机能减弱。污染物对动物内脏的破坏作用极明显。铅、铬能使肾、脾受损，还能使鱼脊椎弯曲。有机氯农药对鱼类、水鸟、哺乳动物的繁殖有严重影响，能使许多鸟类蛋壳变薄甚至变软。

2. 大气污染对人体的危害

人体呼吸道疾病可由多种原因引起。一般认为，大气污染能使慢性鼻炎、慢性咽炎、肺气肿、支气管炎、哮喘、肺心病等发病率增高。国外研究表明，飘尘浓度大于 0.15 mg/m^3 时，儿童支气管哮喘病增多，老弱者的死亡率也明显增高。另外，肺尘埃沉着病、肺硅沉着病主要是因空气中的粉尘污染所致，我国的矿山、采石场等处的工人患病较为普遍。

大气污染物质中含有致癌物质，如粉尘上附着的 3,4-苯并芘等，汽车尾气中的氧化氮和碳氢化合物作用生成的硝基化合物，汽车尾气中的放射性钋，粉尘中的石棉、砷和镍、铬、铍等重金属，空气中的二氧化硫、酚等均有不同程度的致癌作用。曾有调查表明，呼吸器官癌症（如喉癌、肺癌、鼻咽癌等）与工厂和汽车密度呈正相关；把洛杉矶光化学烟雾的浓缩物，涂在老鼠皮肤上导致了皮癌；把动物饲养在工业废气中，有1/3的动物得了肺癌。

大气中如果存在铅及其化合物、汞、砷、磷和硫化氢、一氧化碳及苯类化合物等均会对心血管系统有影响。在某些污染较严重的城市，特别是炼油工业城区，常出现白细胞下降和心率异常现象。

在消化系统中，污染物对肝脏影响最大。大气中的污染物（如磷、三硝基甲苯、四氯化碳、丙烯、甲醛等）均被称为“向肝性”或者“亲肝性”毒物，能引起肝肿大、肝脏受损、肝区不适等。在大气污染较重的城市，人们常出现头晕、头痛、失眠、乏力、食欲不好等症状，说明神经细胞对污染物质是极敏感的。氟化氢等氟化物中毒，常引起斑釉齿症、骨质硬化症、氟骨症（骨硬化、异位钙化、骨髓缩小、骨质增生）等。大气中的飘尘、粉尘若含镉较多，被人吸入，常引起骨疼病（或疼痛病），使人身材矮小、脊椎与胸腔变形、关节疼痛、骨质疏松等。

许多污染物（如汞、四氯化碳、铅、二硝基酚、丙酮、氟化物、氰化物、三氯乙烯和钒等）能在肾脏中累积，引起肾脏损害。四氯化碳和氯化汞等会引起坏死性肾炎；溶血性毒物（如砷化氢）能引起阻塞性肾炎，可使大量正铁血红素游离出来阻塞肾小管，造成急性少尿甚至闭尿。

（三）大气污染的生态治理技术

植物本身是大气污染的受害者，但由于植物对污染物质具有吸收、转移、转变和富集的能力，因此，当大气中的污染物质对植物的影响尚未达到伤害阈值时，植物对其具有一定的净化能力，起到保护和改善环境的作用。

1. 植物对大气污染的净化作用

植物能维持大气中 O_2 与 CO_2 的平衡，一般情况下，大气中的 CO_2 含量是恒定的，它为绿色植物提供了光合原料，即绿色植物是 CO_2 的消耗者，也是 O_2 的生产者。植物通过光合作用吸收 CO_2、放出 O_2，又通过呼吸作用吸入 O_2、放出 CO_2。植物还能降低大气中污染物的浓度。

植物，特别是树木，对灰尘、粉尘有明显的滞留、吸附和过滤作用，因其能降低风速，使空气中较大颗粒物沉降下来。植物还可造成局地的温差而引起空气对流，使飘过林带的污染空气得到过滤和扩散。植物的降尘作用，主要是将灰尘吸附于植物体表面，随后经雨水或露水淋洗到地面。

城市环境噪声广泛地影响着人们的各种活动，如影响睡眠和休息，妨碍交谈，干扰工作，损伤听力，甚至引起神经系统、心血管系统、消化系统等方面的疾病，它已成为影响较广的公害之一。加强城市绿化、建造防声林带，对减弱噪声有一定的作用。

绿色树木能阻隔放射性物质和辐射的传播，并有吸收、滞留和过滤作用。

空气中散布着各种微生物，其中有不少是对人体有害的细菌。绿化树林可以减少多种细菌在空气中的数量。植物不仅可以减少空气中的灰尘进而减少细菌，其本身还具有杀菌作用。早有研究发现，许多植物（如洋葱、大蒜等）能分泌一种杀菌素，另外桦木、新疆圆柏、银白杨、柠檬、地榆根等也均有杀死微生物的作用。

植物能发挥调节温度和湿度的作用，特别是在人口密集的城市和工厂，这种调节作用有着更为重要的意义。

2. 防控大气污染绿化植物的配置

防控大气污染绿化植物的配置是城市绿化的一项复杂的系统工程。绿化工程是城市建设及城市生态恢复的关键，而防控大气污染绿化植物的配置又是改善城市生态环境的重点。因此，绿化工程的原则可以概括为绿化、美化、净化、规划4个方面。

二、水污染生态治理

（一）微型动物在废水净化中的作用

在污水生物处理中，有机物质的去除主要是细菌的作用，但微型生物，特别是原生动物在废水净化中也有一定的作用。

直接利用废水中的有机物质。某些小型的动物性鞭毛虫、变形虫和一些小的纤毛虫，可以直接利用废水中的有机物质，如小口钟虫、梨形四膜虫等，既能直接提高BOD_5的去除率，又能吞食细菌。

絮凝是活性污泥形成过程中的一个重要现象，它关系到活性污泥氧化有机物的能力及其沉降性能，因而直接影响处理效果和出水水质。絮凝是细菌生长到一定阶段后就凝集起来，逐渐由小变大，形成花絮一样的絮状物。在絮状物的周围生活着许多微型动物。如果絮状物上生长的纤毛虫多，则处理后的出水就很清；如果出现一定数量纤毛虫和轮虫，则细菌的絮凝过程就可能加速。经研究，纤毛虫能分泌两种物质，一种是多糖碳水化合物；另一种是单糖结构的葡萄糖和阿拉伯糖。污水中的悬浮颗粒吸收这些物质，通过改变悬浮颗粒表面电荷，使其集结起来，形成絮状物。另外，纤毛虫还能分泌一种黏蛋白，能把絮状物再联结起来。所以有的人认为纤毛虫比细菌更多地担负着絮凝作用，且纤毛虫对细菌的掠食能力是惊人的。纤毛虫类对水的澄清不仅起着明显的作用，而且对出水水质的其他指标也有改善作用。

（二）植物对污水的净化作用

下面仅介绍水生植物对酚、重金属、农药等污染物的净化作用。

1. 水生植物对酚的净化作用

据试验，灯芯草、水葱等都能净化污水中的单元酚。在 18～20℃的温度条件下，水葱 50 h 内可全部吸收 5 L 水中 10 mg/L 的单元酚。甚至当单元酚浓度高达 600 mg/L 时，都能被水葱吸收，而且水葱在含酚水中的发育比在无酚水中好。

水葱具有庞大的气腔和发达的根茎，生存能力比较强。植株表层的蜡质层较厚，干枯后可在水面漂浮，被水浪带到岸边，使其体内吸收、累计的酚不致重返水体和沉降于淤泥中，故对污水起到了良好的净化作用。此外，芦苇也有净化酚废水的能力，每 100 g 鲜葫芦在 24 h 内能将 8 mg 酚代谢分解为二氧化碳。根据中国环境科学院生态研究室的研究，水葫芦对酚的净化能力也很强。1 hm^2 水葫芦（按每千克植物株占水面 1/20 m^2 计）一昼夜可净化含酚 20 mg/L 的污水 500 t。

2. 水生植物对重金属的净化作用

根据中国科学院植物研究所的研究，芦苇和蒲草等挺水植物在临界浓度以下的含重金属镉、汞等的混合废水中，对重金属的抗性及累积性均很强；在临界浓度以上时，植物体表现不同程度的受害症状，但仍能发育及扬花结实，且累积作用更明显。根据研究，高等水生植物对含重金属废水的抗性大小排序为湿生、挺水植物（如酸模叶蓼、球穗莎草、芦苇、蒲草等）＞漂浮、浮叶植物（如水花生、浮萍等）＞沉水植物（如眼子菜、轮叶黑藻、金鱼藻等）；但植物对重金属的累积量则相反，沉水植物最高。

3．水生植物对农药的净化作用

水生植物通过根系或植物体表面将农药吸收浓缩，富集起来。水生植物对农药的吸收浓缩，要比旱地植物高得多。

（三）微生物对污水的净化作用

由于微生物具有繁殖迅速、个体小、比表面积大等特点，它们较其他生物更易适应环境的变化，它们可能因自然环境突变形成新的突变种，也可以形成诱导酶以适应新的环境条件，并具有新的酶系及新的代谢功能，从而可以降解或转化那些闯入环境的“陌生”污染物及“人造化合物”。因此，微生物对污染物的降解与转化具有巨大的潜力。此外，微生物对有机农药、重金属、除草剂等均有不同程度的降解作用。降解途径主要有氧化作用、还原作用、脱卤作用、脱烃作用、酰胺及酯的水解、缩合作用和共轭形式、甲基化作用等。

综上所述，微生物在污水治理工程中得到了广泛的应用，除了人工驯化培养微生物处理污水的活性污泥法、生物膜法，还有人工模拟或强化自然生态系统净化污水的技术方法。下面介绍几种模拟或强化自然生态系统的污水处理法。

1．氧化塘法

氧化塘又称稳定塘，是以藻、菌为主的藻菌共生体系，对有机废水具有较好的净化功能，且经济实惠，较易普及。根据氧化塘内溶解氧的来源和情况，可将氧化塘分为好氧氧化塘、厌氧氧化塘、兼性氧化塘和曝气氧化塘 4 种。

（1）好氧氧化塘

好氧氧化塘主要靠藻类光合作用供氧，水深最大为 40 cm，日光可透过水层到达塘底，藻类活动非常旺盛，塘内完全维持好氧条件。塘内几乎无污泥，由于藻类在进行光合作用时能利用水中的氮和磷合成体内物质，因此，好氧氧化塘是去除水中氮、磷，防止富营养化的有效设施之一，但这种塘承受的负荷低。

（2）厌氧氧化塘

厌氧氧化塘主要靠大气供氧，塘内底层沉淀物中可进行厌氧分解，仅很薄的一层表面水进行好氧分解，塘内很少有藻类。这种塘一般与好氧氧化塘串联使用。由于塘深度大（2～4 m），占地少、所需动力也少，但承受高负荷时易产生臭味，对温度比较敏感。

（3）兼性氧化塘

兼性氧化塘主要靠藻类供氧，水面曝气供氧处于次要地位。沉淀的污泥由于缺氧而进行厌氧分解，是一种好氧和厌氧条件并存的塘（池深 1～2 m）。可采用多级兼性氧化塘进行污水处理，常用作第二级处理。这种塘处理效率高、易管理、较经济。

（4）曝气氧化塘

曝气氧化塘主要靠机械设备供氧，全部水层都保持好氧条件。能承受较高的负荷，处理时间短、占地少，但机械设备的费用成本大，耗能也较高。

2. 人工湿地处理法

自然湿地生态系统具有净化水源的功能，被誉为自然界的“肾脏”。它能富集金属及有毒物质，排除或滞留水中的营养物质，阻截悬浮物及细菌、病毒等，使水质得到改善。因此，模拟自然湿地的构成，建造人工湿地污水处理系统，是一种既经济又有实效的方法。

三、土壤污染生态治理

（一）土壤污染的生态危害

1. 不合理施用化肥对土壤系统的生态危害

长期施用化肥，对土壤理化性质影响很大。如长期施用氮肥会使土壤发生酸化，有效磷和交换性盐基的含量降低；长期施用钾肥会使土壤板结；长期施用硝酸态氮肥，使硝酸根在土壤中积累过量，还原成亚硝酸盐后，对牲畜及土壤动物均有危害；长期施用磷肥，会使土壤中氟含量逐渐升高，对人畜危害很大，还有可能使土壤中天然放射性金属（铀、钍、镭等）污染出现。

2. 放射性元素对土壤系统的生态危害

放射性污染是土壤污染的一个重要类型，其污染程度取决于放射性物质的放射性、半衰期及其被消除的可能。大气层的放射性污染物直接沉降于土壤表层和植物地上部分，一部分随降水渗入土壤；另一部分经根系吸收进入植物体。

3. 矿物油及多环芳烃类化合物对土壤系统的生态危害

矿物油是各种烷烃、芳烃等液态烃的混合物。多环芳烃类化合物是石油、煤等化石燃料燃烧过程及能源转化过程中的副产物。它们进入土壤后，能改变土壤的碳氮及碳磷比，从而改变土壤微生物的组成和种类。大量矿物油进入土壤将影响土壤的通透性，促进厌氧微生物的生长繁殖，抑制需氧微生物的生长及活性。多环芳烃类化合物对土壤微生物体系中的酶活性有很大的抑制作用。因此，对微生物的分解作用有不利影响。

4. 农药对土壤系统的生态危害

农药一旦进入土壤生态系统，残留是不可避免的，但残留并不等于有残毒，只有当土壤中的农药残留量累积到一定程度，土壤的自净效应产生脱节、失调，危及农业环境生物（包括农药的靶生物与非靶环境生物）的安全，间接危害人畜健康时才称其具有残留积累毒害。残留积累毒害主要表现：残留农药的转移产生的危害和残留农药对靶生物的直接毒害。

（二）土壤污染的生态治理方法

1. 控制土壤受重金属污染的生态对策

土壤一旦遭受重金属污染是难以治理的，因此必须严格控制重金属进入土壤。在防治措施上，应采取以防为主、综合治理的方针。根据国内外的研究及探讨，防治土壤重金属污染，可以采用下列方法。

（1）作物改种法

在重金属污染的土地上，经过改换作物类型或品种仍可维持农业生产。如改种对某重金属抗性强、富集能力极弱的作物或品种；改种粮食作物为经济作物（非食品类）等。

（2）抑制吸收法

采用合理的农业措施，如在田土中施用一定量的石灰、磷酸盐、硅酸盐等，对重金属产生拮抗、掩盖及抑制作用，或与重金属形成不溶态化学物质等。也可以施用腐殖酸类肥料，起到螯合、固定重金属的作用。

（3）土壤改造法

在污染不太重的土壤上，采用深耕的办法使上下层混合，降低耕层中重金属的含量；也可以用深耕倒换上层的办法，使上层土掩入下层；或者采用移入客土法，用客土更换表土、上垫土，污染土深埋换客土等方法。

（4）生物改良法

种植某些对重金属具有很强富集能力的植物，通过植物的吸收作用，可以降低土壤中的某些重金属的含量。

（5）土壤改良剂法

土壤中加入适当的胶黏剂、改良剂能在一定程度上消除重金属。如在一定 pH 条件下，重金属能被铁锰氧化物固定，钢渣能固定镉、镍、锌等离子态重金属，重金属离子与钢渣表面的钙氧化物和硅氧化物发生反应后具有吸附和共沉淀作用；沸石能降低土壤中重金属的生物可利用性等。

2. 农药污染的防治对策

我国是一个农业大国，因施用农药而造成的农药污染时有发生。为了保护人体健康及生物资源，保障我国在加入 WTO 后的农产品，特别是粮食等食用产品面向世界的出口需要，必须加强农药污染治理。

（1）开发降解快、无残毒的新农药

开发“放心农药”，如果能研究出杀虫性强，降解迅速，且降解产物无毒性残留（施用后作物中的残留量达到“绿色食品”标准）的农药，则可大量生产和推广这类“放心农药”。

（2）从野生植物中“克隆”杀虫剂

自古以来，我国民间常用一些野生植物的浸制液，喷洒或熏蒸杀死田间的有害昆虫，起到事半功倍的作用。如果能从野生植物中“克隆”出这类天然的“杀虫剂”，施用后易自然降解，残留毒性自然会很低，极有可能实现“放心农药”的要求。

（3）保护天敌

众所周知，有害昆虫的天敌（如肉食性甲虫、草蜻蛉、寄生蜂、蜘蛛类、蛙类、鸟类等）能有效地抑制有害昆虫。天敌的种类多，数量多，有害昆虫的数量自然就少。人类就有可能少施甚至不施农药而确保农产品的正常产量及质量。因此，保护天敌，增加天敌的数量，是避免农药污染的好办法。

（4）调整食物链的结构，改单一种植为轮作或多作物的分块间植

在自然界中，有害昆虫有的是单食性的，有的是广食性的。可以视不同种类

昆虫的食性，调整食物链的结构，控制有害昆虫的数量增长。

改单一种植为轮作，中断害虫的食物链；改单一种植为多种种植，形成镶嵌式结构；精选引诱植物，转移害虫寄主。

（5）掌握害虫习性，加强生态治虫

根据各类有害尾虫的生态习性，可以强化某种生态因子的作用，达到集中治理的目的。

（6）培育具有天然免疫力的作物新物种

以水稻为例。在我国，水稻的种植多为三系，主要优点是高产，但也带来了大面积单一种植的弊端，目前，已有不少研究者在研究高产的基础上，转到高产—高质的研究。如果考虑到减少农药污染，使稻米成为真正的“绿色食品”，那么应加强抗病虫害品种的基因研究，其目标应为高产—高质—高抗，培育具有天然免疫力的新品种。

（7）做好病虫害的预测预报，制定生态对策

加强病虫害的预测预报工作是十分重要的战略措施，为做好这一工作，必须在多方面开展研究。只有深入研究、找出规律，才能较准确地预测病虫害危机，并及时报警，因地制宜制定生态对策，防患于未然。

综上所述，我国农药污染的防治工作应迅速进入综合防治的新阶段，其重点是制定多途径、多方位的生态对策。由于昆虫在自然界中占有广泛的“生态位”，从漫长的进化历程来看，昆虫具有繁多的种类及数量与它们具有强有力的自我调控能力有关。因此，对病虫害制定的生态对策，是不断发展的、多方位的对策，是要不断补充、调整和完善的。

四、生态治理案例——左云县十里河生态湿地修复与保护工程

（一）研究区域流域概况

十里河作为大同市左云县的主要河流，由西向东穿城而过，十里河在左云县境内全长 43 km，流域面积 931.6 km^2，河床宽 150～400 m，平水期水面宽 2～6 m，水深 0.2～0.5 m，年平均流量为 0.064～1.030 m^3/s，旱天时有间歇性干涸。

由于历年左云县城市污水排入河道，沿岸倾倒生活、建筑垃圾，造成十里河

水体污染严重，严重影响了周边居民正常的生活和生产。局部山体因修建新 109 国道挖山取土受到破坏，事后未进行环境恢复，造成水土流失严重。十里河河道南侧堤坝是 20 世纪 70 年代修建的浆砌石堤防，已年久失修破损严重，且不能满足正常行洪排涝功能；河道北侧为历年河水冲刷形成的陡坎，没有建设堤坝或护坡等防护设施，崩塌严重，造成严重的水土流失。

2007 年开始实施左云县十里河县城段综合治理工程，对县城段 6 km 的河道进行水利疏通和园林绿化，形成了以生态防护林带、花溪景观带和南岸风景林带为主的多层次生物群落，成为十里河生态公园的重要组成部分。2009 年为彻底改善十里河水质，左云县实施了十里河流域（左云段）水污染防治工程，通过县城污水处理厂提质改造和管网完善、工业点源治理、中水调蓄、河道清淤和生态修复等一系列工程措施，新增湿地 133 hm^2，使十里河左云段水质有了明显改善。

近年来左云县生态建设力度不断增强，十里河湿地规模不断扩大，截至 2015 年从左云县十里河水库始，到旧高山上约 20 km，形成了平均宽约 4 km，总面积 80 km^2 的十里河湿地生态区，是截至 2015 年大同市面积最大、生长最茂盛、乔灌林最多的湿地生态区。十里河湿地生态区内北面是杨树丰产林，混交沙棘、醋柳、野玫瑰、卧柳等灌木；南面是十里河床，河床乔灌木为自然植被，主要有杨、柳、沙棘、野玫瑰、松树等乔灌木混交，层次分明。2012 年 2 月，十里河生态湿地被列为山西省十七大湿地公园之一。十里河上游主要水源为污水处理厂外排尾水，外排尾水量为 4 000 m^3/d，枯水期时上游排水、生活污水、少量的渗流河水约 500 m^3/d，雨天时初期雨水最多约 1 500 m^3/d。枯水期河道已被冲刷出一条宽度不超过 2 m、深度不超过 50 cm 的沟渠。通过对十里河上游河水进行采样、监测和指标分析，确定该部分污水的水质，设计的进水水质如表 2-1 所示。

表 2-1 设计的进水水质

水质指标	水量/（m^3/d）	pH	COD_{Cr}/（mg/L）	NH_3-N/（mg/L）	TP/（mg/L）
十里河上游来水水质	5 500	6～9	100	20	4
地表水Ⅴ类标准		6～9	40	2.0	0.4

分析数据可以得知该区段水体水质劣于《地表水环境质量标准》（GB 3838—2002）中的Ⅴ类标准，尤其是总氮及氨氮严重超标。

（二）修复治理目标

全面加强十里河生态湿地及其生物多样性保护，基本遏制人为因素导致的天然湿地数量下降，力争使退化的湿地得到不同程度的恢复，维护十里河生态湿地生态系统的生态特征和基本功能，最大限度地保持和发挥湿地生态系统的各种功能、效益，保证湿地资源的可持续利用，促进经济发展，改善生态环境。

通过湿地修复工程建设，使十里河上游来水的污染物得到有效削减，使湿地修复工程出水水质得到改善。

通过在横穿河道的道路两旁修建防护隔离网，使之与沙棘天然防护林带有效结合，保护十里河生态湿地生态系统免受外界环境的干扰破坏。

通过植被稀疏地区补种，使退化的湿地得到有效恢复，提高十里河生态湿地质量。

（三）湿地修护与恢复工程

结合上述环境问题的分析，制定修复和保护方案。实施湿地修复工程、植被恢复工程、隔离防护工程 3 个主要子工程。

1. 湿地修复工程

为充分利用十里河河道水资源，在十里河生态湿地内 10 km 长的河道范围内选取四处地点（十里河桥下游处、月亮湾、远尚村、曹家村观光路与河道交汇处）对河道进行生态修复工程。根据各地点的位置条件，选择不同的工程措施，从而形成大小不一的水体，通过在水体坡岸及河底种植水生植物，构建自然型表面流湿地，增加水域面积，恢复其生态环境的同时，依靠生态系统的净化能力改善水质，为十里河生态湿地提供良好的补给用水，同时提升该区域的景观效果。

（1）十里河桥湿地生态修复工程

新建 3 万 m^2 的表面流人工湿地，沿现有河床表面下挖 1 m 深，通过八级渗滤坝将湿地分为八级表面流湿地，四周边墙及湿地床底表面均为夯实黏土层，设置八级渗滤坝，渗滤坝表层均为块石堆体，第一级至第五级和第七级渗滤坝内部设置尺寸为 $B \times H = 4\ m \times 0.3\ m$、长度与坝体保持一致，增强湿地的蓄水特性。根据表面流湿地水深的变化，选择与之相适应的不同生活类型的湿地植物，布局成自然的植物景观，即岸边种植挺水植物，深水区种植沉水植物，形成大面积的开阔水域，以净化水质和构建生物多样性为主要目的。湿地植物配置：①西伯利亚鸢尾 3 373 m^2，9 株/m^2；②香蒲 3 079 m^2，9 株/m^2；③芦苇 3 720 m^2，9 株/m^2；④菹草 1 690 m^2，9 株/m^2；⑤狐尾藻 1 690 m^2，9 株/m^2。

（2）月亮湾湿地修复工程

月亮湾作为十里河生态湿地里的景观亮点，一直吸引着大量游客驻足观赏和休憩，但是由于水流量有限，枯水季节该区域内水域面积较小，无法形成良好的湿地景观。因此在月亮湾景点栈桥下游 41 m，河道最狭窄区域修建 $L×B×H$=6 m×3 m×1 m 的渗滤坝，迎水方向按 1∶1.5 的比例进行放坡，背水面按 1∶10 的比例进行放坡。迎水面表层采用 500 mm 厚度的大粒径块石进行堆砌，其余坝体采用小粒径块石进行堆砌。

通过渗滤坝的蓄水作用，使月亮湾景点的河道水位抬高 1 m，从而形成宽阔的水面，为湿地景观提供水体资源。由于水位抬高和水域面积增加，河道两岸的坡岸被水体覆盖，利用坡岸浅水区段种植挺水植物，从而在净化水质的同时，提升湿地的景观效果。湿地植物配置：①西伯利亚鸢尾 30 m^2，9 株/m^2；②香蒲 21 m^2，9 株/m^2；③芦苇 37 m^2，9 株/m^2。

（3）远尚村湿地修复工程

在远尚村观光路与十里河交汇处修建一座拦水坝，形成大面积水域，同时在该处设置水质监测点，以实时监控水质变化。修建的挡水坝材质采用浆砌块石，尺寸为 $L×B×H$=14.65 m×1.2 m×2 m。

（4）曹家村湿地修复工程

曹家村排洪沟穿过观光路路面下涵洞汇入十里河，由于排洪沟上游长期有大量泥沙被冲刷至此处，枯水期排水沟内淤积大量泥沙，堵塞涵管。设计从入河口起沿渠往上清淤 150 m，同时在入河口滩地淤积区域进行清淤工程，扩大水域面积，并种植湿地水生植物，净化水质、提升景观，同时有效地控制土壤流失。湿地植物配置：①西伯利亚鸢尾 30 m^2，9 株/m^2；②香蒲 21 m^2，9 株/m^2；③芦苇 37 m^2，9 株/m^2。

通过以上一系列工程措施的实施，十里河湿地生态路口隔离网顺河岸延伸至岸边沙棘林带，隔离网位于沙棘公园内，水域面积大量增加，沿岸水生植被的大量种植，在改善水质和提升景观效果的同时，也使园内的生态系统得到修复与保护。为完善整个生态系统食物链，在各湿地景观节点处的大面积水域内实施水生动物的投放。主要投放的水生动物品种为鲫鱼，投放量按单位水域面积投放一尾的比例进行投放，投放的规格为 25 g/尾。投放区域主要为十里河生态湿地最后两级湿地内，月亮湾湿地修复区域内以及远尚村湿地修复区域内，投放量分别为 7 500 尾、1 500 尾和 1 000 尾，共计 10 000 尾。

2．植被恢复工程

在大面积植被缺失的土地上进行恢复补种，以遏制湿地的退化，补植树种与周边树种保持协调统一，主要为杨树、沙棘、松树、柳树。

根据左云县地理及气候的特点，选择新疆杨、沙棘、松树、杨柳树为植被恢复树种。相应树种的面积和规格：①新疆杨 1 620 亩，干径大于等于 3 cm，行距为 5.0 m×5.0 m，初植密度 27 株/亩；②沙棘 1 012 亩，高度大于等于 60 cm，行距为 5.0 m×5.0 m，初植密度 27 株/亩；③松树 120 亩，干径大于等于 3 cm，行距为 5.0 m×5.0 m，初植密度 27 株/亩；④杨柳树 322 亩，干径大于等于 3 cm，行距为 5.0 m×5.0 m，初植密度 27 株/亩。

3．隔离防护工程

为了保证工程实施段河道的生态尽可能少的受外界环境的干扰，充分利用现有河道两侧沙棘林天然防护带，本次设计拟在前八里、北十里、段家村、远尚村、曹家村、张家场村 6 个与观光路丁字口沿河侧安装围网，每个路口隔离网顺河岸延伸至岸边沙棘林带，隔离网位于沙棘林带内侧，隔离网总长 12 500 m，网片规格 3 m×1.6 m。基础采用混凝土，尺寸为 500 mm×300 mm×300 mm。

4．修复后的工程效果

该项目于 2015 年 10 月完成水质改善工程施工。目前运行稳定，2018 年 6—8 月连续 3 个月及 2019 年 7—8 月对十里河上游来水（十里河桥处）水质和湿地末端（曹家村）最终出水进行监测，统计进水、出水平均水质数据如表 2-2 所示。

表 2-2 工程完成后进水、出水水质

年份	进出水情况	pH	COD_{Cr}/（mg/L）	NH_3-N/（mg/L）	TP/（mg/L）
2018	上游来水（十里河桥）	7.73	110	25.3	2.83
	湿地出水（曹家村）	7.65	75	18.2	1.73
	去除率/%	—	31.8	28.1	38.9
2019	上游来水（十里河桥）	7.69	95	18.6	1.85
	湿地出水（曹家村）	7.51	58	12.2	1.23
	去除率/%	—	38.9	34.4	33.5

从表 2-2 可以看出：十里河上游来水的主要水质指标（COD、NH_3-N、TP）经过湿地保护和修复工程，均有一定的削减。

从工程的实际运行情况来看，通过湿地修复工程建设，十里河上游来水的主要污染物得到有效削减，使湿地修复工程出水水质得到改善；隔离网的建设及植被稀疏地区补种，使退化的湿地得到有效的恢复。近年来，十里河湿地生物多样性明显增加，基本遏制了人为因素导致的天然湿地面积的减少，使左云县十里河退化的湿地得到一定的恢复，保证了湿地资源的可持续利用，改善了生态环境。

参考文献

[1] 方淑荣，姚红. 环境科学概论[M]. 北京：清华大学出版社，2022.

[2] 周凤霞. 生态学[M]. 北京：化学工业出版社，2020.

[3] 白图雅. 土壤中的有机污染物及其处理方法研究进展[J]. 内蒙古石油化工，2021，47（1）：7-9.

[4] 车盈，金光泽. 物种多样性和系统发育多样性对阔叶红松林生产力的影响[J]. 应用生态学报，2019，30（7）：2241-2248.

[5] 孟凡乔，巩晓颖，葛建国，等. 污灌对土壤重金属含量的影响及其定量估算——以河北省洨河和府河灌区为例[J]. 农业环境科学学报，2004（2）：277-280.

[6] 张倩妮，陈永华，杨皓然，等. 29 种水生植物对农村生活污水净化能力研究[J]. 农业资源与环境学报，2019，36（3）：392-402.

[7] 阮挺，江桂斌. 发现新型环境有机污染物的基本理论与方法[J]. 中国科学院院刊，2020，35（11）：1328-1336.

第三章　水环境污染与防治

第一节　水污染与污染物

一、水污染及来源

水污染，是指排入水体的污染物在数量上超过了该物质在水体中的本底含量和自净能力，从而影响水的有效利用，危害人体健康或者破坏生态环境，造成水质恶化的现象。由于丧失了使用价值而被废弃外排，并使受纳水体受到影响，这种水被称为废水。

除自然污染外，根据来源不同，水污染可分为工业污染、生活污染和农业污染等，不同来源的污染产生的废水性质不同。

二、水体污染物

对水体水质、水中生物群落造成影响并使水体底泥质量恶化的各种有害物质（或能量）都可叫作水体污染物。

水体污染物从化学角度可分为无机有害物、无机有毒物、有机有害物、有机有毒物 4 类。

水体污染物从环境科学角度则可分为病原体、植物营养物质、需氧性物质、石油类、放射性物质、有毒化学品、酸碱盐类及热能等类型。

第二节　水质标准

水质标准是描述水质状况的一系列标准，表示各类水中污染物的最高容许浓度或限量阈值的具体限制和要求。我国从水资源保护和水体污染控制两方面考虑，分别制定了水环境质量标准和污水排放标准，这些标准是水污染控制的基本管理措施和重要依据之一。

一、水环境质量标准

（一）天然水体水质标准

天然水体是人类的重要资源，为了保护天然水体的质量，不因污水的排入而导致恶化甚至破坏，在水环境管理中按水体功能要求分类进行水环境质量控制项目和限值的规定。我国目前天然水体环境质量标准主要有《地表水环境质量标准》（GB 3838—2002）、《海水水质标准》（GB 3097—1997）、《地下水质量标准》（GB/T 14848—2017），这些标准大部分是强制性国家标准，是污水排入水体时执行排放等级的重要依据。

（二）用水水质标准

为了保证水的使用目的或用水水质要求，我国发布了《工业锅炉水质》（GB/T 1576—2018）、《农田灌溉水质标准》（GB 5084—2021）、《渔业水质标准》（GB 11607—89）等工、农、林、牧、渔业水质标准。由于工业种类繁多，其用水水质要求随不同工艺、不同产品而有所相同，因此工业用水水质标准体系较复杂，但总的要求是水质必须保证产品的质量，并保障生产正常运行。

（三）再生利用水水质标准

为了促进污水安全处理和资源化利用，自 2000 年开始发布城市污水再生利用系列水质标准，包括《城市污水再生利用分类》（GB/T 18919—2002）、《城市污水再生利用　城市杂用水水质》（GB/T 18920—2020）、《城市污水再生利用　景观环境用水水质》(GB 18921—2002)、《城市污水再生利用 工业用水水质》(GB/T 19923—2005)、《城市污水再生利用 地下水回灌水质》(GB/T 19772—2005)、《城市污水再生利用 农田灌溉用水水质》(GB 20922—2007)等。这些标准中，只有一部分为强制性国家标准，其余均为推荐性国家标准。

二、污水排放标准

(一)污染物排放浓度控制标准

污染物排放浓度控制标准是对所排放污水中污染物质规定最高允许排放浓度或限量阈值，按其适用范围可分为污水综合排放标准和水污染物行业排放标准，除国家发布的污水综合排放标准与水污染物行业排放标准外，各地根据水体污染程度、水体纳污能力、污染物削减的可能性与可行性等，从保护环境和经济持续发展的角度出发，可制定比国家标准更为严格的地方排放标准。

1. 污水综合排放标准

按照污水排放去向，国家规定了水污染物最高允许排放浓度，我国现行的综合排放标准主要有《污水综合排放标准》(GB 8978—1996)。污水综合排放标准适用范围广，不仅适用于排污单位水污染物的排放管理，也适用于建设项目的环境影响评价、建设项目环境保护设施设计、竣工验收及其投产后的排放管理。该标准将排放的污染物按其性质及控制方式分为两类：第一类污染物主要为重金属和有毒有害物质，以及能在环境和动植物体内蓄积、对人体健康产生长远不良影响的污染物，如汞、镉、铬、铅、砷、苯并[*a*]芘等，此类污染物必须在车间处或车间处理设施排放口处达标；第二类污染物是其余一般污染物，其长远影响小于第一类，如化学需氧量、硫化物等，规定的取样地点为排污单位的排出口，其最高允许排放浓度按地面水功能要求和污水排放去向，分别执行第一、二、三级标准。

2. 水污染物行业排放标准

根据行业排放废水的特点和治理技术发展水平，国家对部分行业制定了水污染物行业排放标准，如《城镇污水处理厂污染物排放标准》(GB 18918—2002)、《制革及毛皮加工工业水污染物排放标准》(GB 30486—2013)、《电镀污染物排放标准》（GB 21900—2008）、《纺织染整工业水污染物排放标准》（GB 4287—2012）、《制浆造纸工业水污染物排放标准》（GB 3544—2008）、《合成氨工业水污染物排放标准》（GB 13458—2013）、《钢铁工业水污染物排放标准》（GB 13456—2012）及《磷肥工业水污染物排放标准》（GB 15580—2011）等，目前已发布或征求意见的行业排放标准有近 100 项。

按照国家对污水综合排放标准与水污染物行业排放标准不交叉执行的原则，有行业排放标准的优先执行行业标准，暂无行业标准的其他污水排放均执行《污水综合排放标准》。

3. 地方污水排放标准

各省、自治区、直辖市等根据经济发展水平和管辖地水体污染控制需要，可以依据《中华人民共和国环境保护法》《中华人民共和国水污染防治法》制定地方污水排放标准。地方污水排放标准可以增加污染物控制指标数，但不能减少；可以提高对污染物排放标准的要求，但不能降低标准。

（二）总量控制标准

“总量控制”是相对“浓度控制”而言的。总量控制是根据水体使用功能要求及自净能力，对污染源排放的污染物总量实行控制的管理方法，基本出发点是保证水体使用功能的水质限制要求。总量控制可以避免浓度标准的缺点，可以保证接纳水体的环境质量。

第三节 水污染防治技术

一、水污染防治技术概述

（一）废水源头减排方法

1. 改革生产工艺，推进清洁生产

为了减少废水及其污染物的排放，首先应当力求革新生产工艺，尽量不用水或少用水，使用清洁的原料、采用先进的生产设备和方法，以减少废水的排放量和废水污染物的浓度，减轻处理构筑物的负担，节省处理费用。

2. 重复利用废水

工业用水重复使用，如某道工序用过的水，还可以作为前一道工序的用水重复使用，对此，可以计算“工业用水重复使用率”；将废水或污水经二级处理和深度处理后回用于生产系统或生活杂用的方法，被称为污水回用，对此，可以计算“污水回用率”。

3. 回收有用物质

有的生产废水中含有有价值的、可回收利用的物质，如某厂的酸性工业废水中含有一定量的 Fe^{3+}、Cu^{2+}、Au^{3+}等金属离子，可设计“从废水中先回收金，再生产铁红和氧化铜”的工艺流程，以回收多种有用物质。

（二）废水处理基本方法

废水处理方法根据不同原则可做如下分类：一是按对污染物实施的作用分类，可分为分离和转化两大类；二是按处理原理或理论基础分类，可分为物理处理法、化学处理法、物理化学处理法和生物处理法四大类。

1. 物理处理法

物理处理法是指通过物理作用，分离、回收废水中不溶解的呈悬浮状态污染物的处理方法。常用的物理处理方法有：重力分离法（如沉砂、沉淀、隔油等处理单元）、离心分离法（如采用离心分离机和旋流分离器等设备）、筛滤截留法（如格栅、筛网、砂滤、微滤或超滤等设施）。此外，蒸发法浓缩废水中的溶解性不挥发物质也是一种物理处理法。

2. 化学处理法

化学处理法是指通过化学反应去除废水中污染物质或将其转化为无害物质的废水处理法。在化学处理法中，常用处理单元有中和、氧化还原和化学沉淀等。

3. 物理化学处理法

物理化学处理法是指利用物理和化学的综合作用去除废水中污染物质的处理方法，或是包括物理过程和化学过程的单元方法，如浮选、吸附、离子交换、电解、电渗析和反渗透等。

4．生物处理法

生物处理法是指通过微生物的代谢作用，使废水中呈溶解、胶体态的可生物降解的有机污染物质转化为稳定、无害物质的废水处理方法。根据起作用的微生物的不同，生物处理法可分为好氧生物法和厌氧生物法。好氧生物法又包括活性污泥法、生物膜法、生物氧化塘、土地处理系统等。

在废水处理过程中，有些物理处理法或化学处理法与物理化学处理法难以明确区分，即在物理处理法中包含了化学作用，在化学处理法中又包含了物理过程，因此，在本书编写过程中，按所应用的理论基础把各种单元方法划分为物理化学处理法和生物处理法两大类。凡是以物理或化学或兼有两者的原理为理论基础的处理方法，都纳入物理化学处理法，凡是以微生物的生命活动为理论基础的处理方法，都纳入生物处理法。

二、废水物理处理法

（一）筛滤

筛滤一般安置在废水处理流程的前端，进水渠道或进水泵站集水井的进口处。目的是拦截和去除废水中粗大的悬浮物和杂物，保护后续处理设施（特别是泵）并防止管道的堵塞。筛滤的构件主要有格栅、筛网和微滤机。

1．格栅

格栅一般由一组平行的栅条构成，按栅条的间隙宽度可分为粗格栅（40～150 mm）、中格栅（10～40 mm）和细格栅（1.5～10 mm）3 种，也可分为粗格栅（16～100 mm）和细格栅（1.5～15 mm）两种；按形状可分为平面格栅和曲面格栅；按活动方式可分为固定格栅和活动格栅。图 3-1 为常用的活动格栅示意图。

2．筛网

当废水中含有较细小的悬浮杂物（如纤维、纸浆、藻类等），不能被格栅截留，也难以用沉淀法去除时，可选用筛网过滤装置。筛网装置主要有转鼓式筛网、转盘式筛网、水力筛网和振动筛网等。图 3-2 为水力筛网示意图。

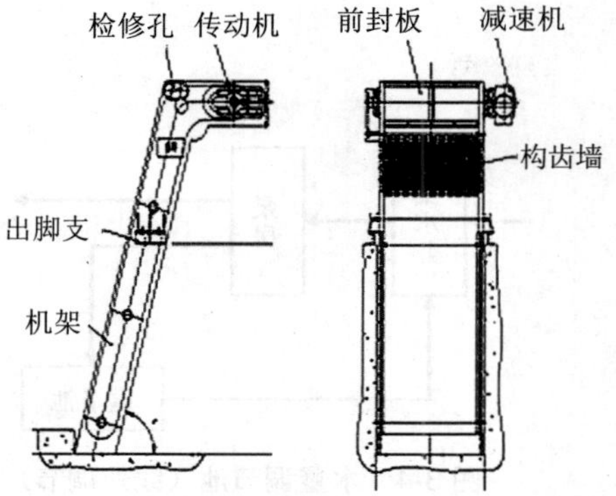

图 3-1　活动格栅示意图

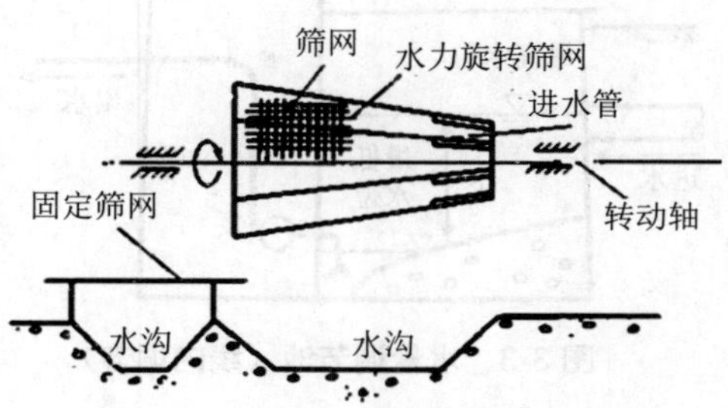

图 3-2　水力筛网示意图

（二）调节

废水的水量和水质并不总是恒定均匀的，往往随着时间的推移而变化。水量和水质的变化使处理设备不能在最佳的工艺条件下运行，严重时甚至使设备无法工作，为此需要设置调节池，对水量和水质进行调节。

根据调节池的功能，调节池可分为水量调节池、水质调节池、综合调节池和事故调节池。

1．水量调节池

常用的水量调节池有两种调节方式：

① 线内调节（图 3-3）。进水一般采用重力流，出水用泵提升，池内最高水位不高于进水管的设计水位，有效水深一般为 2～3 m。

② 线外调节（图 3-4）。调节池设在旁路上，当废水流量过高时，多余废水用泵打入调节池，当流量低于设计流量时，再从调节池回流至集水井，与线内调节相比，其调节池不受进水管高度限制，但被调节水量需要两次提升，消耗动力大，多用于后续处理。

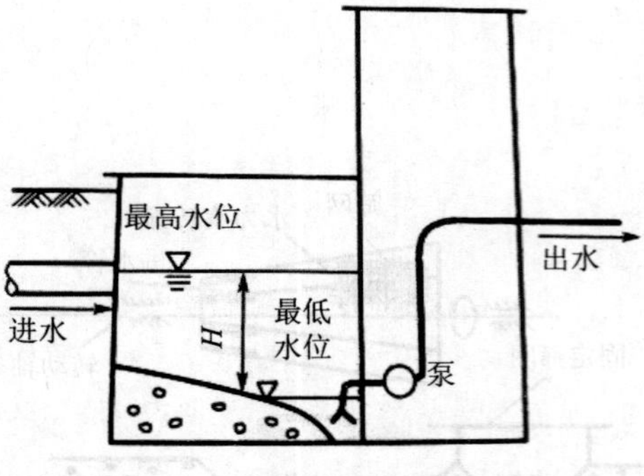

图 3-3 水量调节池（线内调节）

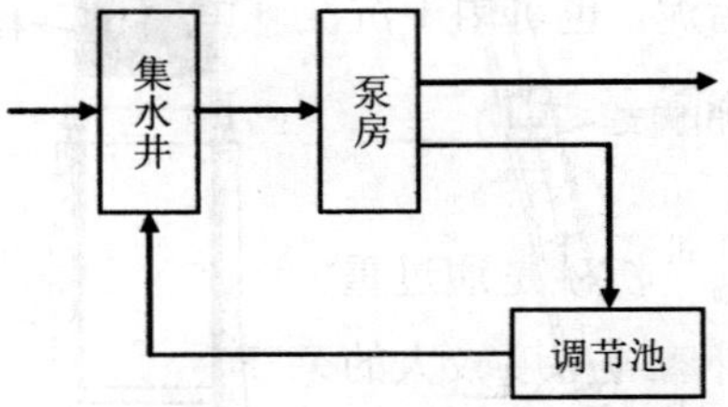

图 3-4 水量调节池（线外调节）

2. 水质调节池

水质调节池也称均和池或匀质池，其任务是对不同时间或不同来源的废水进行混合，使流出水质比较均匀。一般经过调节后，调节池出水最大浓度与平均浓度的比值应小于 1.2。

水质调节的基本方法有两种：①利用外加动力（如叶轮搅拌、空气搅拌、水泵循环）而进行的强制调节，设备较简单，效果较好，但运行费用高。②利用差流方式使不同时间和不同浓度的废水进行自身水力混合，基本没有运行费，但设备结构较复杂。

3. 综合调节池

综合调节池既能调节水量，又能调节水质。

4. 事故调节池

为了防止出现恶性水质事故或发生破坏污水处理系统运行的事故（如偶然的废水倾倒或泄漏），废水的流量或强度变化太大时，宜设事故调节池或分流贮水池，贮留事故排水。

三、废水化学处理方法

（一）沉淀与上浮

沉淀与上浮是利用水中悬浮颗粒与水的密度差进行分离的基本方法。当悬浮物的密度大于水时，在重力作用下，悬浮物下沉形成沉淀物；当悬浮物的密度小于水时，则上浮至水面形成浮渣（油）。通过收集沉淀物和浮渣可使水获得净化。沉淀法可以去除水中的砂粒、化学沉淀物、混凝处理所形成的絮体和生物处理的污泥，也可用于沉淀污泥的浓缩。上浮法主要用于分离水中的轻质悬浮物，如油、苯等，也可以让悬浮物黏附气泡，使其密度小于水，再用上浮法除去。

1．沉砂

沉砂是通过重力沉淀或离心机分离的方法去除废水中所携带的泥砂、煤渣、骨屑等密度较大的杂质颗粒，以防止对水泵、管道和污泥处理设备的磨损；而较轻的有机悬浮物则随水流带走。常用的有平流式沉砂池、曝气沉砂池和水力旋流沉砂池。

（1）平流式沉砂池

平流式沉砂池是最常用的一种沉砂池（图 3-5），其过水部分是一条加宽加深的明渠，由入流渠、沉砂区、出流渠、沉砂斗等组成，两端用闸板控制水流。渠底一般设两个贮砂斗，下接排砂管，或者用射流泵或螺旋泵排砂。

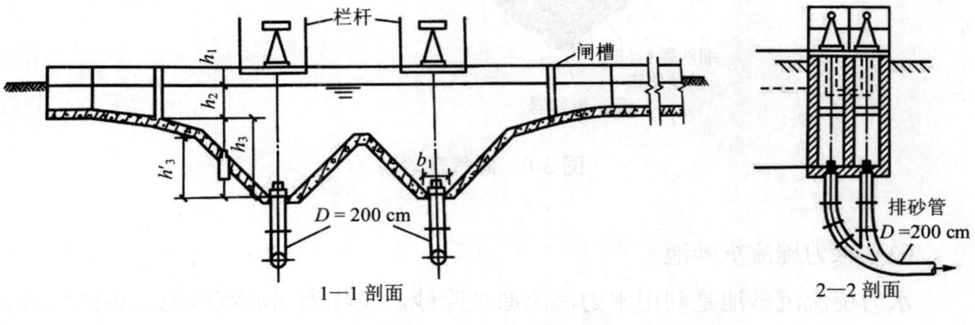

图 3-5　平流式沉砂池

平流式沉砂池具有构造简单、截留无机颗粒效果较好的优点，但也存在流速不易控制，沉砂中夹带有机物较多，容易腐败发臭等缺点。

（2）曝气沉砂池

曝气沉砂池是一个长形渠道，沿渠道壁下部一侧设置曝气装置，整个长度鼓入压缩空气，与水平流速垂直，使渠中污水在池中呈螺旋状前进（图 3-6）。由于旋流和上升气泡的冲刷作用，污水中悬浮颗粒相互碰撞、摩擦，使黏附在砂粒上的有机污染物得以脱离被水流带走。沉于池底的砂粒沿池底坡度落入集砂槽，可通过机械刮砂、螺旋输送、移动空气提升器或移动泵吸式排砂机排除，其中有机物含量只有 5%左右，便于沉砂的处置。

曝气沉砂池具有以下特点：①沉砂中有机污染物的含量低；②具有预曝气、脱臭、防止污水厌氧分解、除泡作用以及加速污水中油类的分离等作用；③通过调节曝气量，可以控制污水的旋流速度，除砂效率较稳定，受流量变化的影响较小。这些特点为后续的沉淀、曝气及污泥消化池的正常运行，以及砂粒的干燥脱水提供了有利条件。但对于按生物除磷（A/O 工艺）设计的污水处理厂，为保证除磷效果，一般不采用曝气沉砂池。

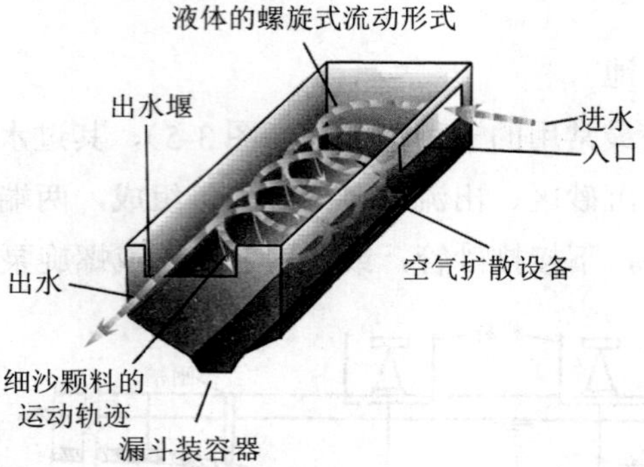

图 3-6 曝气沉砂池

（3）水力旋流沉砂池

水力旋流沉砂池是利用水力涡流原理除砂，又称为涡流沉砂池。该池型具有基建、运行费用低和除砂效果好等优点。

钟式沉砂池由流入口、流出口、沉砂区、砂斗、砂提升管、排砂管、电动机和变速箱组成（图 3-7）。污水由流入口切向流入沉砂区，在旋转的涡轮叶片的推动下呈螺旋状流动，密度较大的砂粒在离心力的作用下被甩向池壁，沿池壁落入砂斗，密度较小的有机悬浮物随出水旋流带出池外。通过调整叶轮转速，可达到最佳沉砂效果。砂斗内沉砂可通过空气提升器、排砂泵排除，再经砂水分离器洗砂，达到再次清除有机物的目的。清洗水回流至沉砂区。

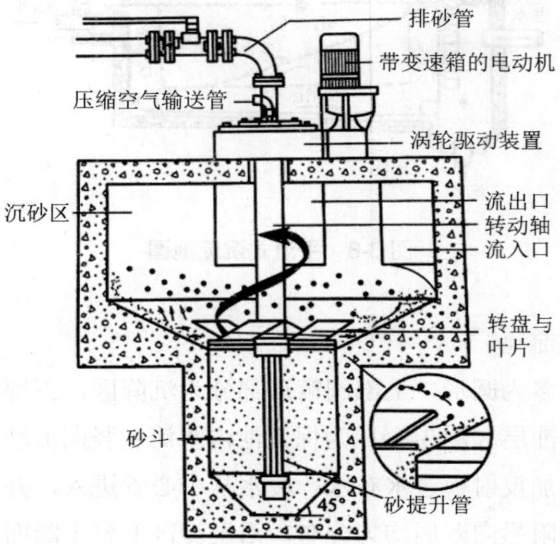

图 3-7　钟式沉砂池

2. 沉淀

沉淀是利用重力沉降将比水重的悬浮物（主要是有机悬浮物）从水中去除的过程，是废水处理中用途最广泛的单元操作之一。沉淀池按池内水流方向的不同，可分为平流式沉淀池、竖流式沉淀池、辐流式沉淀池和斜板（管）式沉淀池 4 种，下文将分别介绍。

（1）平流式沉淀池

平流式沉淀池呈长方形，其构造如图 3-8 所示。废水是按水平方向流入沉淀池并完成沉降过程的。废水由进水槽经淹没孔口进入池内，孔后设穿孔墙或穿孔槽外加挡板，用来消能稳流，使进水沿过流断面均匀分布。沉淀池末端设溢流堰（或淹没孔口）和集水槽。澄清后的清水流过堰口，经集水槽排出。池的底部靠进口端或沿池长方向，设有 1 个或多个贮泥斗，其他部位池底设 0.01°～0.02°的坡向贮泥斗。沉到底部的污泥由刮泥机推向泥斗。开启排泥阀后，污泥在静水压力作用下由污泥管排出池外。

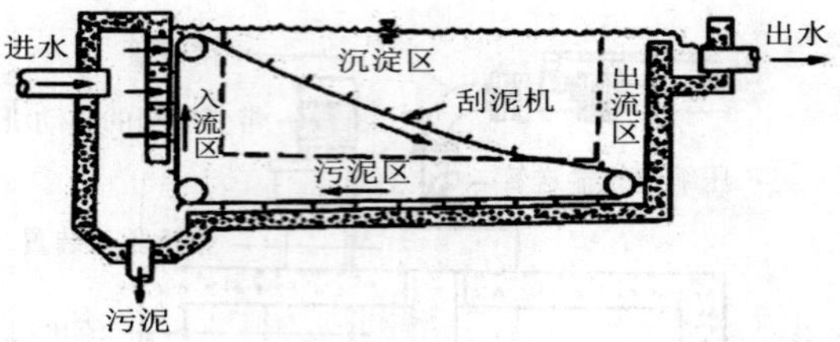

图 3-8　平流式沉淀池图

（2）竖流式沉淀池

竖流式沉淀池多为圆形，上部圆筒形部分为沉降区，下部倒圆台部分为污泥区，二者之间为缓冲层（图 3-9）。为保证池内水流做竖向流动，池的直径不宜太大，并采用中心管加反射板进水布水。废水从中心管进入，并从中心管的下部流出，经过反射板的阻拦向四周均匀分布，沿沉淀区的整个断面上升，出水由上部四周集水槽收集。污泥可借静水压力由排泥管排出。

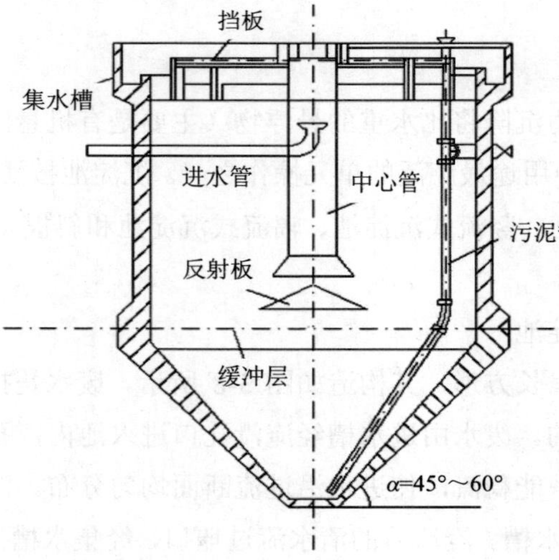

图 3-9　竖流式沉淀池

竖流式沉淀池池深，排泥容易便于管理，但构造施工较难；因为单池容量小，污水量大时水流分布不易均匀，不宜采用。

（3）辐流式沉淀池

辐流式沉淀池是一种大型圆形沉淀池（图 3-10），主要有中心进水和周边进水两种形式，沉淀后废水往四周集水槽排出。传统辐流式沉淀池采用中心进水方式，废水从池底进入中心管，或用明槽自池的上部进入中心管，在中心管的周围常有穿孔障板围成的流入区，使废水能沿圆周方向均匀分布，呈水平向四周辐流。由于中心导流筒内的流速较大，向下流动时动能较大，易冲击池底污泥。当作为二沉池时，活性污泥在其中难以絮凝，故常用于初沉池。二沉池则多采用周边进水的形式，使布水更均匀，向下的流速较小，对池底无冲击现象；同时，在沉降区内形成回流促使污泥絮凝，提高沉降效果。

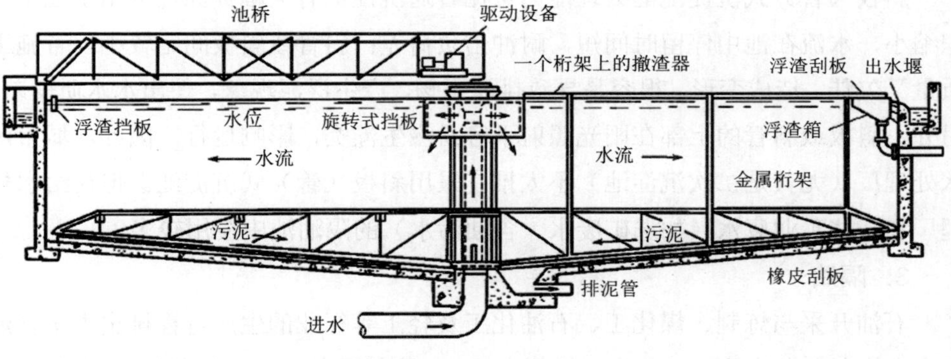

图 3-10 辐流式沉淀池

（4）斜板（管）式沉淀池

沉淀池水深越浅，截留速度越小，沉淀效果越好。同理，在去除率和池容 V 给定的条件下，处理水量与池深成反比关系。若通过水平隔层将一个理想沉淀池水平分为 n 个浅池，则处理能力可提高 n 倍。这就是所谓的“浅层沉降”理论，也是斜板（管）式沉淀池构造的理论基础。

实际工程应用上，为便于排泥，将水平隔层改为与水平面倾斜成一定角度的斜面，构成斜板沉淀池。如各隔板之间还进行分格，即成为斜管沉淀池。污水处理中多采用升流式异向流斜板（管）式沉淀池（图 3-11）。

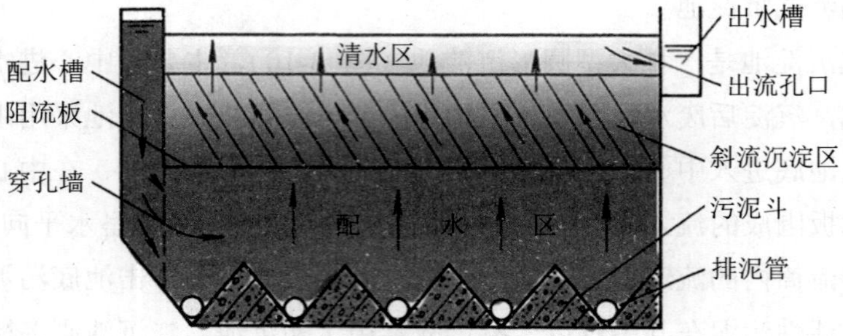

图 3-11 升流式异向流斜板（管）式沉淀池

斜板（管）式沉淀池的处理能力可比普通沉淀池有大幅提高，但由于池子体积缩小，水流在池中停留时间短，耐冲击负荷差；斜管或斜板间距较小，若施工质量又欠佳，造成变形，很容易导致排泥不畅，产生泛泥现象，使出水水质变差。另外，斜板或斜管的上部在阳光照射下容易滋生藻类，影响运行。因此，城市污水处理厂（尤其是二次沉淀池）不太推广采用斜板（管）式沉淀池。但在给水处理厂和一些工业废水（如选矿废水、含油污水）的隔油池中应用较多。

3．隔油

石油开采与炼制、煤化工、石油化工及轻工等行业的生产过程排出大量含油废水。其中大多油品相对密度一般都小于 1，只有重焦油相对密度大于 1。如果悬浮油珠粒径较大，则可依据油水密度差进行分离，这类设备称为隔油池。目前国内外常用的有平流式隔油池和斜板式隔油池两类。

（1）平流式隔油池

普通平流式隔油池与平流式沉淀池相似（图 3-12），废水从池的一端进入，以较低的水平流速流经池子，从另一端流出。在此过程中，废水中的油滴在浮力作用下上浮聚积在池面，通过设在池面的刮油刮泥机和集油管收集回用；密度大于水的颗粒杂质沉于池底，通过刮油刮泥机和排渣管排出。刮油刮泥机在池面上刮油，将浮油推向池末端集油管；而在池底部刮泥，将下沉的油泥刮向池进口端的泥斗。

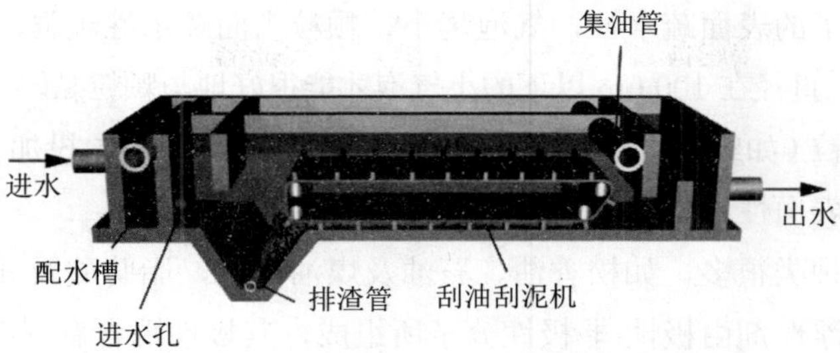

图 3-12 平流式隔油池

为了保证隔油池的正常工作，池表面应加盖，以防火、防雨、保温及防止油气散发，污染大气。在寒冷地区或季节，为了增大油的流动性，隔油池内应采取加温措施，在池内每隔一定距离，加设蒸汽管，提高废水温度。

（2）斜板式隔油池

图 3-13 为斜板式隔油池，池内斜板大多采用聚酯玻璃钢波纹板，板间距约为 40 mm，倾角不小于 45°，采用异向流形式，废水自上而下流入斜板组，从出水堰排出；油粒沿斜板上浮，经集油管收集排出。

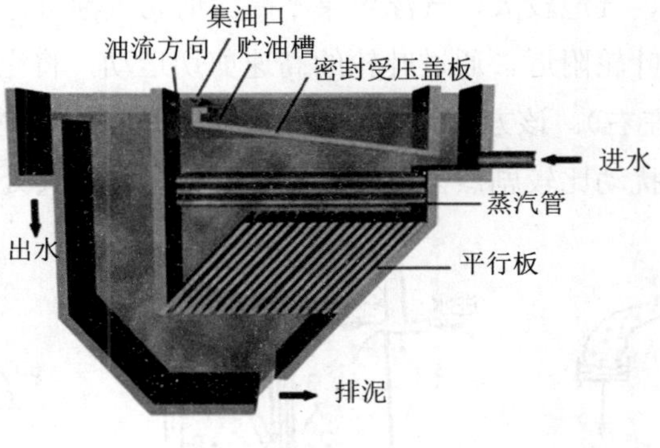

图 3-13 斜板式隔油池

4．气浮

气浮是指通过某种方法产生大量微气泡，黏附水中悬浮和脱稳胶体颗粒，在水中上浮完成固液或液液分离的过程。气浮过程包括气泡产生、气泡与颗粒（固体或液滴）附着以及上浮分离等连续步骤。其中气泡与颗粒吸附作用主要取决于气泡大小和粒子的表面疏水性，气泡越小、颗粒表面疏水性越强，越容易发生黏附。实践证明，直径在 100 μm 以下的小气泡才能很好地与颗粒黏附。若要用气浮法分离亲水性颗粒（如纸浆纤维、煤粒、重金属离子等），就必须投加合适的浮选剂，以改变颗粒的表面性质。

浮选剂的种类很多，如松香油、石油及煤油产品，脂肪酸及其盐类，表面活性剂等。大多浮选剂由极性-非极性分子所组成，其极性端含有—OH、—COOH、$—SO_3H$、$—NH_2$、≡N 等亲水基团，而非极性端主要是烃链。例如肥皂中的硬脂酸 $C_{17}H_{35}COOH$、$—C_{17}H_{35}$ 是非极性端、疏水的，而—COOH 是极性端、亲水的。在气浮过程中，浮选剂的极性基团能选择性地被亲水性物质所吸附，非极性端则朝向水，从而使亲水颗粒表面变为疏水表面。对不同性质的废水应通过试验，选择合适的浮选药剂和投加量，必要时可参考矿冶工业浮选的资料。

根据制取气泡的方法不同，气浮可分为 3 类，即电解气浮、分散空气气浮和溶解空气气浮。较常见的是后两种。

分散空气的方法和设备很多，目前应用的主要有微孔曝气气浮法和剪切气泡气浮法两种形式（图 3-14）。微孔曝气气浮法［图 3-14（a）］的优点是简单易行，但微孔容易被堵塞、气泡较大、气浮效果不高。剪切气泡气浮法［图 3-14（b）］是通过管道被引到叶轮附近，通过叶轮的高速剪切运动，将空气吸入并分散为小气泡（直径 1 mm 左右）。该方法的特点是设备不易堵塞，但产生气泡较大，上升速度快，对水体的扰动比较剧烈，撞击和破坏絮状体，故其处理效果较差。

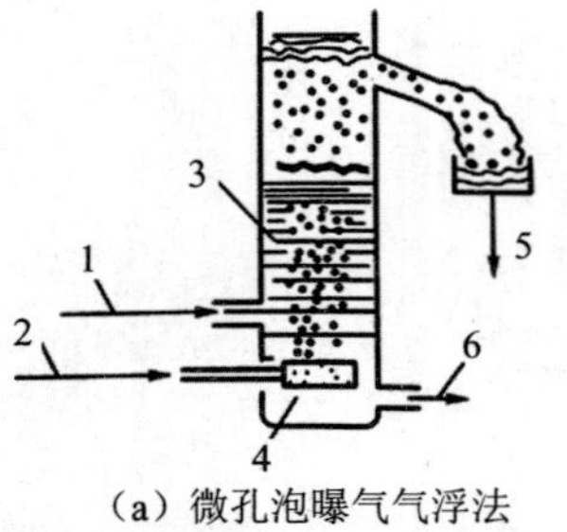

（a）微孔泡曝气气浮法

1—入流废水；2—空气；3—分离区；4—微孔扩散设备；5—浮渣；6—出流

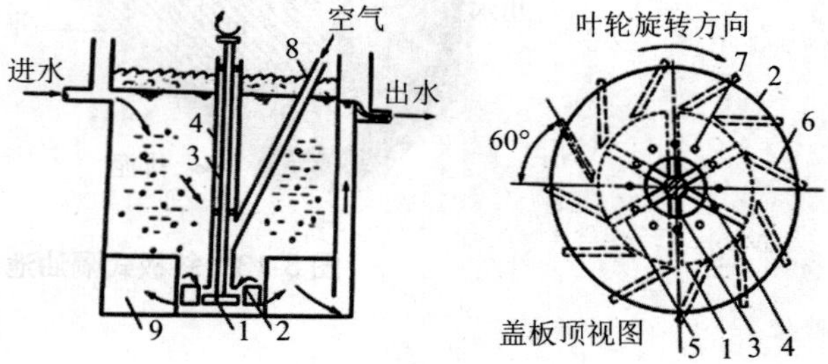

（b）剪切气泡气浮法

1—叶轮；2—盖板；3—转轴；4—轴套；5—叶轮叶片；6—导向叶片；7—循环进水孔；8—进气管；9—整流板

图 3-14　分散空气装置示意图

溶解空气气浮法是使空气在一定压力下溶于水中并呈饱和状态，然后在减压条件下析出空气，形成微小的气泡，进行气浮。通常是在加压下将空气溶入水中，在常压下析出，气浮池在常压下运行。其特点是气体溶解量大、产生气泡多。经减压释放产生的气泡粒径小而均匀，一般为20～100 μm，在气浮池中上升速度慢、对池水扰动较小，气浮效果比分散空气法好，特别适用于松散、细小絮凝体的固液分离。

为避免废水中的杂质可能对溶气和释放产生气泡造成不利影响，加压溶气气浮常采用部分处理水回流加压溶气（图 3-15），即将部分澄清液进行回流，加压送入溶气罐充分溶气，再经压力释放装置后和废水相混合进入气浮池进行固液分离。

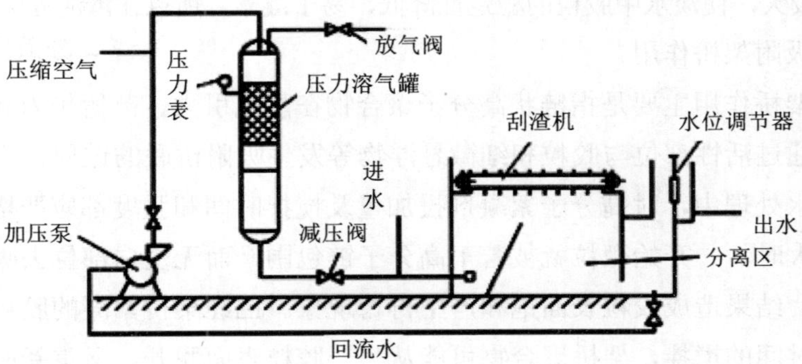

图 3-15　部分处理水回流加压溶气气浮工艺流程示意图

（二）混凝

各种废水都是以水为分散介质的分散体系。根据分散相粒度不同，废水可分为 3 类：分散相粒度为 0.1～1 nm 的称为真溶液；分散相粒度为 1～100 nm 的称为胶体溶液；分散相粒度大于 100 nm 的称为悬浮液。其中粒度在 100 μm 以上的悬浮液可采用沉淀、上浮或筛滤处理，而粒度为 1 nm～100 μm 的部分悬浮颗粒和胶体，具有能在水中长期保持分散悬浮状态的“稳定性”，即使静置数十小时以上，也不会自然沉降或上浮。混凝就是在混凝剂的离解和水解产物作用下，使水中的胶体和细微悬浮物脱稳并聚集为具有可分离性絮凝体的过程，其中包括凝聚和絮凝两个过程，统称为混凝。

1. 混凝机理

化学混凝的机理至今仍未完全清楚。因为它涉及的因素很多，如水中杂质的成分和浓度、水温、碱度，以及混凝剂的性质和混凝条件等。但归结起来，可以认为主要有以下 3 个方面的作用。

（1）压缩双电层作用

压缩双电层是指在胶体分散系中投加能产生高价反离子的活性电解质，通过增大溶液中的反离子与扩散层内原有反离子之间的静电斥力，把原有反离子不同程度地挤压到胶体的吸附层中，从而使胶体由斥力为主变成以引力为主，胶粒得以迅速凝聚。港湾处泥沙沉积现象可用该机理较好地解释。因为淡水进入海水时，海水中盐类浓度较大，使淡水中胶粒的稳定性降低，易于凝聚，所以在港湾处泥砂易沉积。

（2）吸附架桥作用

吸附架桥作用主要是指链状高分子聚合物在静电引力、范德华力和氢键力等作用下，通过活性部位与胶粒和细微悬浮物等发生吸附桥联的过程。

在废水处理中，对高分子絮凝剂投加量及搅拌时间和强度都应严格控制，当投加量过大时，一开始微粒就被若干高分子链包围，而无空白部位去吸附其他的高分子链，结果造成胶粒表面饱和产生再稳现象。已经架桥絮凝的胶粒，如受到剧烈的长时间的搅拌，架桥聚合物可能从另一胶粒表面脱开，又重新回到原所在胶粒表面，形成再稳定状态。

（3）沉淀网捕作用

当采用硫酸铝、石灰或氯化铁等高价金属盐类作凝聚剂时，当投加量大得足以迅速沉淀金属氢氧化物［如 $Al(OH)_3$、$Fe(OH)_3$］或金属碳酸盐（如 $CaCO_3$）时，水中的胶粒和细微悬浮物可被这些沉淀物在形成时作为晶核或吸附质所网捕。水中胶粒本身可作为这些沉淀所形成的核心时，凝聚剂最佳投加量与被除去物质的浓度成反比，即胶粒越多，金属凝聚剂投加量越少。

不同的化学药剂能使胶体以不同的方式脱稳、凝聚或絮凝。在实际混凝过程中，往往各种作用相继出现并交叉发挥作用，只是在一定情况下以某种作用为主。

2. 混（絮）凝剂

用于水处理的混（絮）凝剂的要求包括：混凝效果好，对人类健康无害，价廉易得，使用方便。常用的混（絮）凝剂按化学组成可分为无机盐类和有机高分子类。

（1）无机盐类混凝剂

目前应用最广泛的是铝盐和铁盐，可分为普通铝盐、普通铁盐和聚合盐。

传统的铝盐混凝剂主要有硫酸铝、明矾等。硫酸铝使用便利，混凝效果较好，不会给处理后的水质带来不良影响。但水温低时铝水解困难，形成的絮体较松散，效果不及铁盐。

传统的铁盐混凝剂主要有三氯化铁、硫酸亚铁和硫酸铁等。与铝盐相比，铁盐适用的 pH 范围更大，形成的氢氧化物絮体大、密度大、沉降快。但残留在水中的 Fe^{2+}、Fe^{3+}会使处理后的水带色，Fe^{2+}还会与水中的某些有色物质作用生成颜色更深的溶解物；三氯化铁腐蚀性强，易吸湿潮解，不易保管。

聚合氯化铝（PAC）和聚合硫酸铁（PFS）是目前国内研制和使用比较广泛的无机高分子混凝剂，基本上代替了传统的混凝剂。与普通铁盐和铝盐相比，PAC 与 PFS 具有投加剂量少（为普通铁盐和铝盐的 1/2～1/4），絮体生成快且大而重，对水质水温的适应范围广，以及水解时消耗水中碱度少、腐蚀性小等优点，因而在废水处理中的应用越来越广泛。

（2）有机高分子类絮凝剂

我国当前使用较多的是人工合成的聚丙烯酰胺（PAM），聚合度可多达 2×10^4～9×10^4，相应的分子量高达 1.5×10^6～6×10^6。产品外观为白色粉末，易吸湿，易溶于水，可以通过水解构成阴离子型（HPAM），也可以通过引入基团构成阳离子型，如聚二甲基氨甲基丙烯酰胺（APAM）。阴离子型主要是含有—COOM（M 为 H^+或金属离子）或—SO_3H 基团，阳离子型主要是含有—NH^{3+}、—NH^{2+}和—N^+R_4 基团。

人工合成的有机高分子类絮凝剂絮凝效果优异，无腐蚀性；但是制造过程复杂，价格较贵，常作为助凝剂使用（如 PAC+PAM 工艺）。另外，聚丙烯酰胺的单体——丙烯酰胺有毒，因此其毒性问题也引起了人们的关注和研究。

天然高分子混凝剂因毒性小、易于生物降解，不会引起环境问题，近年来颇受关注。但其电荷密度小，分子量较低，容易发生降解而失去活性，因此应用远不如人工合成的广泛。

3．混凝工艺与设备

整个混凝工艺过程包括混凝剂的配制与投加、混合、反应、沉淀几个步骤。

（1）配制与投加

混凝剂的投配分干法和湿法。干法即把药剂直接投放到被处理的水中，优点是占地少，缺点是对药剂的粒度要求较高、投配量较难控制、对机械设备要求较高。我国使用方法较多的是湿法，即先把药剂溶解，配制成一定浓度的溶液，再投入被处理水中。

药液的投配要求是计量准确，调节灵活，设备简单。目前常用的主要有计量泵、水射器、虹吸定量投药设备和孔口计量设备。

（2）混合设备

混合的目的在于使药剂能迅速均匀地扩散到水中，并与水中悬浮微粒等接触凝聚成细小的矾花。因此要求搅拌强度要大，但是混合时间不宜过长。常用的混合设备如图 3-16 所示。

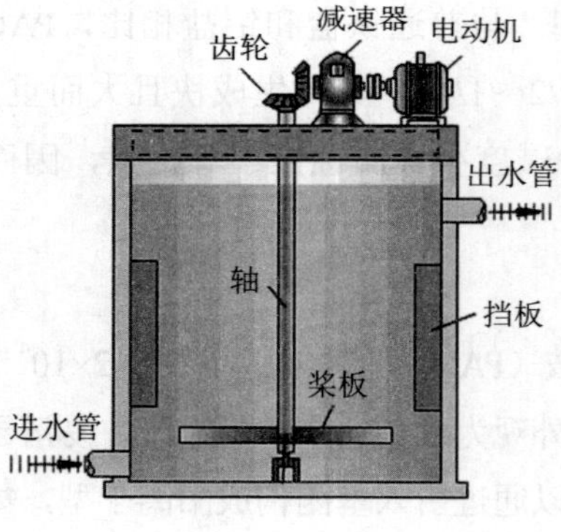

（a）浆板式混合槽

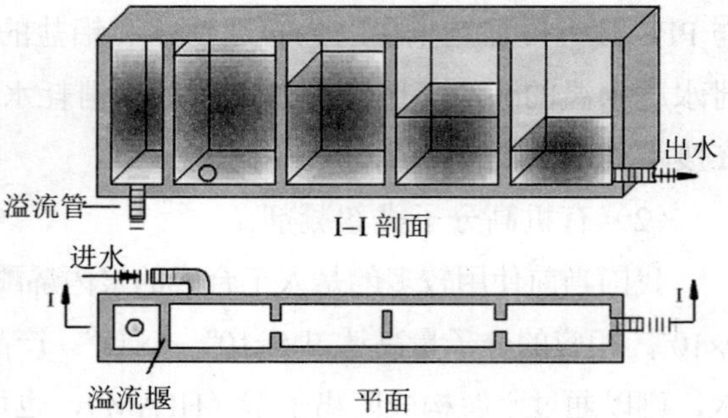

（b）穿孔板式混合槽

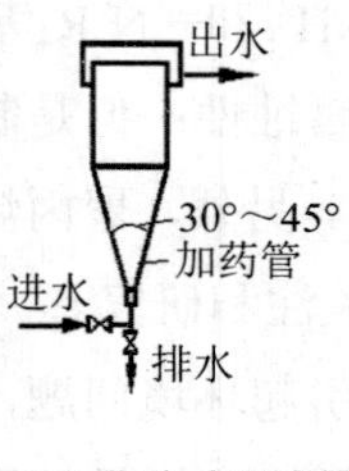

（c）混合式涡流槽

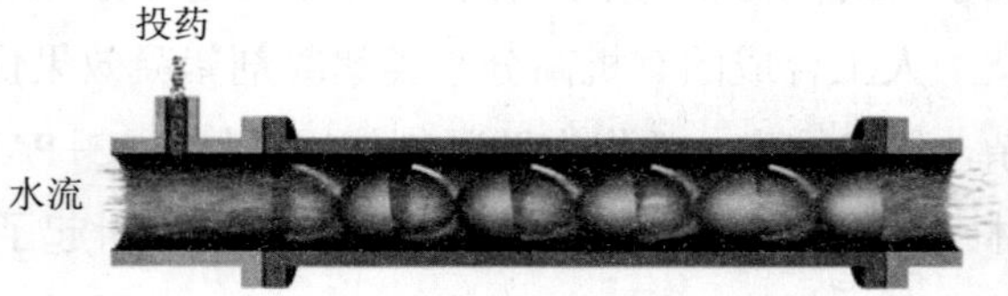

（d）管式静态混合器

图 3-16 混合设备

（3）混合反应池

混合完成后，水中已经产生细小絮体，但还未达到自然沉降的粒度。反应设备的任务就是促使小絮体继续长大成为大絮体而便于沉淀。常用设备有机械搅拌和水力搅拌两类（图 3-17）。

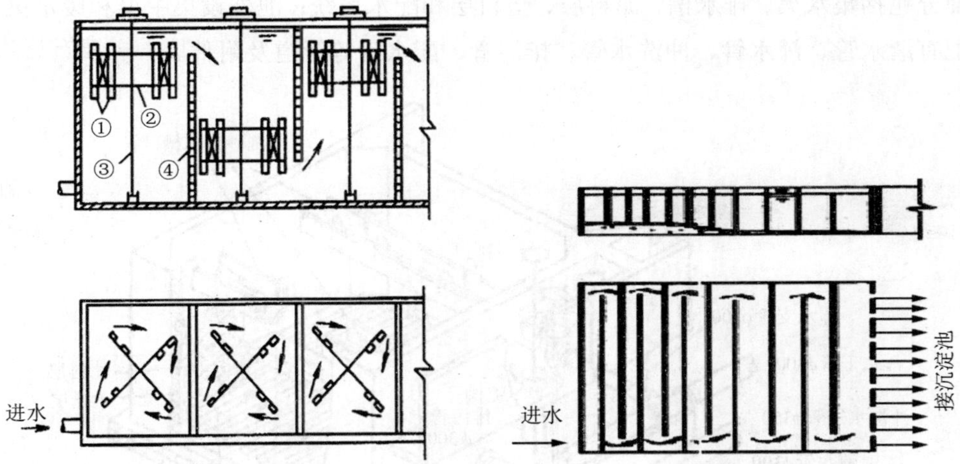

（a）机械搅拌

①浆板；②叶轮；③旋转轴；④隔墙

（b）水力搅拌

图 3-17 絮凝反应池

（4）沉淀

废水经过加药、混合、反应后，完成絮凝过程，进入沉淀池进行泥水分离。沉淀池可采用平流、辐流、竖流、斜板等多种结构形式。

（三）深层过滤

水和废水通过一定深度的粒状滤料（如石英砂）床层时，其中的悬浮颗粒和胶体就被截留在滤料的表面和内部空隙中，这种通过粒状介质层分离不溶性污染物的方法称为粒状介质过滤。为区别于格筛过滤、微孔过滤和膜过滤等表面或浅层过滤过程，常将这类过滤称为深层过滤。

深层过滤是去除悬浮物特别是去除悬浊液中浓度比较低的微小颗粒的一种有效方法。在给水处理中，常用过滤处理沉淀或澄清池出水，使过滤后的出水浑浊度满足用水要求。在废水处理中，过滤常作为吸附、离子交换、膜分离法等的预处理手段，也作为混凝和生化处理的后处理，使过滤后出水达到回用的要求。

1. 快滤池

普通快滤池一般用钢筋混凝土建造，其构造如图 3-18 所示。快滤池主要组成部分包括集水渠、排水槽、滤料层、垫料层和配水系统；池外设集中渠和废水渠，配有清水管、浑水管、冲洗水管、排污管、配水管等管道及附件。

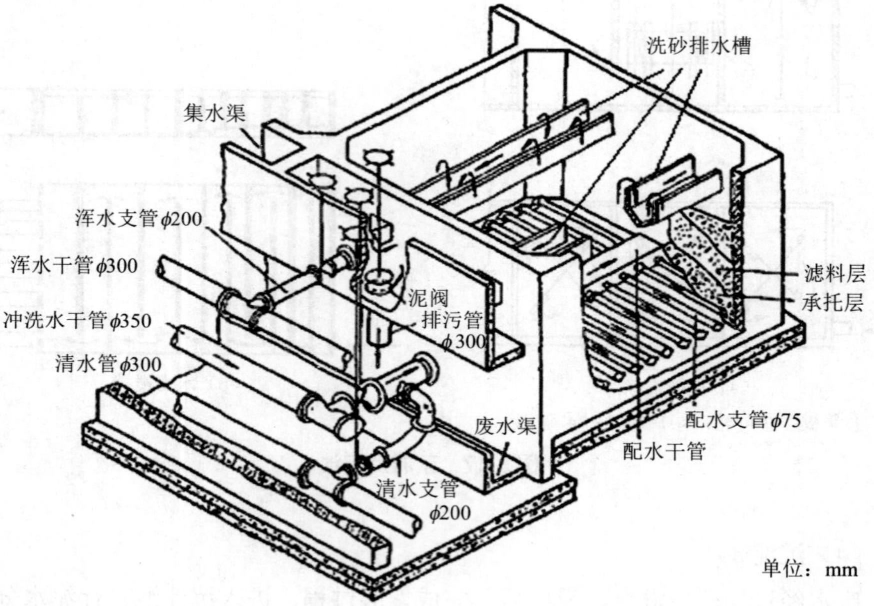

图 3-18 快滤池构造

（1）滤料层

滤料层的作用是截留悬浮物，它是滤池的核心部分，一般由具有一定大小和级配的石英砂或其他滤料组成，具有较大的比表面积和适当的孔隙率，能提供悬浮物接触凝聚的表面和纳污的空间，以满足截留悬浮物的要求。目前常用的滤料有石英砂、无烟煤、陶粒、高炉渣，以及人工合成的聚氯乙烯和聚苯乙烯球等。

（2）承托层

承托层主要起承托滤料的作用，一般配合大阻力配水系统使用。由于滤料粒径较小，而配水系统的孔眼较大，为了防止滤料随过滤水流失，同时也帮助均匀配水，在滤料与配水系统之间需设承托层。如果配水系统的孔眼直径很小，布水也很均匀，承托层可以减薄或省去。

（3）配水系统

配水系统的作用是均匀收集滤后水，更重要的是均匀分配反冲洗水。如果反冲洗水分布不均，则流量小的部位滤料冲洗不净，污物逐渐黏结成“泥球”或“泥饼”，流量大的部位，则可能使垫层被冲动，滤料和垫层混杂，并造成“跑砂”，最终必然导致过滤过程的破坏。

（4）排水槽及集水渠

排水槽用以均匀收集和输送反冲洗污水，因此，排水槽的分布应使排水槽溢水周边的服务面积相等，并且在滤池内均匀分布。集水渠一方面用以收集各排水槽送来的反洗废水，通过反洗排水管排入下水道，同时，它也起着连接进水管的作用。反洗排污时集水渠的水面应低于排水槽出口的底部标高，以保证排水槽的水流畅通。

2. 压力式过滤器

压力式过滤器是将滤料填于密闭的碳钢、不锈钢等材质的罐体内，里面装有和快滤池相似的配水系统和滤料等，利用外加压力克服滤池阻力进行过滤，作用水头达 0.15～0.25 MPa。压力滤池分立式和卧式，立式滤池有现成的产品，立式直径一般不超过 3 m。卧式直径不超过 3 m，但长度可达 10 m。压力式过滤器的构造如图 3-19 所示。

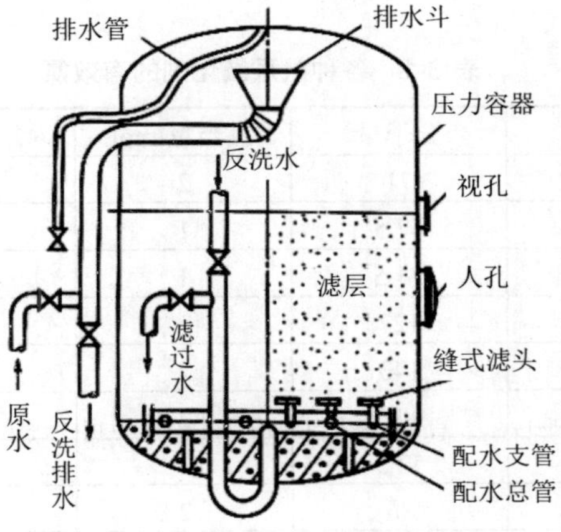

图 3-19　压力式过滤器

压力式过滤器耗钢材多，投资较大，但因占地少，又有定型产品，可缩短建设周期，且运转管理方便，在工业中应用较广。

（四）化学氧化还原

1. 化学氧化法

通过化学氧化法，可以使废水中的有机物（污染指标如色、嗅、味、COD）和无机物质（如 CN^-、S^{2-}、Fe^{2+}、Mn^{2+}等）被氧化，从而降低废水的 BOD_5 和 COD，或使废水中的有毒物质无害化。废水处理中常用的氧化剂有空气、臭氧、氯气、二氧化氯、次氯酸钠、漂白粉及双氧水等，采用加氯、加二氧化氯或加臭氧等化学氧化法时，还可以达到去嗅、去味、脱色、消毒的目的。

（1）空气氧化法

空气氧化法是指把空气吹入废水中，利用空气中的氧气氧化废水中易于氧化的有害物质的方法。例如，石油化工厂、皮革厂等排出的含硫废水中的 S^{2-}，地下水中的 Fe^{2+}、Mn^{2+}等。为了提高氧化效果，有时要在高温、高压下进行氧化反应，或者使用催化剂。

（2）氯氧化法

氯系氧化剂均为氧化性较强的氧化剂，常用的有漂白粉、液氯、次氯酸钠、二氧化氯等。其所含氯中氧化价大于负一价的那部分氯，可起氧化作用，称为有效氯。一般是以 Cl_2 作为 100%有效氯的基准来进行比较（表 3-1）。

表 3-1 各种氯系氧化剂的有效氯

物质名称	分子量	氯当量/mol	含氯量/%	有效氯/%
液氯（Cl_2）	71	2	100	100
二氧化氯（ClO_2）	67.5	1	52.6	263
次氯酸钠（NaClO）	74.5	1	47.7	95.3
漂白粉（CaClOCl）	127	1	56	56
次氯酸钙［$Ca(ClO)_2$］	143	2	49.6	99.3
亚氯酸钠（$NaClO_2$）	90.5	2	39.2	157
次氯酸（HClO）	52.5	1	67.7	135.2
二氯胺（$NHCl_2$）	86	2	82.5	165.1
一氯胺（NH_2Cl）	51.5	1	69	138

在废水处理中，可以利用氯系氧化剂氧化分解废水中酚类、醛类、醇类以及洗涤剂、油类、氰化物等，利用氯氧化法还可进行脱色、除臭、杀菌等处理。为获得可靠而持久的消毒效果，氯化消毒需保证足够的加氯量，包括需氯量和余氯量两个部分。需氯量指用于达到指定的消毒指标（如大肠菌数指标）以及氧化水中所含的有机物和还原性物质等所需的有效氯量。此外，为抑制水中残存的细菌再度繁殖，在水中需维持的少量残余有效氯量，即为余氯量。

2．高级氧化法

高级氧化法（advanced oxidation processes，AOPs）是指利用强氧化剂羟基自由基（·OH）有效地破坏水相中污染物的化学反应过程。羟基自由基可通过加入氧化剂、催化剂或借助光辐射、超声波等方法产生。其特点是羟基自由基氧化能力极强，仅次于氟（表 3-2），对多种污染物能有效去除；反应速率快，可操作性强；对污染物破坏彻底，可将其完全氧化；无二次污染等。

表 3-2 氧化基团与普通氧化剂分子的氧化电位 单位：V

氧化剂	F_2	·OH	O_3	H_2O_2	HOO	HOCl	Cl_2
氧化电位	3.06	2.80	2.07	1.77	1.70	1.49	1.39

目前研究的高级氧化技术主要有 Fenton 试剂法、臭氧氧化法、光催化氧化法、过硫酸盐氧化法、超临界氧化法和微波氧化法等。

3．化学还原法

废水中的某些有毒物质，被还原剂转化为无毒的或毒性小的新物质，或转化成便于从水中分离的状态的方法，称为还原法，主要用于含汞、含铬和含铜等重金属废水的处理。例如，废水中的六价铬被还原为三价铬，毒性可大大降低；二价汞被还原为单质汞后容易与水分离去除。常用的还原剂有以下 3 类。

① 某些电极电位较低的金属，如铁屑、锌粉等，反应后 Fe 转为 Fe^{2+}，Zn 转为 Zn^{2+}。

② 某些带负电的离子，如 $NaBH_4$ 中的 B^{5-}，反应后 BH_4^-转为 BO_2^-，再如 SO_3^{2-} 转为 SO_4^{2-}。

③ 某些带正电的离子，如 $FeSO_4$ 或 $FeCl_2$ 中的 Fe^{2+}，反应后 Fe^{2+}转为 Fe^{3+}。

此外，利用废气中的 H_2S、SO_2 和废水中的氰化物等进行还原处理，也是有效而且经济的。

4. 电化学法

电化学法又称电解法，是废水中的电解质在直流电的作用下发生电化学反应的过程。废水中的污染物在阳极被氧化，在阴极被还原，或者与电极反应产物作用，转化为容易与水分离的状态再被分离除去。电化学法适用于含重金属离子废水、含油废水以及工业有机废水的处理。

（五）吸附与离子交换

1. 吸附类型

溶质从水中移向固体颗粒表面，发生吸附，是水、溶质和固体颗粒三者相互作用的结果。引起吸附的主要原因在于吸附质对水的疏水性和吸附质对固体颗粒的高度亲和力，包括范德华引力、化学键力或静电引力等。根据吸附作用力的不同，吸附可分为物理吸附（范德华力产生的吸附）、化学吸附（形成化学键和络合物）和离子交换吸附（静电引力）3 种类型。在实际的吸附过程中，上述 3 种类型吸附往往同时存在，难以明确区分。

2. 吸附剂

从广义而言，一切固体表面都有吸附作用，但实际上，只有多孔物质或磨得很细的物质，由于具有很大的表面积和表面吸附能，才能作为吸附剂使用。水处理中常用的吸附剂有活性炭、树脂、磺化煤、活化煤、沸石、活性白土、硅藻土、腐殖质、焦炭、木炭、木屑等。下面着重介绍在水处理中应用较广的活性炭和离子交换树脂。

（1）活性炭

活性炭是一种非极性吸附剂，外观为暗黑色，具有特别发达的微孔和巨大的比表面积，因而具有良好的吸附性能。其化学性质稳定，可以耐强酸、强碱，能经受水浸、高温、高压作用，不易破碎，使用工艺简单，操作方便。因而活性炭在废水处理中得到普遍应用。

活性炭有粒状（GAC）、粉状（PAC）和纤维状（ACF）3 种形态。目前工业上大量采用的是粒状活性炭。

粒状活性炭是将木炭、果壳、煤、石油、纸浆废液、废合成树脂及其他有机残物等含碳原料经炭化、活化后制成的。在制造的过程中，形成特别发达的形状、大小不一的孔隙（图 3-20），孔径一般为 1～10 000 nm。活性炭的比表面积可达 500～1 700 m^2/g，其中小孔（半径小于 2 nm）的贡献占 95%以上，过渡孔（半径为 2～100 nm）占比在 5%以下，大孔（半径为 100～10 000 nm）对比表面积的贡献非常小。吸附作用主要发生在细孔的表面上。

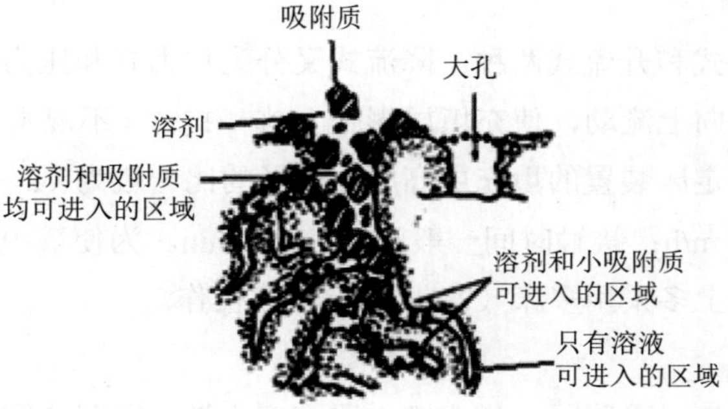

图 3-20　活性炭细孔分布及作用图

（2）离子交换树脂

离子交换树脂是带有活性基团的树脂，由不溶性的树脂母体与活性基团两部分组成。树脂母体由有机物和交联剂聚合而成，其中交联剂的作用是使母体形成主体的网状结构。交联剂与单体的质量百分比称为交联度，是决定树脂结构及性能的一个重要参数。活性基团由固定离子和活动离子组成，活动离子（可交换离子）能与溶液中的同性离子进行等当量交换反应。离子交换树脂根据活性基团的性质，分为强酸性和弱酸性阳离子交换树脂、强碱性和弱碱性阴离子交换树脂。

3．吸附与离子交换工艺

在水处理中，吸附与离子交换工艺包括 3 个程序：预处理、吸附或离子交换、再生。其中预处理的主要作用是去除悬浮物，防止吸附剂或离子交换树脂受污染，避免床层堵塞，一般采用砂滤器。吸附或交换过程主要与床层高度、水流速度、原水浓度、吸附剂性能以及再生程度等因素有关。当出水浓度达到限值时，应进行再生。下面主要介绍吸附与离子交换的操作、设计与吸附剂再生。

（1）运行方式

吸附与离子交换操作运行方式分静态和动态两种。前者为间歇式，将活性炭或离子交换树脂投入水中，不断搅拌，然后将活性炭分离。这种操作生产上很少使用，只有在实验室或小水量间歇排放的情况下才考虑。后者为连续操作，主要有固定床和移动床两种。

1）固定床

固定床有降流式和升流式两种。降流式又分为重力式和压力式。升流式也称膨胀式，水流由下向上流动，使充填层膨胀 10%～15%（不混层）。

废水处理用固定床装置的填充层高度与塔径的比一般为（2～4）∶1；塔内空塔流速采用 5～10 m/h；接触时间一般为 10～50 min。为使塔中吸附剂的容量都被充分利用，生产上多采用多床（2～4 塔）串联操作。

2）移动床

原水从下向上流过吸附层，塔底部一段高度内接近吸附饱和的吸附剂（占总量的 5%～10%）定期从塔底排出，再生后的吸附剂从塔顶加入。吸附剂层由上向下间歇移动，塔内空塔流速采用 10～30 m/h。这种形式的优点是能充分利用床层的吸附容量，出水水质良好，且水头损失较小，不需要反冲洗设备，对原水预处理要求较低，操作管理方便；缺点是操作要求较高，不能使塔内上下层吸附剂混合；不利于生物协同作用。移动床适用于较大水量的处理厂。

（2）再生

吸附剂在达到饱和吸附后，必须进行脱附再生，才能重复使用。脱附是吸附的逆过程，即在吸附剂结构不变化或者变化极小的情况下，用某种方法将吸附质从吸附剂孔隙中除去，恢复吸附剂的吸附能力。通过再生使用，可以降低处理成本，减少废渣排放，同时回收吸附质。

目前吸附剂的再生方法有加热再生、药剂再生、化学转化再生、生物再生等。在选择再生方法时，主要考虑 3 个方面的因素：①吸附质的理化性质；②吸附机理；③吸附质的回收价值。对于以物理吸附为主的吸附剂（如活性炭），主要采用加热解吸再生；以化学吸附为主的吸附剂，采用溶剂萃取再生；以离子交换为主的吸附剂，采用置换法再生；以物理化学吸附为主的吸附剂，则多采用化学转化再生的方式。利用微生物的作用，将被活性炭吸附的有机物加以氧化分解的再生方法可以使炭的饱和周期大大延长，近年来已发展成为生物活性炭处理新工艺。

（六）膜分离

膜分离是利用特殊的薄膜为分离介质，通过在膜两边施加一个推动力，使原料侧组分选择性地透过膜，以达到分离、浓缩、提纯的目的。其中溶剂透过膜的过程称为渗透，溶质透过膜的过程称为渗析。

膜分离过程的推动力有浓度差、压力差和电位差等。根据分离原理不同，膜分离过程可概述为以下 3 种形式：

① 过滤式膜分离以压力差为推动力，利用膜孔对分离组分的尺寸选择性，将大于膜孔尺寸的微粒及大分子溶质截留，使小于膜孔尺寸的粒子或溶剂透过滤膜．从而实现不同组分分离。根据膜孔大小不同，可分为微滤（MF）、超滤（UF）、纳滤（NF）、反渗透（RO）和气体渗透。这种膜过滤与常规过滤不同。常规过滤介质的孔隙通常有几十微米大小，但它能截留大于 5 μm 的颗粒，主要是靠滤饼层内颗粒的架桥作用，而不是直接靠过滤介质孔隙筛分截留的；膜分离利用膜的孔隙筛分截留分离物质，截留的微粒和溶质分子，并不在膜面形成滤饼，而是仍悬浮于料液中或以溶质形式保留于料液中。所以，常将膜前截留的物质总体称为浓液，透过滤膜的部分称作滤液、淡液或渗透液等。

② 渗析式膜分离料液中的某些溶质或离子在浓度差、电位差的推动下，通过膜进入接收液中，从而被分离出去。属于渗析式膜分离的有渗析和电渗析等。

③ 液膜分离的液膜与料液和接受液互不混溶，液液两相通过液膜实现渗透，类似于萃取和反萃取的组合。溶质从料液进入液膜相当于萃取，溶质再从液膜进入接收液相当于反萃取。

在废水处理领域常用的膜分离技术，主要是通过滤式膜分离法和渗析式膜分离法，如微滤、超滤、纳滤、反渗透、渗析和电渗析等，其类型及特征如表 3-3 所示。

膜分离法具有在常温下操作不发生相变、能量转化效率高、装置简单、操作容易、占地面积小、适用范围广、处理效率高等特点。因此，近年来发展很快，广泛用于去除水中难分解、难分离的高分子有机污染物以及重金属离子等，可部分或完全取代常规水处理工艺，有效降低水的臭味、浊度、色度和盐度等。

表 3-3 膜分离技术的类型及特征

膜滤过程	简图	推动力	分离机理	渗透物	截留物	膜结构
微滤（MF）	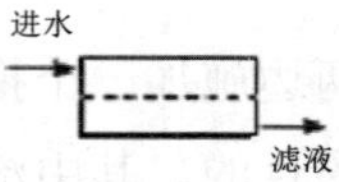	压力差（0.01～0.2 MPa）	筛分	水、溶剂、溶解物	悬浮物、颗粒、纤维和细菌	对称和不对称微孔膜（孔径 0.05～10 μm）
超滤（UF）	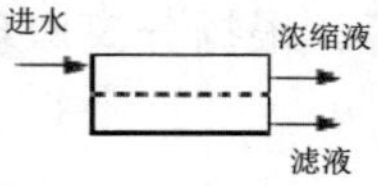	压力差（0.1～0.5 MPa）	筛分	水、溶剂、离子和小分子（M_w＜1 000）	生化制品、胶体和大分子（M_w为 1 000～200 000）	不对称微孔膜（孔径 2～100 nm）
纳滤（NF）	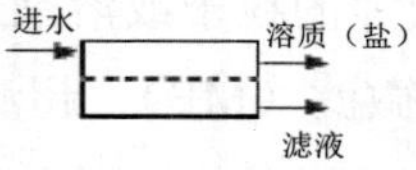	压力差（0.5～2.5 MPa）	筛分+溶解/扩散	水和溶剂（M_w＜200）	溶质、二价盐、糖和染料（M_w为 200～1 000）	致密不对称膜和复合膜
反渗透（RO）	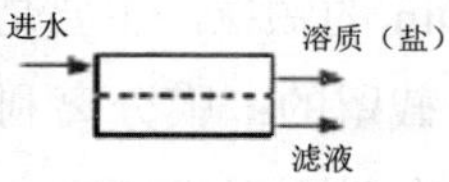	压力差（1.0～10.0 MPa）	溶解/扩散	水和溶剂	全部悬浮物、溶质和盐	致密不对称膜和复合膜
电渗析（ED）	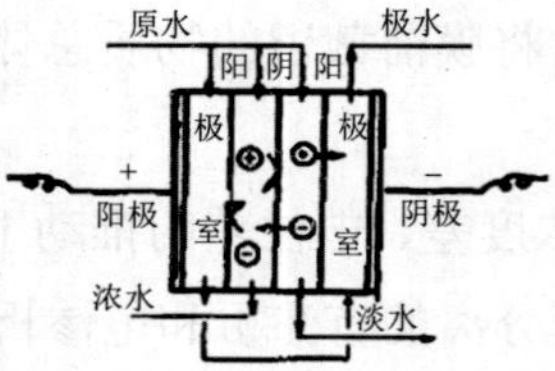	电位差	离子迁移	电离离子	非解离和大分子物质	阴、阳离子交换膜
渗析（DL）	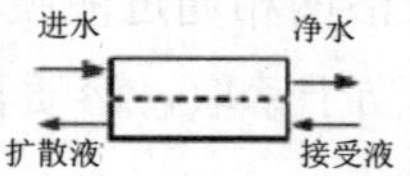	浓度差	扩散	离子、低分子量有机质、酸和碱	M_w＞1 000 的溶解物和悬浮物	不对称膜和离子交换膜

四、废水生物处理法

（一）生物处理法的分类

根据微生物的代谢形式不同，生化处理法主要可分为好氧生物处理法和厌氧生物处理法两大类型。按照微生物的生长方式，可分为悬浮生长型和固着生长型两类。此外，按照系统的运行方式可分为连续式和间歇式，按照主体设备中的水流状态可分为推流式和完全混合式等类型。下面分别以好氧生物处理法和厌氧生物处理法分类进行介绍。

（二）好氧活性污泥法

活性污泥法基本流程由曝气池、沉淀池、污泥回流及剩余污泥排除系统等部分组成，如图 3-21 所示。

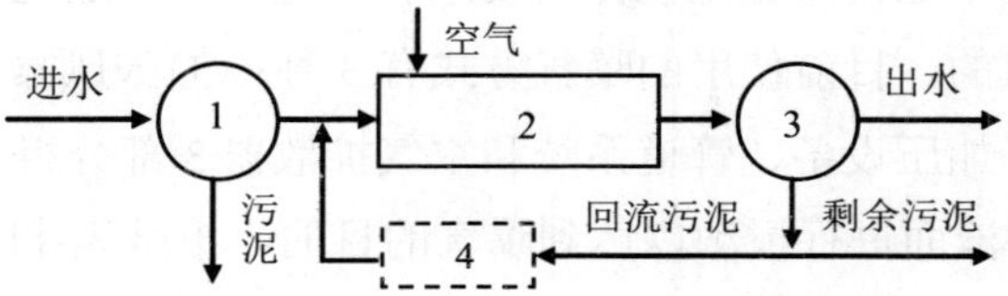

1—初次沉淀池；2—曝气池；3—二次沉淀池；4—再生池

图 3-21 活性污泥法基本流程

流程中的主体构筑物是曝气池，污水经过适当预处理（如沉砂）后，进入曝气池与池内活性污泥混合成混合液，并在池内充分曝气，一方面使活性污泥处于悬浮状态，污水与活性污泥充分接触；另一方面通过曝气，向活性污泥供氧，保持好氧条件，保证微生物的正常生长与繁殖。

沉淀是混合液中固相活性污泥颗粒同污水分离的过程。经过活性污泥反应的混合液［曝气池内由污水、回流活性污泥和空气（溶解氧）互相混合形成的液体］，进入二次沉淀池进行固液分离。固液分离的好、坏，直接影响出水水质。如果处理水携带生物体，出水 BOD 和 SS 将增大。所以，同其他生物处理方法一样，活性污泥法的处理效率，应包括二次沉淀池的效率，即用曝气池及二沉池的总效率表示。除了重力沉淀外，也可用气浮法或膜分离法进行固液分离。

为了使曝气池内保持足够数量的活性污泥，二沉池底部排出的污泥一部分回流到曝气池进口作为接种污泥，其余部分活性污泥作为剩余污泥排出系统。通常参与分解有机物的微生物的世代期，都短于微生物在曝气池内的平均停留时间，因此，如果不将浓缩的活性污泥回流到曝气池，则具有净化功能的微生物将会逐渐减少。剩余污泥和在曝气池内增长的活性污泥，应在数量上基本保持平衡，使曝气池内活性污泥数量基本保持在一个较为恒定的数值。

传统活性污泥法由于能量消耗多、污泥量大等缺点，为优化活性污泥法废水处理工艺，近年来开发了渐减曝气法、阶段曝气法、延时曝气法、序批式活性污泥法、吸附再生法、纯（富）氧曝气法、MBR 膜生物法等新型工艺，丰富了活性污泥的应用。

活性污泥法是一种好氧生物处理方法，有机物降解和有机体合成都需要氧参与，同时反应过程中还需要通过搅拌使废水和污泥混合。通过曝气设备可实现充氧和混合这两个目的。目前使用的曝气方式有 3 种：①鼓风曝气：曝气系统由鼓风机（或空压机）加压设备、管道系统和空气扩散器 3 部分组成。②机械曝气：借叶轮、转刷等对液面进行搅动以达到曝气的目的。③鼓风-机械联合曝气：即上述两者的组合。

（三）好氧生物膜法

生物膜法是和活性污泥法并列的一类生物处理技术。活性污泥法是依靠曝气池中悬浮流动着的活性污泥来分解有机物，而生物膜法则主要依靠固着于载体表面的微生物膜来分解有机物。

生物膜法设备类型很多，按生物膜与废水的接触方式不同，可分为非淹没式生物膜工艺（如生物滤池等）、内部带悬浮或固定载体的活性污泥工艺（如生物接触氧化法等）和淹没式生物膜工艺（如生物流化床等）。目前所采用的生物膜法多数是好氧形式，少数是厌氧形式，如厌氧滤池和厌氧流化床等。本节主要讨论好氧生物膜法。

1. 生物膜结构与净水机理

生物膜法处理废水就是使废水与生物膜接触，进行固相、液相的物质交换，利用膜内微生物将有机物氧化，使废水获得净化，同时，生物膜内微生物不断生长与繁殖。

生物膜呈蓬松的絮状结构，微孔多，表面积大，具有很强的吸附能力。生物膜中的物质传递过程如图 3-22 所示。由于生物膜的吸附作用，在膜的表面存在一个很薄的水层（附着水层）。废水流过生物膜时，有机物经附着水层向膜内扩散，膜内微生物在氧的参与下对有机物进行分解和机体新陈代谢。代谢产物沿与底物扩散相反的方向，从生物膜传递返回水相和空气中。

2. 生物滤池

生物滤池（biological filter）是出现最早的人工生物处理构筑物，是一种非淹没式的生物膜反应器。生物滤池可根据设备型式不同分为普通生物滤池和塔式生物滤池；也可根据承受废水负荷的大小分为低负荷生物滤池（普通生物滤池）和高负荷生物滤池，高负荷生物滤池又可分为不同回流形式的生物滤池。下面以普通生物滤池为例进行介绍。

普通生物滤池又称为滴滤池（trickling filter），一般由钢筋混凝土或砖石砌筑而成，池平面有矩形、圆形或多边形，其中圆形居多，主要由池体、滤料、布水装置和排水系统 4 部分组成，如图 3-23 所示。

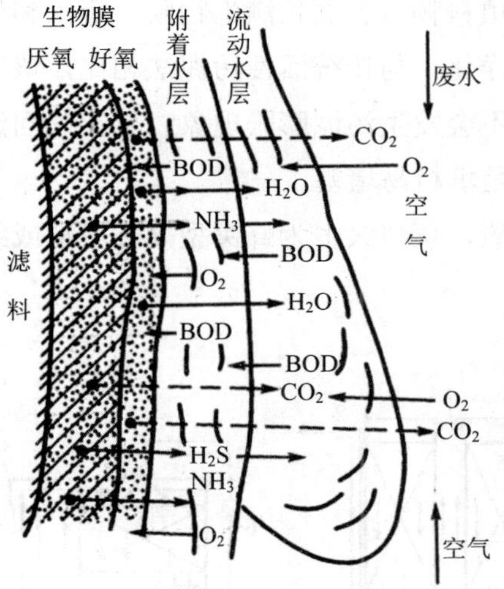

图 3-22　生物膜中的物质传递

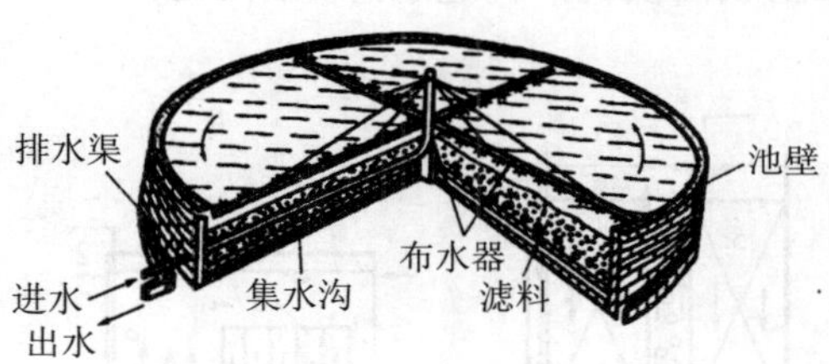

图 3-23　生物滤池的一般构造

生物滤池池体在平面上多呈方形、矩形或圆形，池壁只起围挡滤料的作用，一般多用砖石砌筑，一些滤池的池壁上带有许多孔洞，用以促进滤层的内部通风。

滤料作为生物膜的载体，对生物滤池的处理效果影响较大，滤料表面积越大，生物膜数量越多。普通生物滤池过去常用实心拳状滤料，如碎石、卵石、炉渣、焦炭等。但近年来已广泛使用塑料滤料，主要由聚氯乙烯、聚乙烯、聚苯乙烯、聚酰胺等加工成波纹板、蜂窝管、环状及空圆柱等复合式滤料。这些滤料的特点是比表面积大（100～340 m^2/m^3），孔隙率高（可达 90%以上），从而大大改善膜的生长及通风条件，使处理能力大大提高。

布水装置的作用是在规定的表面负荷下，将废水均匀地分布在填料床层上。早期使用的布水装置是间歇喷淋式的，每两次喷淋的时间间隔为 20～30 min，让生物膜充分通风。后来发展为连续喷淋，使生物膜表面形成一层流动的水膜，这种布水装置布水均匀，能保证生物膜得到连续的冲刷。

排水系统处于滤床底部，其作用是收集、排出处理后的废水以及保证滤床通风，由渗水顶板、集水沟和排水渠组成。排水系统的形状与池体相对应。

3．生物接触氧化工艺

生物接触氧化工艺也称淹没式生物滤池工艺，在曝气池中填充块状填料或塑料蜂窝填料，经曝气的废水流经填料层，使填料颗粒表面长满生物膜，废水和生物膜相接触，在生物膜的作用下，废水得到净化。与传统活性污泥法相比，该工艺耐负荷冲击能力较强，污泥生成量较少，不会发生污泥膨胀现象，且无须回流污泥，动力消耗较少，易管理。其主要缺点是填料易堵塞。

生物接触氧化池内用鼓风或机械方法充氧，填料大多为蜂窝型硬性填料或纤维型软性填料，构造示意见图 3-24。

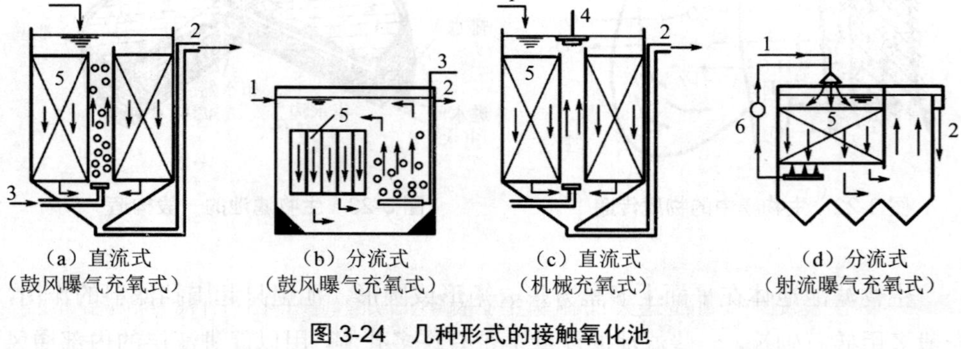

（a）直流式（鼓风曝气充氧式）　（b）分流式（鼓风曝气充氧式）　（c）直流式（机械充氧式）　（d）分流式（射流曝气充氧式）

图 3-24　几种形式的接触氧化池

1—进水管；2—出水管；3—进气管；4—叶轮；5—填料；6—泵

（四）厌氧生物处理

废水厌氧生物处理是环境工程与能源工程中的一项重要技术，多用于城市污水处理厂的污泥、有机废料以及部分高浓度有机废水的处理，在构筑物形式上主要采用普通消化池。由于存在水力停留时间长、有机负荷低等缺点，较长时期限制了它在废水处理中的应用。自 20 世纪 70 年代以来，世界能源短缺日益突出，能产生能源或少用能源（不需提供氧）的废水厌氧处理技术受到重视，研究与实践不断深入，开发了各种新型工艺和设备，大幅提高了厌氧反应器内活性污泥的持留量，使处理时间大大缩短，效率提高。目前，厌氧生化法不仅可用于处理有机污泥和高浓度有机废水，也可用于处理中、低浓度有机废水，包括城市污水。

1. 基本原理

废水厌氧生物处理是指在无分子氧条件下通过厌氧微生物（包括兼氧微生物）的作用，将废水中的各种复杂有机物分解转化成甲烷和二氧化碳等物质的过程，也称为厌氧消化。

厌氧生物处理是一个复杂的微生物化学过程，依靠三大主要类群的细菌，即水解产酸细菌、产氢产乙酸细菌和产甲烷细菌的联合作用完成。因而粗略地将厌氧消化过程划分为 3 个连续的阶段，即水解酸化阶段、产氢产乙酸阶段和产甲烷阶段，如图 3-25 所示。

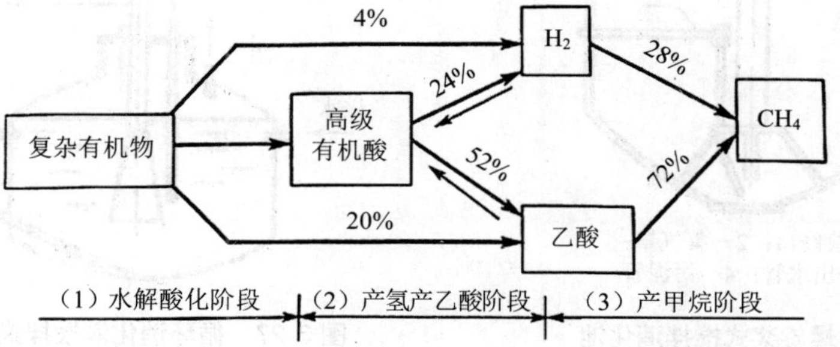

图 3-25 厌氧消化的 3 个阶段和 COD 转化率

2. 厌氧处理工艺及设备

厌氧处理工艺有多种类型，按微生物生长状态分为厌氧活性污泥工艺和厌氧生物膜工艺。厌氧活性污泥工艺和设备包括普通厌氧消化池、厌氧接触工艺、上流式厌氧污泥床反应器、厌氧颗粒膨胀床反应器、厌氧内循环反应器、厌氧膜生物反应器等；厌氧生物膜工艺和设备包括厌氧生物滤池、厌氧膨胀床反应器、厌氧流化床、厌氧生物转盘等。

（1）普通厌氧消化池

普通厌氧消化池即传统的完全混合反应器（CSTR），属于第一代厌氧反应器。普通厌氧消化池的构造常采用密闭的圆柱形池，池径从几米至三四十米，柱高与直径之比约为 1∶2；池底呈圆锥形，以便于排泥；池顶加盖，以保证良好的厌氧条件；通常池中设有搅拌和加热装置。

常用搅拌方式有 3 种：①池内机械搅拌：机械搅拌的方法有泵搅拌、螺旋桨式搅拌和水射器搅拌。②沼气搅拌：利用消化池自身产生的一部分沼气，由压缩机从池顶抽出经加压后，再从池底充入，达到搅拌和混合的目的。③循环消化液搅拌：池内设有射流器，由池外水泵压送的循环消化液经射流器喷射，从而形成较强烈的搅拌效果。

螺旋桨式搅拌消化池和循环消化液搅拌式消化池分别见图 3-26 和图 3-27。

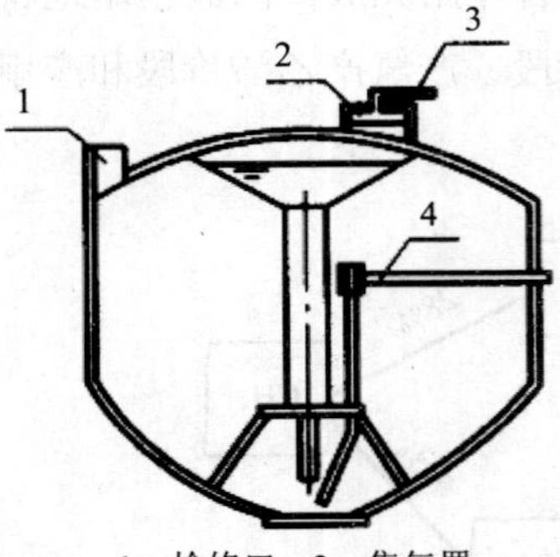

1—检修口；2—集气罩；
3—出水管；4—污泥管

图 3-26　螺旋桨式搅拌消化池

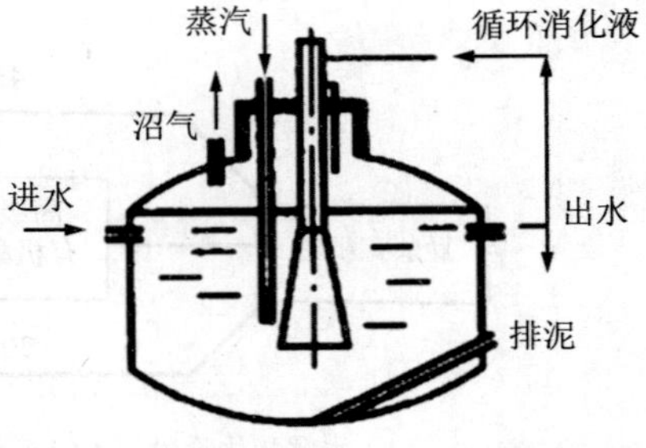

图 3-27　循环消化液搅拌式消化池

（2）上流式厌氧污泥床反应器（UASB）

UASB 内没有载体，是一种悬浮生长型的反应器，其构造如图 3-28 所示，由反应区、沉淀区和气室 3 部分组成。在反应器的底部是浓度较高的颗粒污泥区，称为污泥床，在污泥床上部是浓度较低的悬浮污泥层；通常把颗粒污泥层和悬浮污泥层统称为反应区。在反应区上部设有气、液、固三相分离器，沉淀区下部的污泥沿着斜壁返回到反应区。在一定的水力负荷下，绝大部分颗粒污泥能保留在反应区内，使反应区具有足够的污泥量。

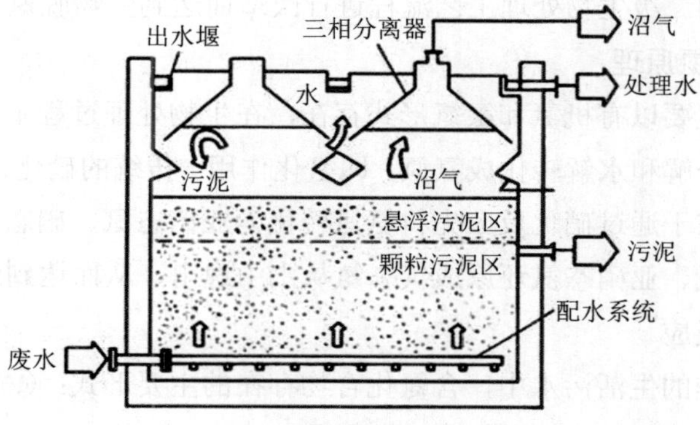

图 3-28　UASB 反应器示意图

（3）厌氧生物转盘（ARBCP）

ARBCP 由盘片、密封的反应槽、转轴及驱动装置等组成，如图 3-29 所示。ARBCP 的构造与好氧生物转盘相似，不同之处在于盘片大部分（70%以上）或全部浸没在水中，为保证厌氧条件和收集沼气，整个生物转盘设在一个密闭的容器内。ARBCP 对废水的净化是靠盘片表面的生物膜和悬浮在反应槽中的厌氧菌完成，产生的沼气从反应槽顶排出。由于盘片的转动，作用在生物膜上的剪力可将老化的生物膜剥落，在水中呈悬浮状态，随水流出槽外。

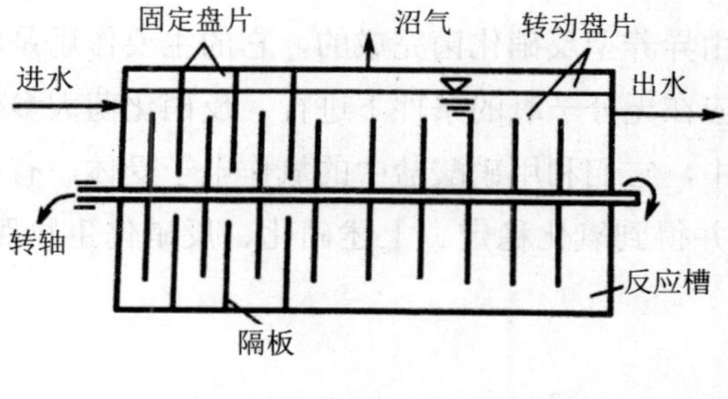

图 3-29　ARBCP 反应器示意图

（五）生物脱氮除磷

生物脱氮除磷技术是近20年得到了快速发展，一般来说比化学法和物理化学法除氮磷要经济，常用于城市污水或低浓度氮、磷废水的深度处理，尤其是能有效地利用常规的二级生物处理工艺流程进行改造而达到生物脱氮除磷的目的。

1. 生物脱氮原理

污水中氮主要以有机氮和氨氮形式存在，在生物处理过程中，有机氮很容易通过微生物的分解和水解转化成氨氮，即氨化作用。传统的硝化-反硝化生物脱氮的基本原理就在于通过硝化反应先将氨氮转化为亚硝态氮、硝态氮，再通过反硝化反应将硝态氮、亚硝态氮还原成气态氮从水中逸出，从而达到脱氮的目的。

（1）氨化反应

在未经处理的生活污水中，含氮化合物存在的主要形式：①有机氮，如蛋白质、氨基酸、尿素、胺类化合物等；②氨态氮（NH_3或NH_4^+）。污水中的含氮化合物主要为有机氮。

含氮化合物在好氧或厌氧微生物的作用下，均可转化为氨氮。

（2）硝化反应

硝化反应是由自养型好氧微生物完成的，其包括两个步骤：第一步是由亚硝酸菌将氨氮转化为亚硝态氮（NO_2^-）；第二步则由硝酸菌将亚硝态氮进一步氧化为硝态氮（NO_3^-）。这两类菌统称为硝化菌，它们利用无机碳化物如CO_3^{2-}、HCO_3^-和CO_2作为碳源，从NH_3、NH_4^+或NO_2^-的氧化反应中获取能量，两步反应均需在有氧的条件下进行。

（3）反硝化反应

反硝化反应是由异养型反硝化菌完成的，它的主要作用是将硝态氮或亚硝态氮还原成氮气，反应在无分子氧的条件下进行。反硝化菌大多是兼性的，在溶解氧浓度极低的环境中，它们利用硝酸盐中的氧作电子受体，有机物则作为碳源及电子供体提供能量并得到氧化稳定。上述硝化、反硝化生物脱氮过程如图3-30所示。

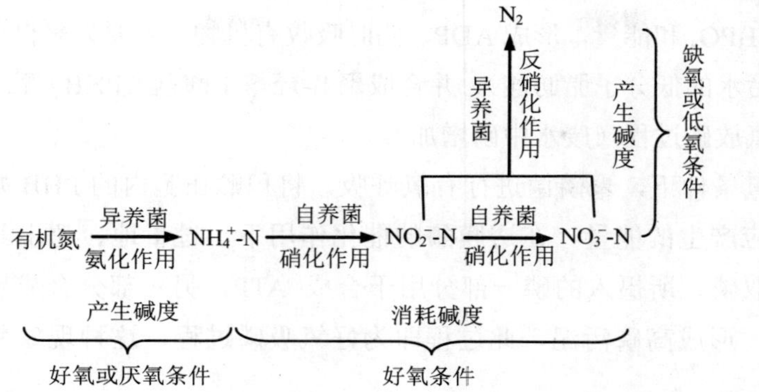

图 3-30　传统生物脱氮过程示意图

传统生物脱氮法流程长，能量消耗高，为了克服这些缺点，科研工作者提出了厌氧氨氧化、短程硝化等新型生物脱氮工艺。

2. 生物除磷原理

废水中磷的存在形态取决于废水的类型，最常见的是磷酸盐（$H_2PO_4^-$、HPO_4^{2-}、PO_4^{3-}）、聚磷酸盐和有机磷。常规二级生物处理的出水中，90%左右的磷以磷酸盐的形式存在。

生物除磷主要由一类统称为聚磷菌的微生物完成，其基本原理包括厌氧放磷和好氧吸磷过程，如图 3-31 所示。

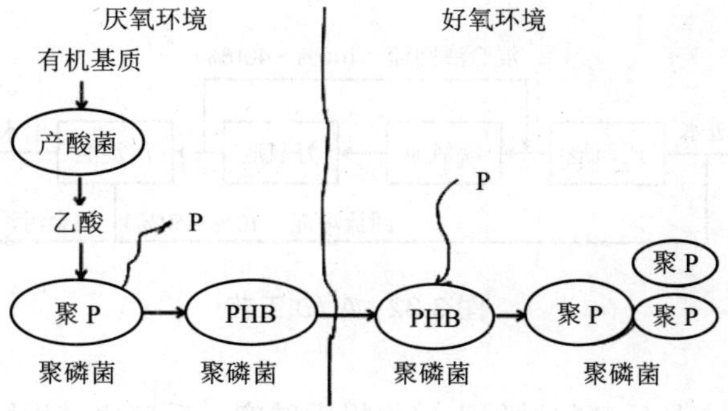

图 3-31　生物除磷过程示意图

在厌氧条件下（既没有溶解氧也没有化合态氧），聚磷菌体内的 ATP 进行水解，放出 H_3PO_4 和能量，形成 ADP，同时吸收有机物（主要为来自兼性细菌水解产物或原污水的低分子脂肪酸），并合成聚 β-羟基丁酸盐（PHB）贮于细胞内，此过程即厌氧放磷过程（废水中磷增加）。

在好氧条件下，聚磷菌进行有氧呼吸，将积贮在胞内的 PHB 好氧分解，并利用该反应产生的能量，在透膜酶的催化作用下，过量地、超出其生理需要地从水中摄取磷，所摄入的磷一部分用于合成 ATP，另一部分合成聚磷酸盐储藏在菌体内，形成高磷污泥，此过程即为好氧吸磷过程，这种现象称“磷的过量摄取”。

由于好氧吸磷量大于厌氧放磷量，将高磷污泥通过剩余污泥排出系统外，即可达到除磷目的。值得一提的是，在厌氧条件下放磷越多，合成的 PHB 越多，则在好氧条件下合成的聚磷酸盐量也越多，除磷的效果就越好。

3. 生物脱氮除磷工艺系统

常见脱氮除磷工艺包括 A^2/O、氧化沟工艺、SBR 工艺，氧化沟工艺和 SBR 前已介绍，本部分只介绍 A^2/O 工艺。

A^2/O（$A_P/A_N/O$）工艺（图 3-32）是 Anaerobic/Anoxic/Oxic 的简称，厌氧、缺氧、好氧交替运行，具有同步脱氮除磷的功能。该工艺利用厌氧池进行磷的释放，在缺氧池中进行反硝化为主的脱氮过程，好氧池氧化废水中有机物，同时聚磷菌大量吸收磷，通过剩余污泥排放除磷。当混合液回流比较小时，脱氮效果不理想。

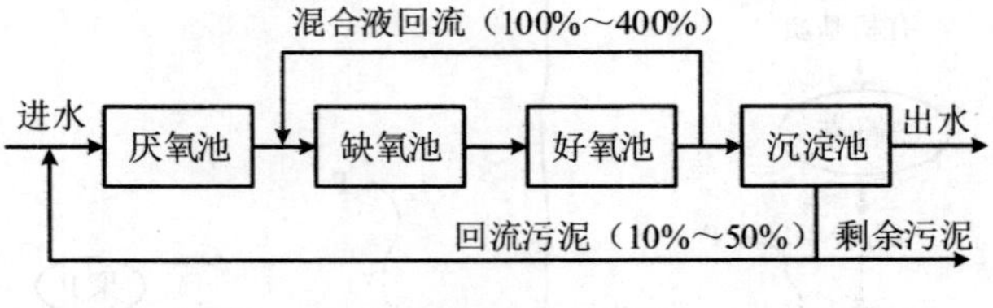

图 3-32 A^2/O 工艺

该工艺的优点是反硝化过程为硝化提供碱度，反硝化过程同时除去有机物，污泥沉降性能好。该工艺的缺点是回流污泥含有硝酸盐进入厌氧区，对除磷效果有影响；脱氮受内回流比影响。

第四节　废水处理工程案例

一、城市生活污水处理

（一）污水来源及特性

城市生活污水包括城镇居民生活污水，机关、学校、医院、商业服务机构及各种公共设施排水，以及允许排入城镇污水收集系统的工业废水和初期雨水等。生活污水中的主要污染物有纤维素、淀粉、糖类、脂肪、蛋白质、动植物油等有机物，洗涤剂、表面活性剂、氯化钠和泥沙等无机物，以及粪便、尿液等含有的细菌、大肠菌群、病毒等微生物。影响生活污水水质的主要因素有气候条件、居民的生活水平和生活习惯、水资源状况等。我国城市污水处理厂进水水质指标大致范围如表 3-4 所示。

表 3-4　我国城市污水处理厂进水水质指标一览表　单位：mg/L

项目	COD	BOD_5	悬浮物	总氮	氨氮	总磷
范围	150～500	50～380	150～500	20～80	15～70	0.5～25

（二）典型处理工艺及简介

1. 一体化氧化沟工艺

某污水处理厂设计处理量为 10 万 m^3/d，设计进水水质为 COD≤250 mg/L，BOD_5≤180 mg/L，TN≤35 mg/L，NH_3-N≤25 mg/L，TP≤2.5 mg/L，出水水质达到《城镇污水处理厂污染物排放标准》（GB 18918—2002）一级 B 标准要求。采用的主体工艺流程见图 3-33。

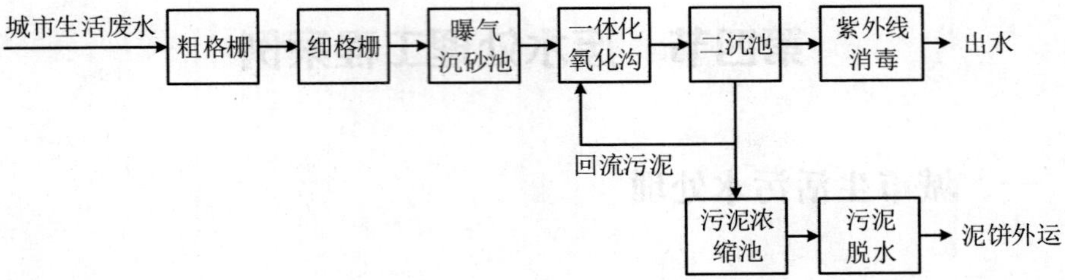

图 3-33 某污水处理厂一体化氧化沟工艺流程

该工艺废水经格栅截留污水中较粗大的漂浮物和悬浮物，然后进入曝气沉砂池去除污水中的泥砂、煤渣等相对密度较大的无机颗粒。经预处理后的污水进入一体化氧化沟中，利用氧化沟不同区域溶解氧浓度的差异，去除大部分的有机污染物和 N、P 等营养性物质。处理后的混合液进入二沉池进行泥水分离，澄清后的污水经紫外线消毒后达标排放；污泥部分回流到氧化沟保证氧化沟中活性污泥浓度，部分剩余污泥进入污泥浓缩池，经浓缩和脱水后以泥饼的形式外运。

2. A^2/O 工艺

某污水处理厂设计处理量为 10 万 m^3/d，设计进水水质为 COD≤280 mg/L，BOD_5≤130 mg/L，TN≤30 mg/L，NH_3-N≤28 mg/L，TP≤3 mg/L，出水水质达到《城镇污水处理厂污染物排放标准》（GB 18918—2002）一级 A 标准要求。采用的主体工艺流程见图 3-34。

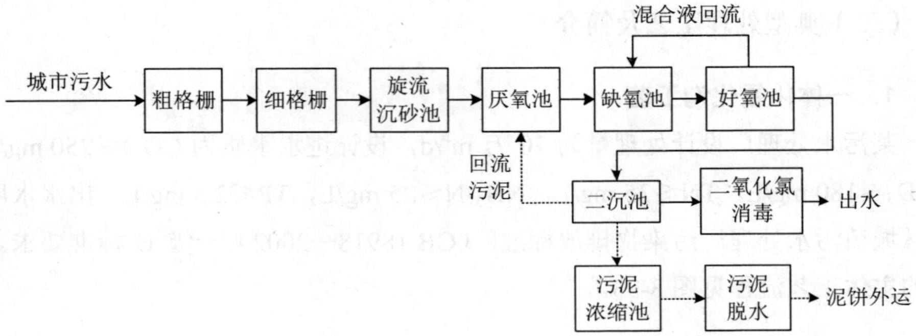

图 3-34 某污水处理厂 A^2/O 工艺流程

污水经格栅截留污水中较粗大的漂浮物和悬浮物，然后进入旋流沉砂池去除污水中的泥砂等相对密度较大的无机颗粒。经预处理后的污水进入厌氧池，聚磷菌释放磷，回流的混合液在缺氧池中进行反硝化脱氮，有机物的降解主要在好氧池中进行，好氧池同时进行硝化氨氮和聚磷菌过量摄磷等过程。处理后的混合液进入二沉池进行泥水分离，污水经二氧化氯消毒后达标排放；部分活性污泥回流到厌氧池保证氧化沟中的活性污泥浓度，剩余污泥进入污泥浓缩池，经浓缩和脱水后以泥饼的形式外运。

二、含重金属废水处理

（一）废水来源及特性

重金属废水主要来源于采矿、有色金属冶炼、电镀、化工等部门，主要来自矿山排水、废石场淋浸水、选矿厂尾矿排水、有色金属冶炼厂除尘排水、有色金属加工厂酸洗水、电镀厂镀件洗涤水、钢铁厂酸洗排水、染料生产排水、油漆生产排水等。含重金属废水根据其来源与工艺不同，废水中重金属离子的种类、含量及其存在形态都有所差异，重金属废水中同时含有机物等其他污染物，使废水性质更加复杂。

（二）典型处理工艺及简介

某电镀企业主要包括镀镍和镀铬两条生产线，产生高浓度含镍废水、含铬废水、一般含镍废水和含其他重金属的综合废水，废水产量约 2 400 t/d，设计要求考虑高浓度含镍废水回用，部分出水回用，出水达到《电镀污染物排放标准》（GB 21900—2008）中的“表 3”水污染物特别排放限值的要求。采用的工艺流程见图 3-35。

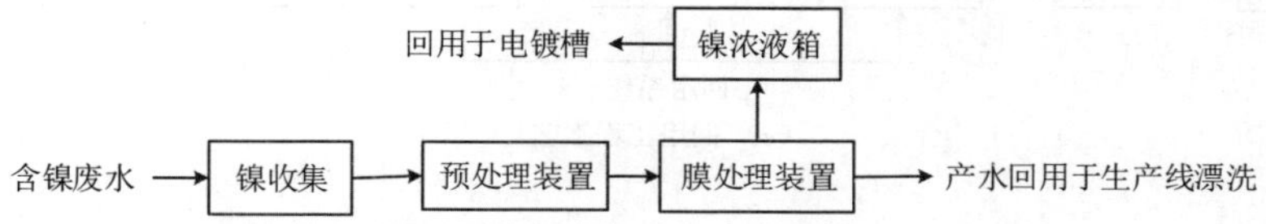

（a）镍在线回收处理系统

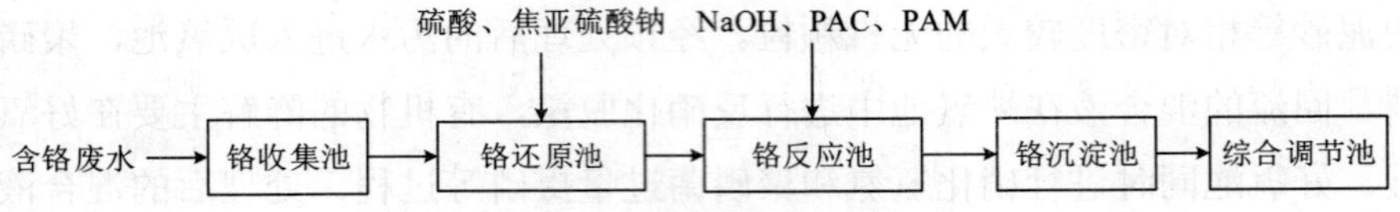

（b）含铬废水预处理系统

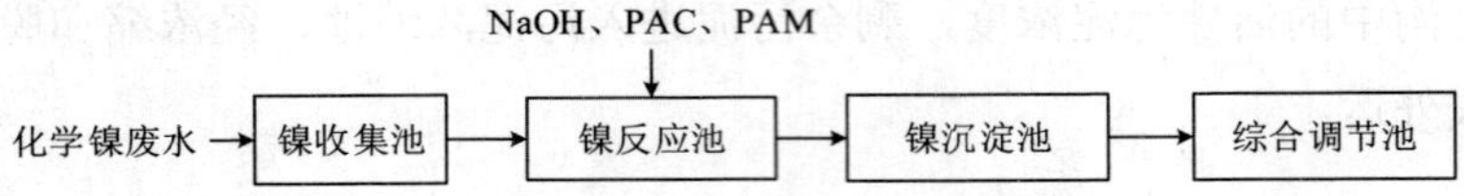

（c）含镍废水预处理系统

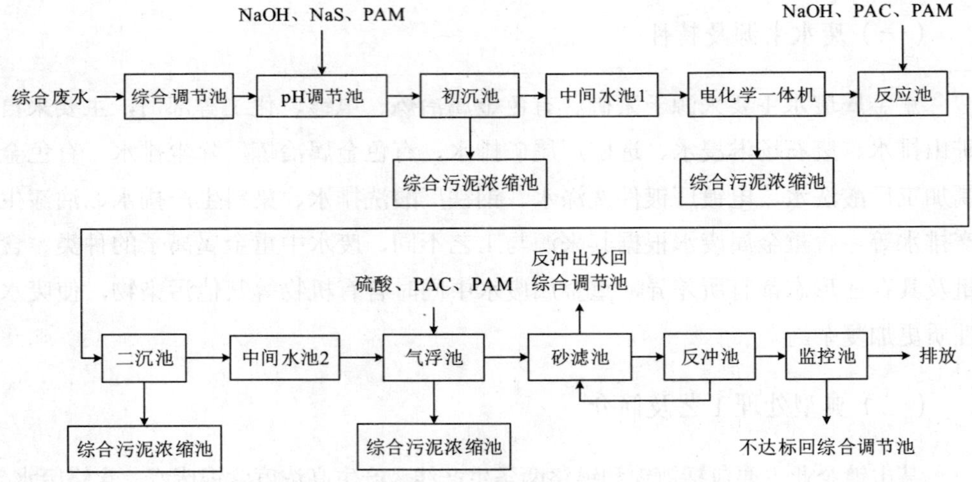

（d）综合废水处理达标排放系统

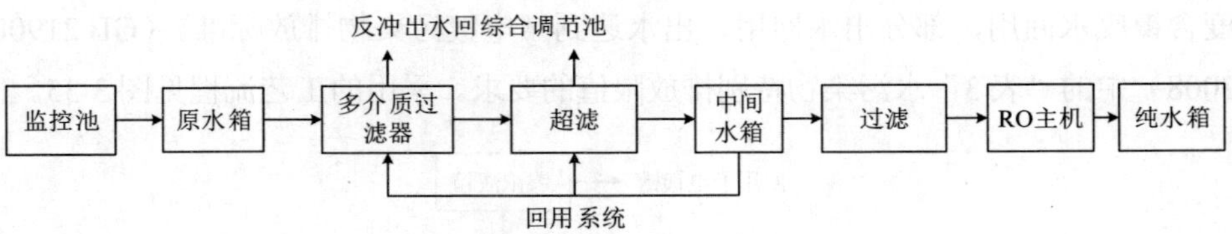

（e）回用工程工艺

图 3-35 某电镀废水处理及回用工程工艺流程

该处理系统包括镍在线回收处理系统、含铬废水和含镍废水预处理系统、综合废水处理达标排放系统、综合污泥处理系统以及反渗透膜去离子水处理回用工程系统。其中，综合废水处理达标排放系统的电化学水处理工艺通过氧化还原、凝聚絮凝、吸附降解和协同转化等综合作用去除废水中重金属离子、有机物、胶体颗粒物等多种污染物，尤其是对重金属和COD具有优良的去除效果，达到重金属废水治理与资源回用的目的。

三、高浓度有机废水处理

（一）废水来源及特性

高浓度有机废水一般是指由纺织印染、造纸、皮革及食品等行业排出的COD在2 000 mg/L以上的废水。这些废水中含有大量的碳水化合物、脂肪、蛋白质、纤维素等有机物，如果直接排放，会造成严重污染。

高浓度有机废水按其性质来源可分为三大类：①易于生物降解的高浓度有机废水；②易生物降解，但含有害物质的废水；③难生物降解的和有害的高浓度有机废水。

高浓度有机废水主要具有5个特点：①有机物浓度高。COD一般在2 000 mg/L以上，有的甚至高达每升几万乃至几十万毫克。②成分复杂，含有毒性物质。废水中有机物以芳香族化合物和杂环化合物居多，还多含有硫化物、氮化物、重金属和有毒有机物。③色度高，有异味。有些废水散发出刺鼻恶臭，给周围环境造成不良影响。④具有强酸、强碱性。工业产生的超高浓度有机废水中，酸、碱类众多，往往具有强酸或强碱性。⑤不易生物降解有机废水中所含的有机污染物结构稳定，难以降解。这类废水大多BOD/COD较低，生化性差，且对微生物有毒性，难以用一般的生化方法处理。

（二）典型处理工艺及简介

1. 印染废水处理

某工业园区以织布、染整和缝纫为主。工程设计进水水质如下：COD 2 000 mg/L、BOD 500 mg/L、SS 500 mg/L、色度800倍、pH为8～14。出水要求达到《纺织染整工业水污染物排放标准》（GB 4287—2012）的要求。工艺流程见图 3-36。

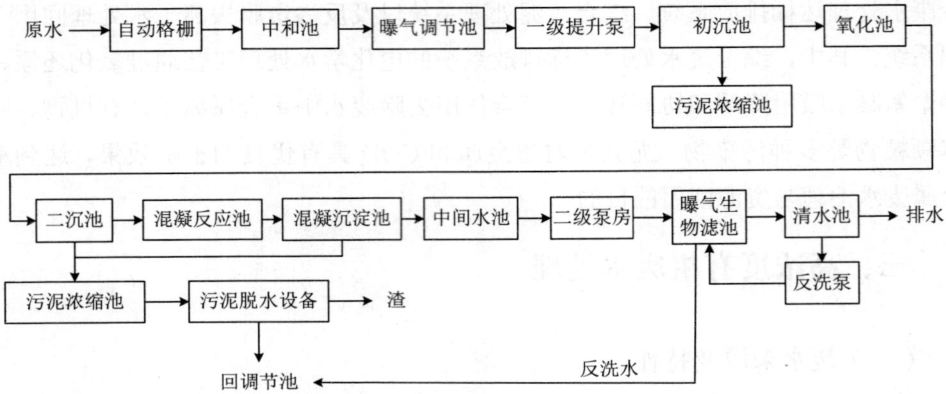

图 3-36 某纺织印染工业园区废水处理工程工艺流程

工业园区废水经污水管道自流到处理厂的自动格栅池，经格栅去除较大悬浮固体后进中和池，在中和池中 pH 得到调节，然后进入调节池。在调节池中原水和回流的剩余污泥混合，经曝气氧化处理后由一级提升泵提升至初沉池，经过初沉池去除固体悬浮物。然后自流进入半推流活性污泥氧化池，出水进入二沉池，二沉池污泥回流到集泥池和调节池。集泥池的污泥由气提泵提升回氧化池。二沉池出水进入混凝反应池，经加药混凝搅拌脱色后进入二沉池混凝沉淀进行固、液分离，上清液进入中间水池，再由二级泵将水送至曝气生物滤池，出水达到排放标准后进入清水池。清水池的水作为滤池的反洗水，多余的水溢流排放。初沉池、二沉池的污泥排到污泥浓缩池。浓缩池上清液回调节池，浓污泥由污泥泵送入带式脱水机进行脱水，脱出水回调节池，经脱水后的污泥作为固体废物处置。

2. 皮革制造业废水处理

某皮革工业园区主要从事猪皮制鞋里革的生产，产生铬鞣废水和综合废水。铬鞣废水用专用管道送入污水处理厂，在铬鞣废水处理系统中单独处理，使铬浓度达标后排入综合废水池。综合废水由工业园区企业进行前处理，进入污水处理厂的设计进水水质为：COD≤2 500 mg/L，pH 为 8～12，氨氮≤70 mg/L，悬浮物≤800 mg/L，铬≤0.1 mg/L。处理出水要求达到《制革及毛皮加工工业水污染物排放标准》（GB 30486—2013）中的“表 2”标准。铬鞣废水处理工艺流程见图 3-37，综合废水处理工艺流程见图 3-38。

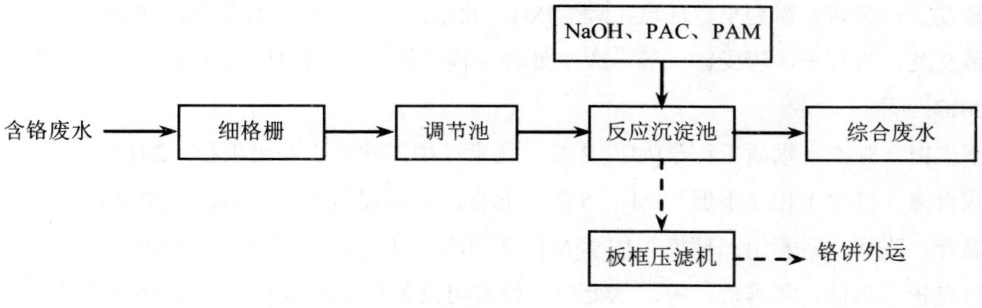

图 3-37　某制革铬鞣废水处理工艺流程

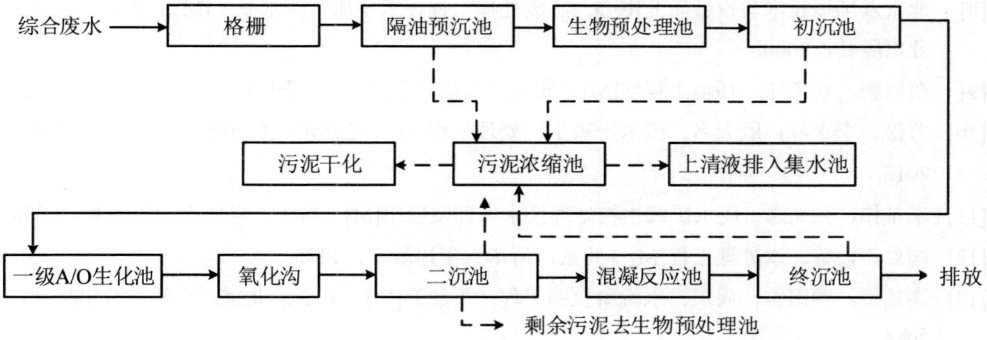

图 3-38　某制革综合废水处理工艺流程

各工段废水汇总排放至综合废水处理站集水池，先经机械格栅去除较大颗粒的悬浮固体，如毛、肉渣等，再经隔油预沉池除去浮油和较重颗粒后进入生物预处理池（预曝气），再到初沉池，经沉淀去除悬浮物和部分剩余污泥。初沉池出水进入第一级生物处理装置（A/O），再进行第二级生物处理（氧化沟）。生物处理后的出水再经辐流式二沉池沉淀，二沉池出水加入混凝剂反应后，在终沉池内进一步沉淀处理，使出水达标排放。

隔油预沉池、初沉池、终沉池的污泥输送至污泥浓缩池，浓缩池污泥用泵输送至干化场，干化污泥外运，浓缩池出水回集水池重新处理。

参考文献

[1] 戴友芝，黄妍，肖利平．环境工程学[M]．北京：中国环境出版集团，2018.
[2] 戴友芝，肖利平，唐受印，等．废水处理工程（第三版）[M]．北京：化学工业出版社，2017.
[3] 李圭白，张杰．水质工程学[M]．2 版．北京：中国建筑工业出版社，2012.
[4] 张自杰．排水工程（下册）[M]．5 版．北京：中国建筑工业出版社，2014.
[5] 温青，张林，矫彩山．环境工程学[M]．哈尔滨：哈尔滨工程大学，2008.
[6] 蒋克彬，彭松，陈秀珍，等．水处理工程常用设备与工艺[M]．北京：中国石化出版社，2010.
[7] 罗固源．水污染物化控制原理与技术[M]．北京：化学工业出版社，2003.
[8] 北京水环境技术与设备研究中心．三废处理工程技术手册（废水卷）[M]．北京：化学工业出版社，2000.
[9] 蒋展鹏，杨宏伟．环境工程学[M]．北京：高等教育出版社，2013.
[10] 万松，李永峰，殷天名．废水厌氧生物处理工程[M]．哈尔滨：哈尔滨工业大学出版社，2013.
[11] 李东伟，尹光志．废水厌氧生物处理技术原理及应用[M]．重庆：重庆大学出版社，2006.
[12] 顾夏声，等．水处理工程[M]．北京：清华大学出版社，1985.
[13] 高廷耀，顾国维，周琪．水污染控制工程（下册）[M]．4 版．北京：高等教育出版社，2015.
[14] 唐受印，戴友芝．水处理工程师手册[M]．北京：化学工业出版社，2000.
[15] 唐受印，戴友芝．废水处理水热氧化技术[M]．北京：化学工业出版社，2002.
[16] 唐受印，戴友芝．工业循环冷却水处理[M]．北京：化学工业出版社，2003.
[17] 唐受印，戴友芝．食品工业废水处理[M]．北京：化学工业出版社，2001.
[18] 赵庆良，任南琪．水污染控制工程[M]．北京：化学工业出版社，2005.

第四章 大气环境污染与防治

第一节 大气污染与大气污染物

一、大气污染、污染物和污染源的概念

（一）大气污染

大气也称空气，是指地球周围所有空气的总和，大气环境对人类的生存和健康至关重要。自然过程和人类活动排放某些物质进入大气，积累到一定的浓度，并因此而危害人体的健康，便产生了大气污染。

（二）大气污染物

大气污染物，是指自然过程或人类活动排入大气的并对人或环境产生有害影响的物质。大气污染物的分类方法很多，按其与空气的相对状态，可分为非均相和均相两类，前者指颗粒态污染物或气溶胶态污染物，后者指气态污染物。

1. 颗粒态污染物

颗粒态污染物是指悬浮在气体介质中的固态或液态微小颗粒，在《环境空气质量标准》（GB 3095—2012）中，根据颗粒物的大小，将其分为：总悬浮颗粒物（total suspended particles，TSP）为空气动力学当量直径≤100 μm 的颗粒物；可吸入颗粒物（PM_{10}）为空气动力学当量直径≤10 μm 的颗粒物；细颗粒物（$PM_{2.5}$）为空气动力学当量直径≤2.5 μm 的颗粒物。与较大的大气颗粒物相比，$PM_{2.5}$ 粒径

小，比面积大，活性强，易附带有毒、有害物质（如重金属、微生物等），且能较长时间悬浮于空气中，输送距离远，因而对人体健康和大气环境质量的影响更大。

2．气态污染物

气态污染物主要有含硫化合物（SO_2、SO_3、H_2S 等）、含氮化合物（NO、NO_2、NH_3 等）、卤化物（Cl_2、HCl、HF、SiF_4 等）、碳氧化物（CO、CO_2）和挥发性有机物（volatile organic compounds，VOCs）等，气态污染物的绝大多数来自人类活动，排放集中且在自然界中消解转化慢，很大一部分会转化为二次大气污染物，需要人们特别关注。

（三）大气污染物来源

大气污染物的来源包括自然过程和人类活动两个方面。人类活动排放的大气污染物主要来自 3 个方面：①燃料燃烧；②工业生产过程；③交通运输。前两者称为固定源，后者（如汽车、火车、飞机等）则称为移动源。

二、我国大气污染概况

（一）我国环境空气质量状况

根据《2020 生态环境状况公报》，2020 年，全国 337 个地级及以上城市中，202 个城市环境空气质量达标，占比为 59.9%，比 2015 年提升 30.5 个百分点；$PM_{2.5}$ 年平均浓度为 33 μg/m^3，首次低于 GB 3095 二级标准（35 μg/m^3），历史性达到世界卫生组织第一阶段过渡值。以 O_3、$PM_{2.5}$、PM_{10}、NO_2 和 CO 为首要污染物的超标天数分别占总超标天数的 46.4%、45.8%、7.2%、0.9%和不足 0.1%，未出现以 SO_2 为首要污染物的超标天数，优良天数占比达 87.5%，比 2015 年增长了 6.3 个百分点，我们已成为世界上空气质量改善最快的国家。

在各项污染物指标中，$PM_{2.5}$ 超标问题最为突出，168 个重点城市中，有 76.2%的城市年均值超二级标准限值，特别是京津冀及其周边地区和汾渭平原，其 $PM_{2.5}$ 的年均值分别为 57 μg/m^3 和 55 μg/m^3，超过二级限值 62.9%和 57.1%，呈现明显的区域性特征和季节性变化特征，重污染天气在秋冬季和初春时节频发。其次是臭氧污染，168 个重点城市中，O_3 超标的城市占比达 59.5%。

（二）大气污染物排放

根据 2016—2019 年的全国生态环境统计公报，2016—2019 年，废气中二氧化硫排放量逐年下降，由 2016 年的 854.9 万 t，下降为 2019 年的 457.3 万 t，下降 46.5%。废气中颗粒物排放量呈逐年下降趋势，由 2016 年的 1 608.0 万 t，下降为 2019 年的 1 088.5 万 t，下降 32.3%。其中，工业源、生活源、移动源颗粒物排放量均逐年下降，2019 年分别为 925.9 万 t、154.9 万 t、7.4 万 t。废气中氮氧化物排放量逐年下降，由 2016 年的 1 503.3 万 t 下降为 2019 年的 1 233.9 万 t，下降 17.9%。其中，工业源、生活源氮氧化物排放量均逐年下降，2019 年分别为 548.1 万 t、49.7 万 t，移动源氮氧化物排放量总体持平，2019 年为 633.6 万 t。而根据《第二次全国污染源普查公报》，2017 年我国 VOCs 排放量达 1 017.45 万 t，2013—2017 年 VOCs 的排放量不但没有下降，反而增长了 2%。

（三）我国大气污染发展趋势和挑战

从以上环境空气质量状况逐年变化情况和大气污染物排放情况可以看出，自《大气污染防治行动计划》实施以来，全国空气质量整体呈显著改善趋势，但依然不容乐观，继续加强大气污染防治仍十分必要。

首先，我国主要城市的颗粒物问题尚未完全解决。2019 年我国 168 个重点城市中仍有超过 75%不能达到 GB 3095—2012 二级标准年均限值（35 μg/m^3）。若今后 $PM_{2.5}$ 标准进一步提高，以 WHO 第二过渡阶段目标值（年均限值为 25 μg/m^3）为要求，上述城市目前仅有极少数能够达标。重点地区、重点领域大气污染问题仍然突出，京津冀及周边等区域 $PM_{2.5}$ 浓度仍处于高位，秋冬季重污染天气依然高发、频发。

其次，O_3 污染逐渐凸显。2013—2019 年我国东部地区夏季 O_3 浓度持续上升，O_3 成为环境空气六项主要污染物中年平均浓度唯一不降反升的污染物。若以更严格的 WHO 空气质量准则值要求 O_3 日最大 8 h 值不超过 100 μg/m^3，所有主要城市还需进一步改善。在重点区域，特别是夏季，O_3 和 $PM_{2.5}$ 污染的叠加效应尤为明显，2018 年，74 个主要城市中 O_3 日最大的 10 个城市全部位于京津冀及周边区域。因此，$PM_{2.5}$ 和 O_3 的协同改善成为今后空气质量改善的重要任务。

此外，移动源的 NO_x 和 VOCs 排放量多年持平，甚至有所上升，也要引起足够重视，着力强化本地移动源 NO_x 和 VOCs 的排放控制。

综上所述，我国空气质量整体有所改善，$PM_{2.5}$ 持续下降，但 $PM_{2.5}$ 仍超标严重，其变化呈区域化特征；同时，O_3 污染未得到有效遏制，重点区域 O_3 污染加剧，超标城市持续增多，并且不同城市的 O_3 年评价值上升幅度不同，O_3 污染也呈区域化特征。因此，$PM_{2.5}$ 与 O_3 污染已经成为制约城市空气质量改善的瓶颈，$PM_{2.5}$ 与 O_3 协同控制已成为改善我国城市空气质量的焦点和打赢蓝天保卫战的关键。

第二节 大气环境标准

我国大气环境标准按其用途可分为大气环境质量标准、大气污染物排放标准、大气污染控制技术标准等。

① 大气环境质量标准：大气环境质量标准是以保障人体健康和正常生活条件为主要目标，规定出大气环境中某些主要污染物的最高允许浓度。它是进行大气污染评价，制订大气污染防治规划和大气污染物排放标准的依据，是进行大气环境管理的依据。

② 大气污染物排放标准：大气污染物排放标准是以实现大气环境质量标准为目标，对污染源排入大气的污染物容许含量作出限制，是控制大气污染物的排放量和进行净化装置设计的依据，同时也是生态环境管理部门的执法依据。大气污染物排放标准可分为国家标准、地方标准和行业标准。

③ 大气污染控制技术标准：大气污染控制技术标准是为确保大气污染控制效果而从某一方面作出的具体技术规定，如污染物净化装置设计规范、污染物监测方法等，目的是使生产、设计和管理人员易掌握和执行。

一、大气环境质量标准

（一）环境空气质量标准

《环境空气质量标准》首次发布于 1982 年。1996 年第一次修订，2000 年第二次修订，2012 年做了第三次修订（GB 3095—2012）。GB 3095—2012 规定了环境空气功能区分类、标准分级、污染物项目、平均时间及浓度限值、监测方法、数据统计的有效性规定及实施与监督等内容。

标准 GB 3095—2012 中的“表 1”规定了二氧化硫（SO_2）、二氧化氮（NO_2）、一氧化碳（CO）、臭氧（O_3）、可吸入颗粒物（PM_{10}）、细颗粒物（$PM_{2.5}$）6 个基本项目浓度限值，“表 2”规定了总悬浮颗粒物（TSP）、氮氧化物（NO_x）、铅（Pb）、苯并[*a*]芘（BaP）4 个其他项目浓度限值，“附录”中还给出了镉（Cd）、汞（Hg）、砷（As）、六价铬［Cr（Ⅳ）］和氟化物（F）5 种污染物的参考浓度限值。该标准将空气功能区分为两类。其中一类区为自然保护区，风景名胜区和其他需要特殊保护的区域；二类区为居住区、商业交通居民混合区、文化区、工业区和农村地区。一类区适用一级浓度限值，二类区适用二级浓度限值。

（二）工业企业设计卫生标准

由于我国现行的《环境空气质量标准》（GB 3095—2012）中只有 15 种污染物的标准，在实际工作中会碰到更多的大气污染物，在国家没有制定它们的环境质量标准前，可以参考执行《工业企业设计卫生标准》（GBZ 1—2010）中引用 GBZ 2.1—2017 规定的“工作场所空气中化学物质容许浓度”“工作场所空气中粉尘容许浓度”部分。

（三）室内空气质量标准

室内空调的普遍使用、室内装潢的流行及其他原因的存在，使室内空气质量问题日趋严重。为保护人体健康，预防和控制室内空气污染，我国于 2002 年 11 月首次发布了《室内空气质量标准》（GB/T 18883—2002，已废止），该标准对室内空气中 19 项与人体健康有关的物理、化学、生物和放射性参数的标准值作了规定。

二、大气污染物排放标准

（一）大气污染物综合排放标准

1996 年，在《工业“三废”排放试行标准》（GBJ 4—73）基础上修改制定的

《大气污染物综合排放标准》(GB 16297—1996)，规定了33种大气污染物的排放限值，其指标体系为最高允许排放浓度、最高允许排放速率和无组织排放监控浓度限值。任何一个排气筒必须同时达到最高允许排放浓度和最高允许排放速率两项指标，否则为超标排放。

（二）行业排放标准

按照综合性排放标准与行业性排放标准不交叉执行的原则，有行业标准的企业应执行本行业的标准，火电、玻璃、水泥、炼铁、轧钢等行业都有相应的大气污染物排放标准遵照执行。

第三节　颗粒态污染物的控制

颗粒态污染物是我国大气环境中的主要污染物，有效控制污染源产生的一次颗粒态污染物是改善大气环境的重要途径。对于颗粒态污染物与烟（废）气形成的非均相体系，利用污染物与烟（废）气二者在物理性质方面的差异，借助作用在微粒上的各种外力（如重力、离心力、电场力等），实现颗粒态污染物与气体分离，这个过程通常称为除尘。本节主要介绍除尘技术及主要除尘装置的原理和工艺设备选型设计的基本内容，包括机械式除尘器、电除尘器、过滤式除尘器和湿式除尘器。

一、除尘器的分类与性能

（一）除尘器的分类

按照除尘器分离捕集粉尘的主要机理，可将其分为以下4类：

① 机械式除尘器，它是利用质量力（重力、惯性力和离心力等）的作用使粉尘与气流分离沉降的装置，包括重力沉降室、惯性除尘器和旋风除尘器等。

② 电除尘器，它是利用高压电场使尘粒带电，在库仑力作用下使粉尘与气流分离沉降的装置。

③ 过滤式除尘器，它是使含尘气流通过织物或多孔填料层进行过滤分离的装

置，包括袋式除尘器、颗粒层除尘器等。

④ 湿式除尘器，也称湿式洗涤器，它是利用液滴、液膜或液层洗涤含尘气流，使粉尘与气流分离沉降的装置。它可用于气体除尘，也可用于气体吸收。

实际应用的某些除尘器中，常常同时利用几种除尘机理。

按照除尘器效率的高低，可把除尘器分为高效除尘器（电除尘器、袋式除尘器和高能文丘里洗涤器）、中效除尘器（旋风除尘器和其他湿式除尘器）和低效除尘器（重力沉降室和惯性除尘器）3 类。低效除尘器一般作为多级除尘系统的初级除尘。

此外，还按除尘过程中是否用水而把除尘器分为干式除尘器和湿式除尘器两大类。

（二）除尘器的除尘效率

除尘器的除尘效率代表除尘器捕集粉尘效果的好、坏，有以下几种表示方法。

1. 总除尘效率

除尘器的总除尘效率（η）是指同一时间内除尘器捕集的粉尘质量与进入的粉尘质量的百分比。若通过除尘器的气体流量为 Q（m^3/s）、粉尘流量为 S（g/s）、含尘质量浓度为 ρ（g/m^3），相对于除尘器进口、出口和捕集的粉尘流量用下标 i、o 和 c 表示，则

$$\eta = \frac{S_c}{S_i}\times 100\% = \left(1-\frac{S_o}{S_i}\right)\times 100\% = \left(1-\frac{\rho_o Q_o}{\rho_i Q_i}\right)\times 100\% \qquad (4\text{-}1)$$

2. 分级除尘效率

分级除尘效率是指除尘器对某一粒径（d_p）或粒径 $d_p \sim d_p+\Delta d_p$ 内粉尘的除尘效率。除尘器对 $d_p \sim d_p+\Delta d_p$ 内粉尘的分级效率（η_d）为

$$\eta_d = \frac{\Delta S_c}{\Delta S_i}\times 100\% \qquad (4\text{-}2)$$

式中：ΔS_i 、ΔS_c ——分别表示粒径为 $d_p \sim d_p+\Delta d_p$ 范围内除尘器进口和捕集的粉尘流量，g/s。

若以 ΔD_i 和 ΔD_c 分别表示除尘器入口和捕集的粉尘的相对频数分布，由于 $\Delta S=S\cdot\Delta D$，所以

$$\eta_d=\frac{\Delta S_c}{\Delta S_i}=\frac{S_c\cdot\Delta D_c}{S_i\cdot\Delta D_i}=\eta\frac{\Delta D_c}{\Delta D_i} \tag{4-3}$$

式（4-2）是分级效率与总效率及粉尘粒径相对频数分布之间的关系，它是除尘器实验时根据实测的总除尘效率（η）及分析出的除尘器入口和捕集的粉尘粒径频数分布 ΔD_i 和 ΔD_c 来计算分级效率的公式。

根据式（4-1）及式（4-2）可得

$$\eta=\sum_{d_{min}}^{d_{max}}\Delta D_i\cdot\eta_d \tag{4-4}$$

二、机械式除尘器

机械式除尘器是利用质量力（重力、惯性力和离心力等）的作用使粉尘与气流分离沉降的装置，包括重力沉降室、惯性除尘器和旋风除尘器等。其特点是结构简单、造价低、维护方便，但除尘效率不高，因此多用于除尘系统的预除尘环节。

（一）重力沉降室

重力沉降室是通过尘粒自身的重力作用使其从气流中分离的简单除尘装置。如图 4-1 所示，含尘气流进入沉降室后，由于过流面积扩大，流速迅速下降，尘粒在自身重力作用下缓慢向灰斗沉降，其中较大的尘粒得以被沉降室捕集。

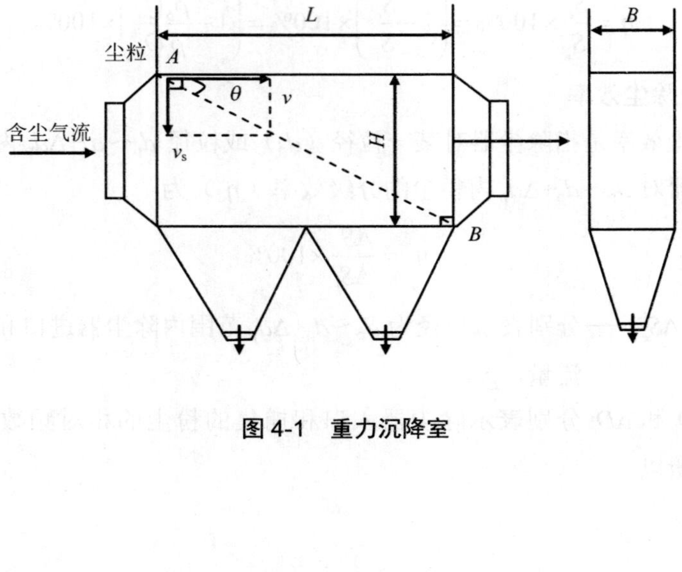

图 4-1 重力沉降室

随着沉降室高度（H）和气流速度（v）的降低，或沉降室长度（L）的增加，重力沉降室的除尘效率会提高。气流速度低，分离效果好，但除尘器截面积较大，体积随之增加，故多采用多层沉降室和带挡板的沉降室两种形式来提高沉降室的除尘效率。

重力沉降室的优点是阻力小（50～130 Pa），动力费用低，结构简单，投资少，性能可靠，维修管理容易；缺点是设备庞大，效率低。适用于净化密度和粒径大的粉尘，特别是磨损强的粉尘。能捕集粒径在 50 μm 以上的粉尘，不适用净化粒径在 20 μm 以下的粉尘。一般作为多级除尘系统的第一级处理设备。

（二）惯性除尘器

惯性除尘器是使含尘气流冲击在挡板上，或让气流方向急剧转变，借助尘粒本身的惯性力作用使其与气流分离的一种除尘装置。

惯性除尘器的工作原理如图 4-2 所示。当含尘气流冲击到挡板 B_1 上时，惯性力大的粗粒（d_1）首先被分离下来，而被气流带走的尘粒 d_2（$d_2<d_1$）由于挡板 B_2 使气流方向改变，借助离心力的作用又被分离下来，烟气中带走的尘粒 $d_3<d_2$。可见，这类除尘器不仅依靠惯性力分离粉尘，还利用了离心力和重力的作用。

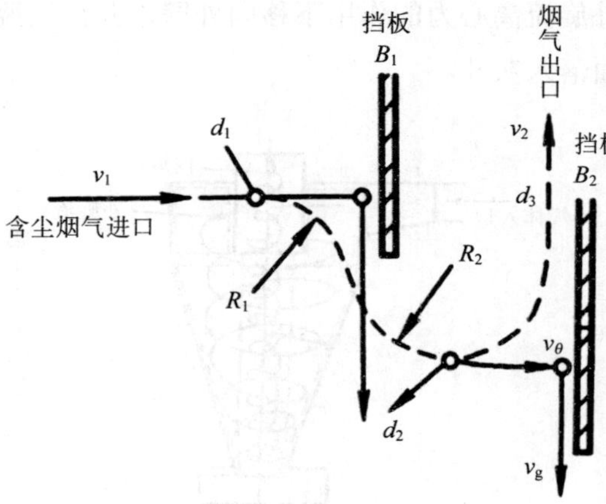

图 4-2　惯性除尘器工作原理

惯性除尘器宜用于净化密度和粒径较大的金属或矿物粉尘，可用于处理高温含尘气体，能直接安装在风道上。对于黏结性和纤维性粉尘，因易堵塞，不宜采用。由于气流方向改变的次数有限，净化效率不高，也多用于多级除尘的第一级，捕集粒径在 20 μm 以上的粗尘粒。其压力损失依形式而异，一般为 100～1 000 Pa。

（三）旋风除尘器

旋风除尘器是利用旋转气流的离心力使尘粒从气流中分离的装置，又称离心式除尘器。它结构简单，体积小，无须特殊的附属设备，因而造价低，适应粉尘负荷变化性能好，无运动部件，运行管理简便，广泛用于各工业部门。它通常用于分离粒径大于 5 μm 的尘粒。普通旋风除尘器的效率一般在 90%左右，当要求更高效率时，须与其他除尘器配合使用。

1. 工作原理

如图 4-3 所示，普通旋风除尘器是由进气管、筒体、锥体和排气管组成的。含尘气流从切线进口进入除尘器后，沿筒体内壁由上向下作旋转运动，含尘气体大部分到达锥体底部附近时折转向上，在中心区边旋转边上升，最后经排气管排出。一般将旋转向下的外圈气流称为外旋流，它同时有向心的径向运动；将旋转向上的内圈气流称为内旋流，它同时有离心的径向运动。外旋流、内旋流的旋转方向相同。尘粒在外旋流离心力的作用下移向外壁，并在气流轴向推力和重力的共同作用下，沿壁面落入灰斗。

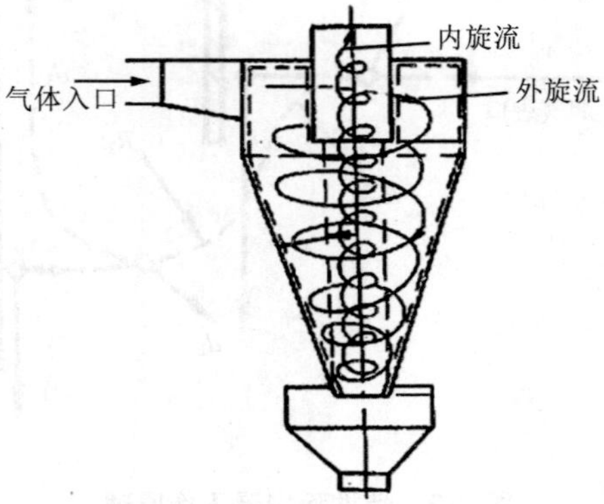

图 4-3 旋风除尘器内的流场

2．旋风除尘器的结构形式

旋风除尘器的种类繁多，按结构外形分为长锥体、长筒体、扩散式、旁通式等；按安装方式可分为立式、卧式与倒装式；按组合情况又分为单筒与多管等。工业上更多的是按含尘气流的导入方式分为直入式、蜗壳式、逆转式、正交型4种形式（图4-4）。

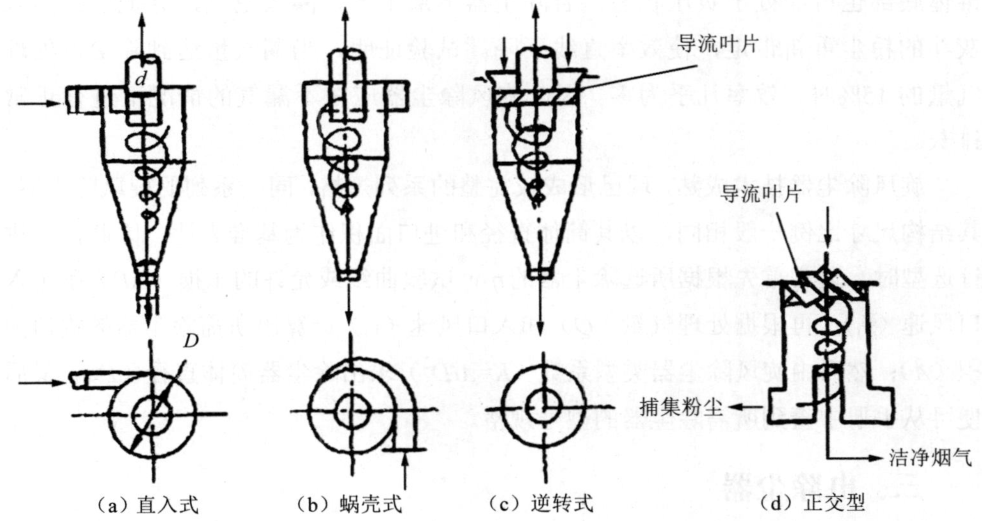

图4-4　旋风除尘器的几种形式

3．旋风除尘器的选型

除尘性能与其结构形式和尺寸密切相关，特别是与其筒体直径、进气口尺寸等相关，同时也与运行条件有关。影响旋风除尘器的除尘效率与压力损失的因素主要有以下几种。

（1）入口风速

入口风速（v_i）增大，除尘效率提高；但风速过大时，器内气流过于强烈，会把已分离下来的部分粉尘重新带走，影响效率的提高；同时由于 $\Delta P \propto v_i^2$，阻力也急剧增加。因此，实用的入口风速一般为12～20 m/s，不宜低于10 m/s，以防入口管道积灰。

（2）筒体直径

筒体直径（D）越小，尘粒所受离心力越大，除尘效率越高。但过小易引起粉尘堵塞，D 一般控制在 150～1 000 mm。

（3）灰斗的气密性

除尘器内部静压是从筒体壁向中心逐渐降低的，即使除尘器在正压下工作，锥体底部也可能处于负压状态。若除尘器下部不严，漏入空气，会把已经落入灰斗的粉尘重新带走，使效率直线下降。试验证明，当漏气量达到除尘器处理气量的 15%时，效率几乎为零。因此旋风除尘器应在不漏气的情况下进行正常排灰。

旋风除尘器技术成熟，现已形成较完整的系列规格，同一系列的旋风除尘器，其结构尺寸比例一般相同，以其筒体直径和进口面积作为基准表达。因此，在进行选型时，通常首先根据所选除尘器的η-v 试验曲线或允许的压损（ΔP）确定入口风速（v_i）；再根据处理气量（Q）和入口风速（v_i）计算出所需除尘器的进口面积（A）；然后由旋风除尘器类型系数（$K=A/D^2$）求出除尘器筒体直径（D），最后便可从手册中查到所需除尘器的型号规格。

三、电除尘器

电除尘器是利用静电力实现粒子（固体或液体粒子）与气流分离沉降的一种除尘装置。电除尘器具有对细颗粒去除效率高、压力损失小（仅 100～200 Pa）、处理气量大，可用于高温（可高达 500℃）、高压和高湿（相对湿度可达 100%）的场合，能连续运行，并能完全实现自动化等优点，被广泛应用于火力发电、冶金、建材等行业的烟气除尘和物料回收。电除尘器的主要缺点是设备庞大，耗钢多，需高压变电和整流设备，投资高；除尘效率受粉尘比电阻影响较大。

（一）电除尘器的工作原理和基本结构

1. 电除尘器的工作过程

电除尘器的除尘过程包括电晕放电和空间电荷的形成、粒子荷电、粒子沉降和粒子清除 4 个阶段。为保证电除尘器在高效率下运行，必须使以上 4 个阶段十分有效地进行。

2. 电除尘器的分类和基本结构

（1）电除尘器的分类

根据电除尘器的结构特点，可作不同的分类：

① 按集尘极的形式可分为管式［图 4-5（a）］和板式［图 4-5（b）］电除尘器。管式电除尘器的集尘极一般为多根并列的金属圆管或六角形管，适用于气体量较小的情况。板式电除尘器采用平行钢板作集尘极，极间均布电晕线，处理气体量很大。

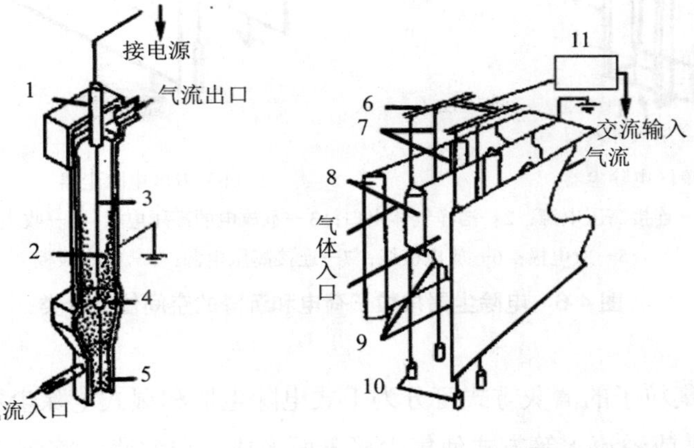

（a）管式　　（b）板式

1—绝缘瓶；2—集尘极表面上的粉尘；3，7—放电极；4—吊锤；5—捕集的粉尘；
6—高压母线；8—挡板；9—收尘极板；10—重锤；11—高压电源

图 4-5 电除尘器按形式分类

② 按粒子荷电和沉降的空间位置可分为单区电除尘器和双区电除尘器。粒子的荷电和分离沉降皆在同一空间区域的称为单区电除尘器［图 4-6（a）］，而将荷电和沉降分离设在两个空间区域的称为双区电除尘器［图 4-6（b）］。工业除尘以单区电除尘器应用最广，本书介绍的有关电除尘器的理论，均指单区电除尘器。典型的双区电除尘器一般用在空气调节方面，但含尘量少、气量小的工业尘源也有采用双区电除尘器的。

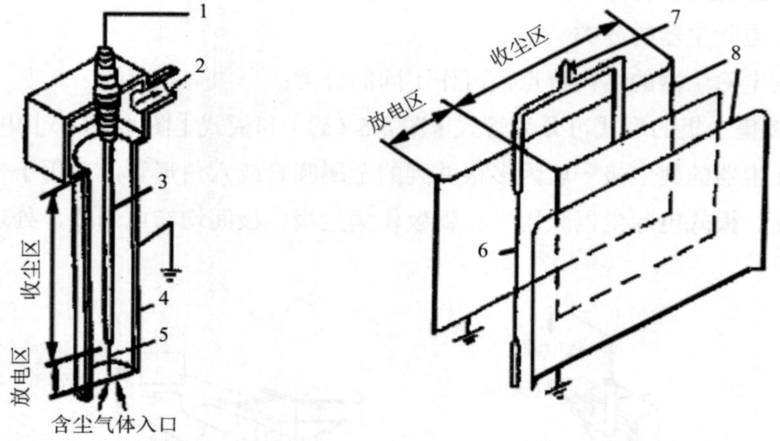

（a）单区电除尘器　　（b）双区电除尘器

1—连接高压电源；2—洁净气体出口；3—不放电的高压电极；4—收尘极；
5—放电极；6—放电极线；7—连接高压电源；8—收尘极板

图 4-6　电除尘器按粒子荷电和沉降的空间位置分类

③ 按沉集粒子的清灰方式可分为干式电除尘器和湿式电除尘器。湿式电除尘器是利用喷雾或溢流水等方式使集尘极表面形成一层水膜，将沉集到其上的尘粒冲走。管式电除尘器常采用湿式清灰，可避免二次扬尘，效率很高，但存在腐蚀和污水、污泥处理问题。板式电除尘器大多采用干式清灰，回收的干粉尘便于处置和利用，但振打清灰时存在二次扬尘等问题。

（2）电除尘器的基本结构

板式电除尘器（图 4-7）和立式多管电除尘器，虽然形式不同，但其基本结构一般都包括放电极、集尘极和清灰装置、气流分布装置、壳体、输灰装置和供电装置等。

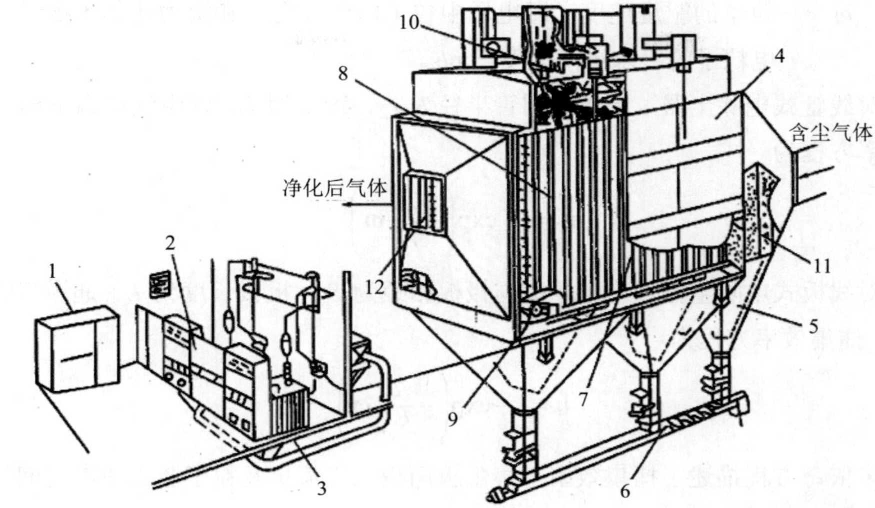

1—低压电源控制柜；2—高压电源控制柜；3—电源变压器；4—电除尘器本体；5—下灰斗；
6—螺旋除灰机；7—放电极；8—集尘极；9—集尘极振打清灰装置；10—放电极振打清灰装置；
11—进气气流分布板；12—出气气流分布板

图 4-7　板式电除尘器示意图

（二）电除尘器的除尘效率

1．捕集效率方程

1922 年，多依奇（Deutsch）根据一些假设导出了电除尘器捕集效率的方程——多依奇方程。这些假设是：①电除尘器中的气流为紊流状态，通过除尘器任一断面的气流速度（除器壁边界层外）和粒子浓度都是均匀分布的；②进入电除尘器的粒子立刻达到饱和荷电；③集尘极表面附近的所有粉尘的驱进速度相同，与气流速度相比是很小的；④不考虑冲刷、二次扬尘、反电晕、粉尘凝聚等的影响。

多依奇方程的一般形式为

$$\eta = 1 - \exp\left(-\frac{A}{Q}\omega\right) \tag{4-5}$$

式中：A——集尘极面积，m^2；

Q——气流量，m^3/s；

ω——粒子的驱进速度，即电场中粒子所受库仑力和阻力达到平衡时，荷电粒子的终末沉降速度，m/s。

对线管式电除尘器，当集尘圆管半径为 r_2、管长为 L、管内气速为 v 时，捕集效率方程为

$$\eta = 1 - \exp\left(-\frac{2L}{r_2 v}\omega\right) \tag{4-6}$$

对线板式电除尘器，当电晕线与极板相距为 S_x、板极长度为 L、通道气速为 v 时，捕集效率方程为

$$\eta = 1 - \exp\left(-\frac{L}{S_x v}\omega\right) \tag{4-7}$$

多依奇方程描述了捕集效率与集尘板面积、气流量及粒子驱进速度之间的关系，指明了提高捕集效率的途径，因而被广泛用于电除尘器的性能分析和设计中。

2．有效驱进速度

由于单纯从理论上准确计算粒子驱进速度的困难，以及多依奇方程和理论驱进速度计算式中未加考虑的各种因素影响，使得按这些理论公式计算的捕集效率比实测值高得多。为了能够应用多依奇方程进行计算，引入一个有效驱进速度（ω_p）的概念。它是根据一定结构形式的电除尘器实测的除尘效率（η）、集尘极总面积（A）和气体流量（Q），利用多依奇方程反算出的驱进速度值。这样便可用有效驱进速度（ω_p）来描述除尘器的性能，并作为类似的新除尘器设计时确定其尺寸的基础。一般将用 ω_p 表达的捕集效率方程称为多依奇—安德森方程式，即

$$\eta = 1 - \exp\left(-\frac{A}{Q}\omega_p\right) \tag{4-8}$$

式（4-8）中的 ω_p 与推导多依奇方程（4-5）所用理论驱进速度（ω）的意义不同。这里，ω_p 实际上已成为一个把集尘极总面积和气体处理量以外的各种影响捕集效率的因素包括在内的参数。据估计，理论计算的驱进速度一般比实测的有效驱进速度快 2～10 倍。

（三）电除尘器的选择设计

电除尘器选择设计的步骤：①确定或计算有效驱进速度（ω_p）（参考表 4-1）；

②根据给定的气体流量（Q）和要求的除尘效率（η），按式（4-8）计算所需的集尘板面积（A）；③在手册上查出与集尘面积（A）相当的电除尘器规格；④验算气速（v）。验算结果，如 v 在所选的除尘器允许范围内，则符合要求，否则应重新选择。

表 4-1 粉尘的有效驱进速度 单位：m/s

粉尘名称	有效驱进速度	平均值	粉尘名称	有效驱进速度	平均值
电站锅炉飞灰	4.0～20.0	13.0	熔炼炉	—	2.0
粉煤炉飞灰	10.0～14.0	12.0	立炉	5.0～14.0	—
纸浆及造纸锅炉	6.5～10.0	7.5	平炉	5.0～6.0	—
石膏	16.0～20.0	18.0	闪烁炉	—	7.6
硫酸	6.0～8.5	7.0	冲天炉	3.0～4.0	—
热磷酸	1.0～5.0	3.0	多膛焙烧炉	—	8.0
水泥（湿法）	9.0～12.0	11.0	高炉	6.0～14.0	11.0
水泥（干法）	6.0～7.0	6.5	催化剂粉尘	—	7.6

电场中气流速度（v）增大时，ω_p 有一个最佳范围，过低或过高都是不利的。气流速度的选取要考虑粉尘性质、除尘器结构及经济因素等，一般为 0.5～2.5 m/s。板式电除尘器多为 0.6～1.5 m/s。

四、袋式除尘器

袋式除尘器是利用滤袋等多孔介质从含尘气体中捕集粉尘的一种除尘设备，属于高效除尘器，对微细粉尘的除尘效率也可达 99%以上；对粉尘适应性强，不受粉尘比电阻等性质的影响；性能稳定可靠，对负荷变化适应性好，特别适宜捕集细微而干燥的粉尘，所收干尘便于处理和回收利用，因此广泛应用于冶金、建材、电力、机械等行业。缺点主要是不适用于高温条件，压力损失较大，滤袋易损坏。

（一）袋式除尘器的工作原理与性能

1. 工作原理

袋式除尘器所用滤料分为织物滤料、针刺滤料（非织物滤料）和覆膜滤料，不同滤料的工作原理有所不同。

袋式除尘器采用的织物滤料本身的网孔一般为 10～50 μm，表面起绒滤料的网孔也有 5～10 μm，因而新鲜滤料开始使用时滤尘效率很低。但由于粒径大于滤料网孔的少量尘粒被筛滤阻留，并在网孔之间产生“架桥”现象；同时由于碰撞、拦截、扩散、静电吸引和重力沉降等作用，一批粉尘很快被纤维捕集形成粉尘初层。由于粉尘初层及随后在其上继续沉积的粉尘层的捕集作用，过滤效率剧增，阻力也相应增大。袋式除尘器之所以效率高，主要是靠粉尘层的过滤作用，滤布只起形成粉尘层和支撑它的骨架作用。

针刺滤料具有更细小、分布均匀而且有一定纵深的孔隙结构，对深入滤料内部的尘粒有深层过滤的作用。

新发展起来的覆膜滤料是在滤料底布表面复合一层具有微细空隙的滤层，即相当一层粉尘层，过滤作用完全依赖这一薄层，使微细粉尘被阻留在滤料表面，其工作原理为表面过滤，有别于传统织物滤料和针刺滤料。覆膜滤料对微细粉尘的去除效率更高，是控制微细颗粒的有效措施。

2. 袋式除尘器过滤效率的主要影响因素

袋式除尘器在正常运行下的除尘效率一般达 99%以上，但会受到以下因素的影响。

（1）滤布的积尘状态

织物滤料的除尘效率受滤布积尘状况影响较大，清洁滤料（新的或清洗后的）滤尘效率最低，积尘后效率最高，振打清灰后效率有所下降。

（2）滤料结构

滤料的结构类型、表面处理的状况对袋式除尘器的除尘效率有显著影响。机织滤料滤尘效率较低，且清灰后效率急剧下降。针刺滤料容尘量大，能够形成强度高和较厚的多孔性粉尘层，且有一部分粉尘成为永久性容尘，因而滤尘效率高，清灰后效率降低不多。覆膜滤料，对一般粉尘可以获得接近“零排放”的效果。

（3）过滤风速

袋式除尘器的过滤风速是指含尘气体通过滤料的平均速度。若以 Q（m^3/h）表示通过滤布的含尘气体的流量，A（m^2）表示滤布面积，则过滤速度（v_F）为

$$v_F = \frac{Q}{60A} \tag{4-9}$$

过滤速度是表示袋式除尘器处理气体能力的重要技术经济指标，它的选取决定着袋式除尘器的一次性投资和运转费用，也影响袋式除尘器的过滤效率。

过滤速度的大小主要影响惯性碰撞和扩散作用。对粒径小于 1 μm 的微尘或烟雾，扩散起主导作用，粒子必须有一段足够的时间通过扩散以靠近捕集物，为增大η，须减少 v_F。对大于 1 μm 的较大粒子，惯性碰撞占主导地位，为提高η，须增大 v_F。所以，一般建议为过滤细尘，v_F 取 0.6～1.0 m/min；为过滤粗尘，v_F 取 2.0 m/min 左右。此外，v_F 的选取还与滤料的性质、清灰方式、含尘浓度等因素有关。

（二）袋式除尘器的结构形式

1. 袋式除尘器的结构形式

袋式除尘器的结构形式多种多样，根据不同的分类方法描述如下。

（1）按清灰方式分类

按清灰方式分类，袋式除尘器有简易清灰式、机械清灰式、逆气流反吹清灰式、移动气环反吹清灰式、脉冲喷吹清灰式、机械振动式和反气流联合清灰式以及声波清灰式等。几种典型的清灰方式如图 4-8 所示，其中（a）、（b）、（c）为机械清灰式。

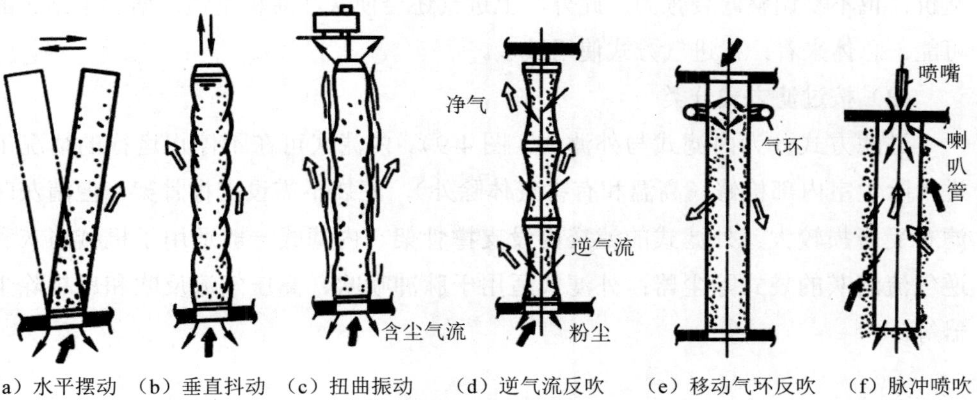

图 4-8　典型清灰方式示意图

机械振动式和逆气流反吹式属于间歇清灰方式，即将除尘器分为若干个过滤室，逐室切断气路，依次清灰。间歇清灰没有伴随清灰而产生的粉尘外逸现象，除尘效率高。移动气环反吹式和脉冲喷吹式属于连续清灰方式，可不切断气路，连续不断地对滤袋的一部分进行清灰。这种清灰方式压力损失稳定，适用于处理高浓度含尘气体。

（2）按滤袋形状和进气方式分类

滤袋形状分为圆筒袋和扁袋，圆筒袋结构简单，便于清灰，应用最广。其直径一般为 100～300 mm，最大不超过 600 mm；袋长一般为 2.0～3.5 m，最长可达 12 m。袋长与直径之比一般取 10～25，最大达 30～40，视清灰方式而异。扁袋的优点是单位体积内可比圆袋多布置 20%～40%的过滤面积，袋高一般为 600～1 200 mm，深为 300～500 mm，扁袋内用骨架或弹簧支撑。

进气方式分为上进气和下进气，如图 4-9 所示。下进气除尘器结构简单，只有下部一块花板；粗尘粒可直接沉降于灰斗中，只有 3 μm 以下的细尘接触滤袋，滤袋磨损小。但由于气流方向与粉尘下落方向相反，清灰后部分细尘会重新回到滤袋表面，降低了清灰效果，阻力也会增加。上进气时，气流与粉尘下落方向一致，有助于清灰，阻力可降低 15%～30%，除尘效率也有所提高。但因配气室设在壳体上部，增加了除尘器的高度，并且由于上部增加了一块花板，不仅提高了造价，也不易调整滤袋张力。此外，上进气还会使灰斗滞积空气，增加了结露的可能。总体来看，下进气方式使用较多。

（3）按过滤方式分类

过滤方式分为内滤式与外滤式（图 4-9）。内滤式可在不停止运行的情况下进入除尘室内部检修（高温和有害气体除外），滤袋不需设支撑骨架，但清灰时滤布受磨损较大。外滤式的滤袋内设支撑骨架。内滤式一般适用于机械清灰和逆气流清灰的袋式除尘器；外滤式适用于脉冲喷吹、高压气流反吹和扁袋除尘器等。

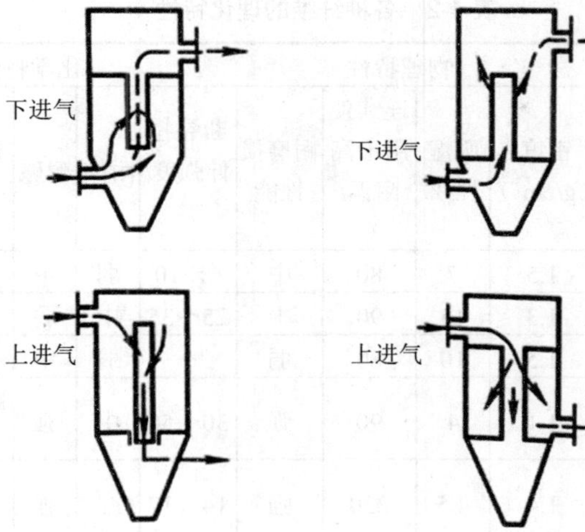

（a）外滤式　　（b）内滤式

图 4-9　袋式除尘器的结构形式

2．滤料特性

袋式除尘器的性能很大程度上取决于滤料的性能。对滤料的一般要求是：①除尘效率高，对微细粉尘也有很高的效率；②透气性好，过滤阻力小，清灰容易；③抗皱折性、耐磨、耐温及耐腐蚀性能好，使用寿命长；④尺寸稳定性好，使用过程中变形小；⑤成本低。这些要求难以同时满足，需要根据具体使用条件来选择滤料。

滤料按不同结构分为织物滤料（平纹、斜纹和缎纹）、无纺滤料（针刺毡）和覆膜滤料 3 类。按所用材质不同，可将常用滤料分为天然纤维、合成纤维、无机纤维（含金属纤维）3 类。

表 4-2 列出了各种滤料纤维的物理化学特性。其中玻璃纤维不适用于处理含氟化氢的气体。不锈钢纤维滤料适用于处理高温含尘气体，但价格高、阻力大。

表 4-2 各种纤维的理化特性

纤维		物理特性						化学特性			备注
		强度	密度/（g/cm^3）	吸湿性/%	连续使用最高耐温/℃	耐磨损性能	断裂拉伸强度/%	耐酸	耐碱	抗有机溶剂	
天然纤维	棉	强	1.5	7	80	中	6～10	弱	中	强	价廉
	羊毛	中	1.3	15	90	中	25～35	中	弱	强	—
	纸	弱	1.5	10	80	弱	—	弱	中	强	空气过滤用
有机合成纤维	聚酰胺（尼龙）	强	1.1	4	90	强	30～50	中	强	酚和浓甲酸	清灰性能良好
	芳香族聚酰胺（诺梅克斯）	强	1.4	4.5	220	强	14～17	强	强	强	抗水解性能差
	聚酯（涤纶）	强	1.4	0.4	130	强	20～40	强	中	酚	用途广
	聚丙烯腈（奥纶）	中强	1.2	1	120	中	30～50	强	中	热酮	—
	聚丙烯	强	0.9	0	80	中	80～100	强	强	中	—
	醋酸乙烯树脂（维尼龙）	强	1.3	5	110	强	15～25	中	强	弱	—
	聚四氟乙烯（PTFE）	中	2.3	0	260	弱	15～30	强	强	强	高温用，耐腐蚀性强，价格高
	聚苯硫醚（PPS）	强	1.4	0.6	180	强	20～40	中	强	强	耐腐蚀性强
无机纤维	玻璃纤维	弱	2.5	0～10	250	弱	3～5	中	中	强	高温用
	石墨化纤维	弱	2	0	300	弱	2～5	中	强	强	高温用，价格高
	不锈钢纤维	强	8	0	400	强	1～2	强	强	强	

（三）袋式除尘器的选择设计及应用

袋式除尘器的选型通常按照以下步骤进行。

① 确定除尘器的形式、滤料和清灰方式。首先应根据含尘气体的物理、化学特性和其他现场条件，确定除尘器的形式和所用的滤料。例如，当气体温度在

140～260℃时，可选用玻璃丝袋，对纤维性粉尘可选用表面光滑的滤料，如平绸、尼龙等；对一般工业粉尘，可采用涤纶布、棉绒布等；对细粉尘可选用呢料等。然后再根据要求的压力损失和含尘气体的浓度等确定清灰方式和清灰制度。

②计算过滤面积（A）如下式所示：

$$A=\frac{Q}{60v_F} \tag{4-10}$$

过滤风速（v_F）可根据含尘浓度、粉尘特性、滤料种类及清灰方式等确定。通常情况下对玻璃纤维滤袋，v_F 取 0.5～1.0 m/min；一般滤布，v_F 取 1～2 m/min。

③ 根据处理风量（Q）和计算出的总过滤面积（A）。

第四节　气态污染物控制技术

无机或有机的气态污染物不仅种类多、分布广，而且会在大气环境中发生转化和迁移，生成更为复杂的二次污染物，对大气环境质量影响很大，因而控制气态污染物的排放对大气环境质量的保护意义重大。烟气或废气中的气态污染物与载气形成的是均相体系，需利用污染物与载气的物理或化学性质方面的差异，经过物理、化学变化，使污染物的物相或物质结构发生改变，从而实现分离或转化。吸收、吸附和催化转化是主要的气态污染物控制方法，因此本节对吸收净化、吸附净化、催化转化的基本原理、工艺及设备进行介绍。

一、吸收净化法

（一）吸收净化法的基本原理

吸收净化法是利用气态污染物中各组分在液体吸收剂中溶解度不同，将其中某些污染物组分溶于吸收剂内，从而完成分离和净化。它是气态污染物控制的重要手段之一，具有效率高、主体设备较简单、投资费用适中等优点。吸收可分为物理吸收和化学吸收两类，采用化学吸收能大大提高单位体积液体所能吸收气态污染物的量并加快吸收速率。环境工程领域净化过程的特点是处理气量大、污染物浓度低、要求净化程度高，因而化学吸收常成为首选的手段。

（二）吸收工艺与设备

1. 吸收工艺

吸收净化气态污染物的工艺一般包括吸收剂制备、吸收净化、副产物处置 3 个基本单元，很多情况下也需要对废气进行除尘、降温等预处理，吸收净化后的洁净气体往往也需要除雾、升温等后处理。图 4-10 为典型的石灰石/石灰-石膏法烟气脱硫工艺流程，其脱硫装置由吸收剂制备系统、烟气吸收及氧化系统、脱硫副产物处置系统、脱硫废水处理系统、烟气系统、自控和在线监测系统等组成。锅炉烟气经进口挡板门进入脱硫增压风机，通过气-气换热器后进入吸收塔，洗涤脱硫后的烟气经除雾器除去带出的小液滴，再通过烟气换热器从烟囱排放。脱硫副产物（脱硫石膏）经过旋流器、真空皮带脱水机脱水成为脱水石膏。

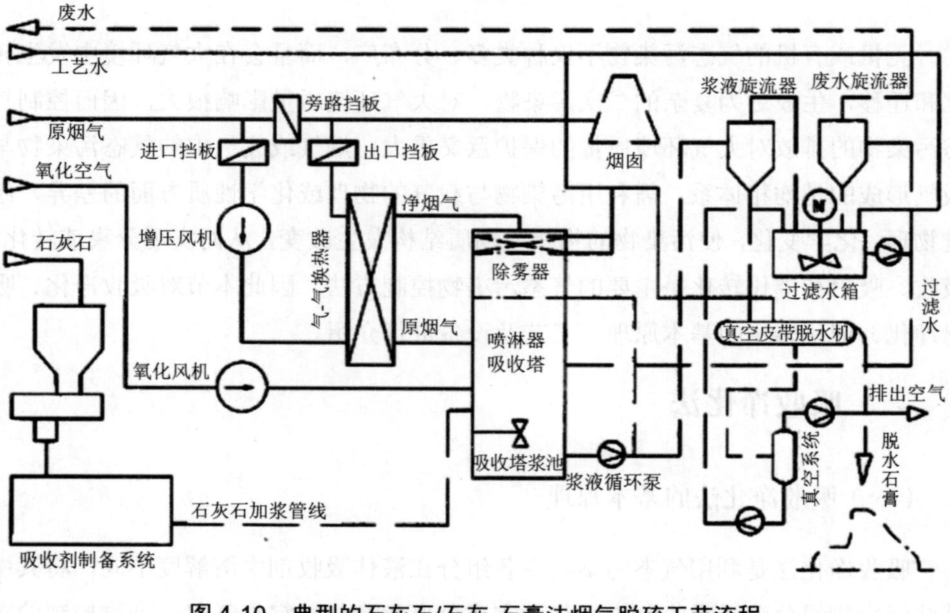

图 4-10 典型的石灰石/石灰-石膏法烟气脱硫工艺流程

2. 吸收设备

废气处理设备的选用根本上是由吸收过程是气膜控制还是液膜控制来决定的，一般气膜控制过程选用气相连续液相分散的设备，如喷射式吸收器、文丘里等；

液膜控制吸收过程则选用液相连续气相分散的设备，如鼓泡床；气膜、液膜阻力都不能忽略的过程，板式塔、喷淋塔则较为常用。提供充分的气液接触面是吸收设备的基本功能，除此还应具备进口流体均布、尾气除雾、腐蚀防护等性能。

气态污染物吸收设备常用的有填料塔、板式塔、喷雾塔、喷射文丘里等。

二、吸附净化法

利用多孔性固体处理流体混合物，使其中所含的一种或几种组分富集在固体表面，而与其他组分分开的过程称为吸附。由于吸附过程能有效地捕集浓度很低的有害物质，在气态污染物控制中的应用很广泛，如挥发性有机物（VOCs）的净化，低浓度二氧化硫和氮氧化物尾气的净化等。选择合适的吸附剂与工艺控制条件，通过吸附过程使废气达到较高的净化效率，也能提供吸附质的回收途径。

（一）吸附法基本原理

1. 物理吸附与化学吸附

吸附现象可分为物理吸附和化学吸附，实际上吸附过程往往是物理与化学吸附的共同作用，以某一种吸附方式为主。

对于吸附过程而言，吸附效果取决于吸附平衡和吸附速率两个方面。吸附平衡是吸附剂与吸附质长期接触后达到的理想状态；而吸附速率则体现了吸附过程与时间的关系，吸附设备的设计或吸附过程的强化一般从这两个方面考虑。

2. 吸附平衡

等温下，吸附达平衡时，吸附质在气、固两相中的浓度关系，一般用吸附等温线表示。吸附等温线通常根据试验数据绘制，也常用各种经验方程式——吸附等温式来表示。对于变温吸附过程，由于过程规律较复杂，难以采用模型处理，但可以根据温度的变化情况将变温过程划分为若干等温段来处理。

常用的吸附等温方程式有朗格缪尔方程、BET 方程①、弗伦德利希方程等。

---

① BET 方程：由布鲁诺（Brunauer）、埃麦特（Emmet）和泰勒（Teller）于 1938 年在兰米尔方程基础上提出的描述多分子层吸附理论的方程。

3. 吸附速率

在吸附层内，吸附平衡只表明了吸附过程进行的极限。在实际的吸附操作中，两相接触时间是有限的，因此，吸附量仍取决于吸附速率，吸附速率又因吸附剂及吸附质性质的不同而有很大差异。

吸附床内的吸附过程可分为：①外扩散气体组分从气相主体穿过颗粒周围的边界膜到达固体外表面；②内扩散气体组分从固体外表面扩散进入微孔道内，在微孔道内扩散到微孔表面；③吸附到达微孔表面的分子被吸附到吸附剂上，并逐渐达到吸附与脱附的动态平衡。脱附的气体经内、外扩散到达气相主体。对化学吸附过程，在第三步吸附之后还有一步。

因此，吸附速率取决于外扩散速率、内扩散速率及吸附本身的速率。物理吸附速率的控制步骤多为内、外扩散过程。对于化学吸附过程来说，其吸附速率的控制步骤可能是化学动力学控制，也可能是外扩散控制或内扩散控制。通常，较常见的情况是内扩散控制，而外扩散控制的情况则较少见。

（二）吸附设备与吸附剂

1. 吸附设备及流程

工业上的吸附过程，按吸附操作的连续与否可分为间歇吸附和连续吸附；按吸附剂的移动方式和操作方式可分为固定床、移动床、流化床和旋转床吸附等；按照吸附床再生的方法又可分为升温解吸循环再生（变温吸附）、减压循环再生（变压吸附）和溶剂置换再生等。下面重点介绍应用较多的固定床吸附器。

固定床吸附器多为圆柱形立式，内置格板或孔板，其上放置吸附剂颗粒。废气由格板下通入，向上穿过吸附剂颗粒之间的间隙，净化后的气体由吸附器上部排出。一般是定期通入废气吸附，定期再生，用两台或多台固定床轮换进行吸附与再生操作。图 4-11 即活性炭回收苯的固定床吸附系统。图中吸附器Ⅰ正在进行吸附，吸附器Ⅱ同时进行脱附、干燥与冷却。

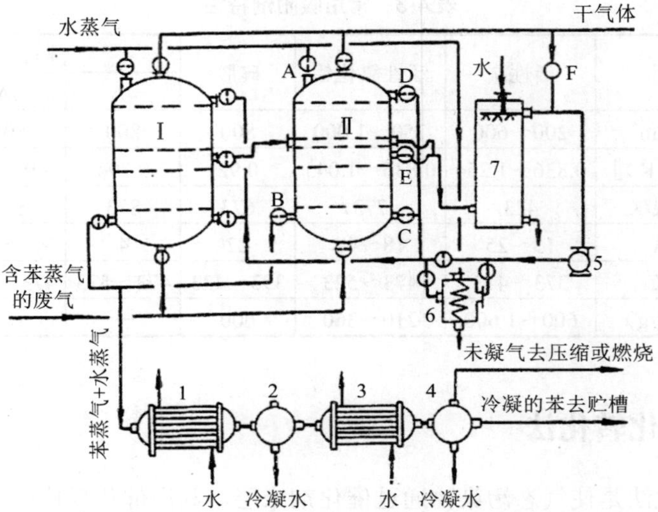

Ⅰ，Ⅱ—吸附器；1，3—间接冷凝器；2，4—气水分离器；5—风机；6—预热器；
7—直接冷凝器；A，B，C，D，E，F—阀门

图 4-11　活性炭吸附回收苯设备及流程

固定床吸附操作的优点是设备结构简单，吸附剂磨损小；缺点是间歇操作，吸附和再生操作须周期变换，因而操作复杂，设备庞大，生产强度低，在分离连续流动的气体混合物时，须设计多台并联吸附器相互切换。

2．吸附剂

合乎工业需要的吸附剂必须具备 5 个条件：①内表面巨大。例如，硅胶和活性炭的内表面积分别高达 500 m^2/g 甚至 1 000 m^2/g 以上。②具有选择性的吸附作用。③吸附容量大。吸附容量是指在一定温度和一定的吸附质浓度下，单位质量或单位体积吸附剂所能吸附的最大吸附质质量。吸附容量除与吸附剂表面积有关外，还与吸附剂的孔隙大小、孔径分布、分子极性及吸附剂分子上官能团性质等有关。④具有足够的机械强度、热稳定性及化学稳定性。⑤来源广泛、价格低廉。

工业上常用的吸附剂主要有活性炭、活性氧化铝、硅胶、沸石分子筛、吸附树脂、白土、粉煤灰等。常用吸附剂特性如表 4-3 所示。

表 4-3 常用吸附剂特性

吸附剂类别	活性炭	活性氧化铝	硅胶	沸石分子筛		
				4A	5A	13X
堆积密度/（kg/m^3）	200～600	750～1 000	800	800	800	800
热容/［kJ/（kg·K）］	0.836～1.254	0.836～1.045	0.92	0.794	0.794	—
操作温度上限/K	423	773	673	873	873	873
平均孔径/Å	15～25	18～48	22	4	5	13
再生温度/K	373～413	473～523	393～423	473～573	473～573	473～573
比表面积/（m^2/g）	600～1 600	210～360	600	—	—	—

三、催化转化法

催化转化法是使气态污染物通过催化剂床层，利用催化反应转化为无害或易于处理的物质的净化方法。该方法对特定污染物有较高的转化率，操作过程较简便，但催化剂成本较高。催化转化既可以使废气中的污染物在催化剂的作用下被氧化，也可以使废气中的污染物发生还原反应，目标是生成的产物低（无）毒无害。

（一）催化转化法基本原理

1. 催化作用

凡能加速化学反应趋向平衡而在反应前后其化学组成和数量不发生变化的物质，称催化剂（或称触媒），催化剂使反应加速的作用称为催化作用。催化作用具有以下两个基本特性：①催化剂只能加速化学反应速度，而不能使热力学上不可能发生的反应发生。对任意可逆反应，催化作用既能加快正反应速度，也能加快逆反应速度，而不改变该反应的化学平衡。②特定的催化剂只能催化特定的反应，即催化剂的催化性能具有选择性。

2. 催化剂

（1）催化剂的组成

除少数贵金属催化剂外，一般工业中常用的催化剂都为多组元催化剂，通常由活性组分、助催化剂和载体 3 部分组成。活性组分是催化剂的主体，是必须具备的组元，可单独对化学反应起催化作用。例如，一般催化燃烧用的催化剂有 V_2O_5、MoO_3、Ag、CuO、Co_3O_4、PdO、Pd、Pt、TiO_2 等，这些金属及其氧化物都是催化剂的活性组分。助催化剂本身无活性，但与活性组分共存时可以提高催化剂的活性。例如，催化 SO_2 氧化为 SO_3 的 K_2SO_4-V_2O_5 催化剂，K_2SO_4 的存在可使 V_2O_5 的活性大为提高。载体的功能是对活性组分起承载作用，使催化剂具有合适的形状与粒度，使之具有较大的比表面积，提高活性组分的分散度，增大催化活性，还具有传热、稀释和增强机械强度作用，可延长催化剂使用寿命。常用的载体材料有氧化铝、硅藻土、硅胶、活性炭、分子筛以及某些金属氧化物等。催化剂可做成球状、柱状、网状、蜂窝状等各种形式。图 4-12 是几种催化燃烧用催化剂模屉。

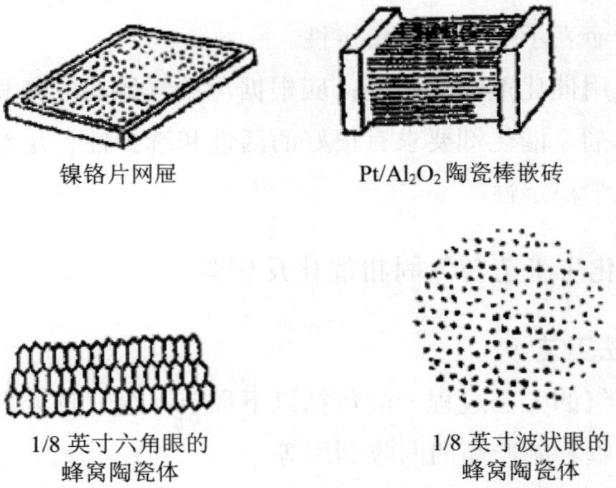

图 4-12　催化剂模屉

（2）催化剂的性能

衡量催化剂性能的指标主要有活性、选择性和稳定性。

催化剂活性是衡量催化剂效能的指标。在工业上，催化剂的活性常用单位体积（或质量）催化剂在一定条件（温度、压力、空速和反应物浓度）下，单位时间内所得的产品量来表示，即

$$A = W/W_{R}t \tag{4-11}$$

式中：A——催化剂活性，kg/（h·kg）；

W——产品质量，kg；

W_R——催化剂质量，kg；

t——反应时间，h。

催化剂的选择性是指当化学反应在热力学上有几个反应方向时，一种催化剂在一定条件下只对其中的一个反应起加速作用的特性，用 B 表示，即

$$B=\frac{\text{反应所得目的产物摩尔数}}{\text{通过催化剂床层后反应了的反应物摩尔数}}\times 100\% \tag{4-12}$$

催化剂在化学反应过程中保持活性的能力称为催化剂稳定性，包括热稳定性、机械稳定性和化学稳定性 3 个方面。这 3 个方面因素共同决定了催化剂的使用寿命，故常用寿命表示催化剂的稳定性。

催化净化法选用催化剂的原则是：应根据污染气体的成分和确定的化学反应来选择恰当的催化剂，催化剂要求有很好的活性和选择性、足够的机械强度、良好的热稳定性和化学稳定性。

（二）催化转化法工艺与气固相催化反应器

1. 催化转化法工艺

催化法治理废气的工艺过程一般包括以下环节：废气预处理、废气预热、催化反应、废热的回收和副产品的回收利用等。

（1）废气预处理

废气中含有的固体颗粒或液滴，会覆盖在催化剂活性中心上而降低活性，废气中的微量致毒物质，也会使催化剂中毒，在大多数情况下必须除去。可采用定期清除催化剂上的粉尘、沉积物的方法。

（2）废气预热

废气预热是为了使废气温度达到催化剂的活性温度，使催化反应具有一定的速度，否则反应速度缓慢，达不到预期的脱除效果，如选择性催化还原脱除 NO_x 废气的预热温度须达 200℃以上。

（3）催化反应

用来调节催化反应的各项工艺参数中，温度是一项很重要的参数，不仅直接决定了催化反应速率和反应平衡，还影响传质过程，因而对脱除污染物的效果及转化率都有很大影响，其选择与控制是催化法的关键。

（4）废热的回收和副产品的回收利用

废热的回收和副产品的回收利用，关系到治理方法的经济效益，进而关系到治理方法有无生命力的问题，因而必须予以重视。通常是将废热用于废气的预热。

2．气固催化反应器类型及选择

（1）气固催化反应器类型

工业应用的气固催化反应器按颗粒床层的特性可分为固定床催化反应器和流化床催化反应器两大类。采用最多的是固定床催化反应器，它具有床层内流体的流动轨迹较简单，催化剂用量少，反应器体积小，流体停留时间易于控制，催化剂不易磨损等优点，但床层轴向温度分布不均匀。

固定床催化反应器按温度条件和传热方式可分为绝热式与连续换热式；按反应器内气体流动方向又可分为轴向式和径向式。

（2）固定床催化反应器的选择

由于催化法净化气态污染物所处理的废气量大，污染物含量低，反应热效小，要想使污染物达到排放标准，应有较高的催化转化效率。固定床催化反应器的选择一般应遵循根据催化反应热的大小及催化剂的活性温度范围，选择合适的结构类型，保证床层温度控制在许可的范围内。此外，还要求床层阻力应尽可能小，气流分布要均匀。

目前在 NO_x 催化转化，有机废气催化燃烧及汽车尾气净化中，大都采用单段绝热式反应器。

第五节　典型大气污染物控制案例

在前述章节主要的气态污染物净化方法基本原理的基础上，本节将结合目前国内外大气污染控制重点领域的控制技术发展现状，介绍燃煤电厂烟气、汽车整车制造业表面涂装废气和机动车尾气的典型大气污染物控制案例。

一、燃煤电厂大气污染物控制

（一）燃煤电厂大气污染控制概况

电力工业是国民经济发展中最重要的基础能源产业，随着我国经济的发展，中国电力工业也得到了快速发展，改革开放四十多年来，发电装机容量增长了30倍。其中煤电占据相当大的比例，2021年中国发电量及全社会用电量分别为81 121.8亿kW·h、83 128 kW·h，同比分别增长9.4%、10.7%，相较2017年增长了18 364 kW·h、20 051 kW·h。社会用电需求规模的持续扩张，将直接拉动作为主力电源的火力发电需求量。2022年1—10月我国火电发电装机容量为13.16亿kW，同比增长2.5%，排放了大量的SO_2、NO_x、烟尘（颗粒物）和重金属汞及其化合物等。

在“十一五”规划和“十二五”规划期间，我国分别开始针对SO_2和NO_x实施严格的国家总量控制政策，通过提高排放标准、强化监测能力（如烟气在线监测系统CEMS）、配套经济激励（如环保电价制度）等综合手段，初步建立了对燃煤电厂污染物有效控制的综合体系。以排放标准为例，我国燃煤电厂大气污染物排放标准持续加严。《火电厂大气污染物排放标准》（GB 13223—2011）针对重点区域设立了特别排放限值，如NO_x排放浓度不得超过100 mg/m^3，是世界上最严格的排放限值。2013年以来，在“大气十条”的指引下，我国燃煤电厂排放标准持续提高，如2014年发布的《煤电节能减排升级与改造行动计划（2014—2020年）》，将新建燃煤电厂SO_2、NO_x、烟尘的排放限值分别进一步加严到35 mg/m^3、50 mg/m^3、10 mg/m^3。上述排放限值基本达到了燃气轮机组的水平，是全球最严格的超低排放标准。

截至2018年，我国已有8.1×10^8 kW煤电机组满足超低排放限值要求，占全国煤电总装机容量的80%。据电力行业统计数据显示，2018年我国单位火电发电SO_2、NO_x、烟尘排放量分别为0.2 g/（kW·h）、0.19 g/（kW·h）和0.04 g/（kW·h），比2013年分别下降了89.2%、90.4%和88.2%。我国已经建成世界最大的清洁节能燃煤发电体系，燃煤电厂大气污染防治技术目前已处于国际领先水平。

（二）燃煤电厂烟尘高效控制技术

目前，燃煤电厂除尘技术已形成以各类高效电除尘器、电袋复合除尘器和袋式除尘器为主的格局。2016 年火电厂安装电除尘器、袋式除尘器、电袋复合除尘器的机组容量分别占全国煤电机组容量的 68.3%、8.4%（0.78 亿 kW）、23.3%（2.19 亿 kW）。“十一五”至“十二五”期间，我国燃煤电厂烟尘排放限值经历了从 50 mg/m^3 到 30 mg/m^3 再到 10 mg/m^3 的三级跳，标准升级“倒逼”技术进步。低低温电除尘、湿式电除尘、移动电极电除尘等电除尘系列新技术迅速发展，并取得重大突破，使得除尘效率大幅提高，除尘系统能耗大大降低；而滤袋材质创新升级、结构改进、流场优化等也为电袋复合除尘、袋式除尘技术的推广应用提供了有利条件，为实现烟尘超低排放控制提供了技术支持和装备保证。

1. 高效电除尘技术

电除尘技术除尘效率高、适用范围广、运行费用较低、使用维护方便，是燃煤电厂普遍采用的除尘技术。但该技术的实际除尘效率受煤质、灰分成分、运行条件等影响较大，常出现高比电阻粉尘引起的反电晕、振打引起的二次扬尘及微细烟尘荷电不充分等问题，导致除尘效率下降。针对这些问题，迅速发展起来低低温、湿式、移动电极等电除尘新技术，以下逐一做简要介绍。

（1）低低温电除尘器

低低温电除尘技术是通过低温省煤器或热媒体气气换热装置（MGGH）降低电除尘器入口烟气温度至酸露点温度以下的电除尘技术。该技术工况下（一般为 90℃左右），烟尘比电阻大幅降低，烟气体积减小，从而除尘效率显著提高；烟气中气态 SO_3 在低温省煤器或 MGGH 中冷凝成液态的硫酸雾，黏附在粉尘上并被碱性物质中和，从而实现 SO_3 的有效去除；当采用低温省煤器时还可节省能耗。实际应用表明，低低温电除尘技术不仅能实现出口烟尘浓度稳定低于 20 mg/m^3，通过湿法脱硫装置出口烟尘浓度小于 10 mg/m^3 排放，还通过余热利用，降低煤耗 1.5 g/（kW·h）以上。典型低低温电除尘系统布置如图 4-13 所示。

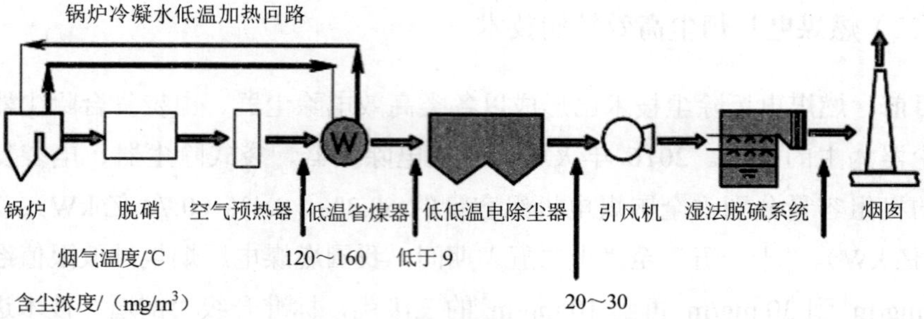

图 4-13 燃煤电厂低低温电除尘系统典型布置图

由于低低温电除尘器中烟气温度降低，SO_3 引起的电除尘器低温腐蚀影响增大，该技术目前多用于燃用低硫煤，灰硫比（低温省煤器入口烟气中烟尘质量浓度与 SO_3 质量浓度之比）大于 100 的电厂。同时烟尘比电阻降低会削弱捕集到阳极板上的粉尘静电黏附力，从而导致二次扬尘现象比常规电除尘器严重，应采取离场振打等措施以减少或避免二次扬尘。

（2）湿式电除尘器

湿式电除尘（WESP）的工作原理和常规电除尘器的除尘机理相同，都要经历荷电、收集和清灰 3 个阶段，不同的是清灰方式。湿式电除尘器采用液体冲刷集尘极表面来进行清灰，与干式电除尘器相比，具有无二次扬尘，除尘效率更高、可在烟气露点以下温度工作等优点，可有效收集微细颗粒物（$PM_{2.5}$ 粉尘、SO_3 酸雾、气溶胶）、重金属（Hg、As、Se、Pb、Cr）、有机污染物（多环芳烃、二噁英）等。对多家电厂的测试结果表明，WESP 对 $PM_{2.5}$ 的去除效率均高于 90%，烟尘排放浓度低于 5 mg/m^3，酸雾去除率超过 95%，烟气浊度降低至 10%，甚至接近零浊度排放。

但该技术设备投资费用较高，目前大多应用于燃煤电厂湿法脱硫之后含尘烟气的处理，布置于湿法脱硫装置后面，对细颗粒物、湿法脱硫产物气溶胶（石膏颗粒、硫酸铵盐等）等污染物实现进一步脱除，满足烟气超净排放的要求。

（3）移动电极电除尘器

移动电极电除尘器（图 4-14）采用可移动的收尘极板和旋转刷清灰方式，把整片阳极板分割成条状，用链条串联，阳极板在链条的牵引下运动，阳极板的下部设有旋转电刷，电刷不断把阳极板的粉尘刮落到灰斗。相较常规固定极板电除尘器，移动极板可实现更及时彻底地清灰，且清灰位置靠近灰斗下部，可以最大限度地减小二次扬尘，提高除尘效率；同时其结构更紧凑，运行电耗也较低，一个移动极板电场相当于 1.5～3 个固定极板电场的作用，而消耗的电功率仅为固定电极的 1/2～2/3。

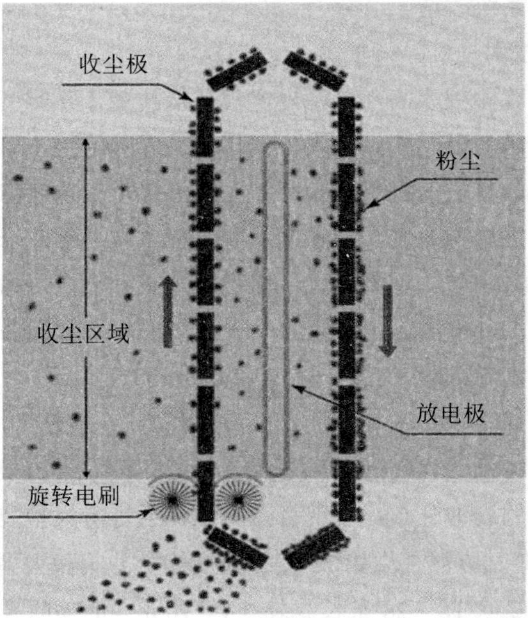

图 4-14　移动电极电除尘器结构示意图

移动电极电除尘技术对设备设计、制造、安装要求较高，应用时一般只在最后一个电场装设，采用“3 + 1 模式”（3 个固定电场+ 1 个移动极板电场），出口粉尘浓度可低于 20 mg/m^3。

2．电袋复合除尘技术

电袋复合除尘技术是将电除尘机理与袋式除尘过滤机理结合的除尘技术。利用前级电厂收集大部分烟尘，同时使烟尘荷电，利用后级袋区过滤剩余的烟尘，实现烟气高效净化。电袋复合除尘器充分利用了电除尘器电场捕集颗粒物绝对量大和荷电颗粒物的过滤除尘机制优势，使袋式除尘器的滤袋颗粒物负荷大大降低，阻力减少，清灰频次显著下降，从而使袋式除尘效率高，颗粒物适应性强的特点得到进一步发挥，最终使系统性能达到优化。

电袋复合除尘技术适用于国内大多数燃煤机组燃用的煤种的除尘，特别是高硅、高铝、高灰分、高比电阻、低硫、低钠、低含湿量的煤种。其除尘效率不受煤质、烟气工况变化的影响，可实现出口浓度稳定低于 5 mg/m^3，尤其适用于未达标的老机组除尘系统改造。

3．袋式除尘技术

袋式除尘技术除尘效率高，可稳定实现超低排放，是唯一可能满足燃煤电厂颗粒物超低排放要求的单一除尘技术。但传统袋式除尘技术难以适应燃煤电厂烟气量巨大，烟气成分复杂的特点。因此针对燃煤电厂超低排放的新要求，我国袋式除尘器通过不断的结构改进、技术创新和工程实践总结，在滤料、清灰、系统阻力等方面均有很大突破，逐步改善了运行阻力大、滤袋寿命短的问题，可实现烟尘稳定排放小于 10 mg/m^3、运行阻力小于 1 500 Pa、滤袋寿命大于 3 年的目标，最大配套单机容量为 600 MW。

（1）大型化袋式除尘技术

采用流场仿真技术，优化进出风方式，以及花板、导流板等结构，有效调节各通道和各室流场的均匀分布，实现百万千瓦机组等特大型袋式除尘器的气流均布。同时开发了长袋清灰技术，如 16 英寸大规格脉冲阀和大型低压脉冲清灰的适配技术和 4 英寸阀喷吹 18～28 条长滤袋（4～10 m）的喷吹技术。

（2）高精过滤和强耐腐滤料技术

采用聚四氟乙烯（PTFE）微孔覆膜滤料、超细纤维多梯度面层滤料等特殊结构，结合水刺法等先进后处理工艺，减小滤料表面孔径，增大孔隙率，有效防止细微粉尘穿透，提高过滤精度。同时研发聚苯硫醚（PPS）、聚酰亚胺（PI）、PTFE 等高性能纤维按不同组合、不同比例、不同结构进行混纺的系列滤料配方和生产工艺，形成 PTFE 基布+PPS 纤维、PPS+PTFE 混纺、PI+PTFE 混纺的多品种高强度耐腐蚀系列滤料，适用各种复杂烟气工况，延长滤袋使用寿命。

4．除尘技术的选择

电除尘、电袋复合除尘、袋式除尘均是达标排放可行技术。当电除尘对某煤种的除尘难易性为“较易”或“一般”时（评价方法见表 4-4），宜选用电除尘技术；当煤种除尘难易性为较难时，600 MW 及以上机组宜选用电袋复合除尘技术，300 MW 及以下机组可选用电袋复合除尘技术或袋式除尘技术。

表 4-4　电除尘器对煤种的除尘难易性评价方法

除尘难易性	煤、飞灰主要成分质量百分比含量所满足的条件（满足其中一条即可）
较易	a）Na_2O＞0.3%，且 S_{ar}≥1%，且（Al_2O_3+SiO_2）≤80%，同时 Al_2O_3≤40%； b）Na_2O＞1%，且 S_{ar}＞0.3%，且（Al_2O_3+SiO_2）≤80%，同时 Al_2O_3≤40%； c）Na_2O＞0.4%，且 S_{ar}＞0.4%，且（Al_2O_3+SiO_2）≤80%，同时 Al_2O_3≤40%； d）Na_2O≥0.4%，且 S_{ar}＞1%，且（Al_2O_3+SiO_2）≤90%，同时 Al_2O_3≤40%； e）Na_2O＞1%，且 S_{ar}＞0.4%，且（Al_2O_3+SiO_2）≤90%，同时 Al_2O_3≤40%
一般	a）Na_2O≥1%，且 S_{ar}≤0.45%，且 85%≤（Al_2O_3+SiO_2）≤90%，同时 Al_2O_3≤40%； b）0.1%＜Na_2O＜0.4%，且 S_{ar}≥1%，且 85%≤（Al_2O_3+SiO_2）≤90%，同时 Al_2O_3≤40%； c）0.4%＜Na_2O＜0.8%，且 0.45%＜S_{ar}＜0.9%，且 80%≤（Al_2O_3+SiO_2）≤90%，同时 Al_2O_3≤40%； d）0.3%＜Na_2O＜0.7%，且 0.1%＜S_{ar}＜0.3%，且 80%≤（Al_2O_3+SiO_2）≤90%，同时 Al_2O_3≤40%
较难	a）Na_2O≤0.2%，且 S_{ar}≤1.4%，同时（Al_2O_3+SiO_2）≥75%； b）Na_2O≤0.4%，且 S_{ar}≤1%，同时（Al_2O_3+SiO_2）≥90%； c）Na_2O＜0.4%，且 S_{ar}＜0.6%，同时（Al_2O_3+SiO_2）≥80%

（三）燃煤电厂硫氧化物高效控制技术

目前，我国火电行业脱硫技术已形成了以石灰石-石膏湿法脱硫为主，其他脱硫方法为辅的格局。截至 2019 年年底，全国已投运火电厂烟气脱硫机组容量约 8.8 亿 kW，占全国煤电机组容量的 93.0%，如果考虑具有脱硫作用的循环流化床锅炉，全国脱硫机组占煤电机组比例接近 100%。2017 年全国火电行业脱硫工艺以石灰石-石膏法为主，占比为 92.87%（含电石渣法等），海水脱硫占 2.58%、烟气循环流化床脱硫占比为 1.80%、氨法脱硫占比为 1.81%，其他占比为 0.93%。

1. 石灰石/石膏法

石灰石湿法烟气脱硫最早由英国皇家化学工业公司在 20 世纪 30 年代提出，具有技术成熟、脱硫剂价廉易得、脱硫率高（达 95%以上）、煤种与负荷适应性好、运行稳定等优点，成为应用最广泛的脱硫技术。该技术对 SO_2 入口浓度低于 12 000 mg/m^3 的燃煤烟气均可实现达标排放。

（1）反应机理

用石灰石（$CaCO_3$）浆液作脱硫剂，在吸收设备内与烟气中 SO_2 充分接触并反应，生成亚硫酸钙，以除去烟气中 SO_2；同时因烟气中含有氧，亚硫酸钙被氧化，最终生成硫酸钙。总反应方程式如下。

$$CaCO_3+SO_2+1/2H_2O \longrightarrow CaSO_3\cdot 1/2H_2O+CO_2$$

$$CaSO_3\cdot 1/2H_2O+1/2\ O_2+3/2H_2O \longrightarrow CaSO_4\cdot 2H_2O$$

（2）工艺流程

典型石灰石-石膏法工艺流程见图 4-15，其中包括烟气再加热系统、吸收和氧化空气系统、石膏脱水及存储系统以及脱硫废水处理系统等。

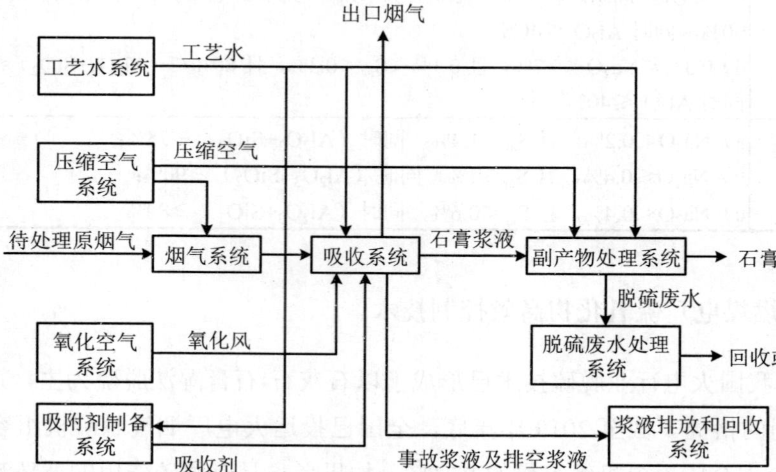

图 4-15 石灰石-石膏法工艺流程

（3）超低排放技术进展

针对燃煤电厂 SO_2 出口浓度不高于 35 mg/m^3 的超低排放要求，国内在引进消化吸收及自主创新的基础上形成了多种新型高效脱硫工艺，如石灰石-石膏法的传统空塔喷淋提效技术、复合塔技术和 pH 分区技术（包括单塔双 pH、双塔双 pH、单塔双区等）。

传统空塔喷淋提效技术是指基于空塔喷淋的原有吸收设备和吸收工艺，通过优化结构，实现脱硫装置提效和节能降耗的各类提效技术。如凹凸环双相提效、组合喷淋、深度氧化、超细吸收剂等自主技术，通过改善塔内气流分布的均匀性，改善塔壁区域的传质状况，解决吸收塔内 SO_2 逃逸和浆液挂壁的现象，实现提效。

复合塔技术是在脱硫塔底部浆液池及其上部的喷淋层之间以及各喷淋层之间加装湍流类、托盘类、鼓泡类等气液强化传质装置，提高气、液、固三相传质效率；并起到改善气液分布的作用，实现脱硫效率的提高。这些 SO_2 增效手段还有协同捕集颗粒物的功能。该类技术应用较多的工艺包括旋汇耦合、沸腾泡沫、旋流鼓泡、双托盘、湍流管栅等。

pH 分区技术是设置 2 个喷淋塔，或在 1 个喷淋塔内加装隔离体实施脱硫浆液的物理分区，或依赖浆液自身特点（流动方向、密度）形成自然分区，达到对浆液 pH 的分区控制。一部分脱硫浆液 pH 较低（4.5～5.3），以确保石灰石溶解和脱硫石膏品质，另一部分脱硫浆液 pH 则较高（5.8～6.4），以提高脱硫效率，确保超低排放。典型工艺包括单塔双 pH 循环、双塔双 pH 循环、单塔双区等。国内 300～1 000 MW 多种容量机组工程的应用表明，采用 pH 分区技术，脱硫效率可达 98%以上，有的甚至超过 99.5%，能够实现高硫煤电厂 SO_2 的超低排放。

2．循环流化床烟气脱硫工艺（CFB）

循环流化床脱硫工艺是利用循环流化床工作原理，使含有氢氧化钙等吸收剂的物料在吸收塔内多次循环，形成流化床体，完成吸收剂与烟气中 SO_2 及其他酸性气体（SO_3、HCl 等）反应，实现烟气净化的脱硫工艺，流程如图 4-16 所示。该系统由灰仓、流化床反应塔、废气再循环 EGR 和脱硫除尘器（袋式除尘器或电袋复合除尘器）等组成。反应塔下部为一文丘里管，烟气在喉部得到加速，在扩散段与加入的干消石灰粉和喷入的雾化水剧烈混合，发生如下反应，实现烟气中酸性气体净化。

$$Ca(OH)_2+SO_2 \longrightarrow CaSO_3 \cdot 1/2H_2O+1/2H_2O$$

$$Ca(OH)_2+SO_3+H_2O \longrightarrow CaSO_4 \cdot 2H_2O$$

$$Ca(OH)_2+2HCl \longrightarrow CaCl_2+2H_2O$$

喷入塔内的水雾反应后全部被蒸发，成为干态物料，流化床反应塔出口颗粒物的质量浓度高达 650～1 200 g/m^3，经脱硫除尘器除尘后，烟气温度为 70～75℃，由烟囱直接排放。从脱硫除尘器收集的干灰，一部分返回流化床反应塔以提高钙的利用率，另一部分送至灰库。

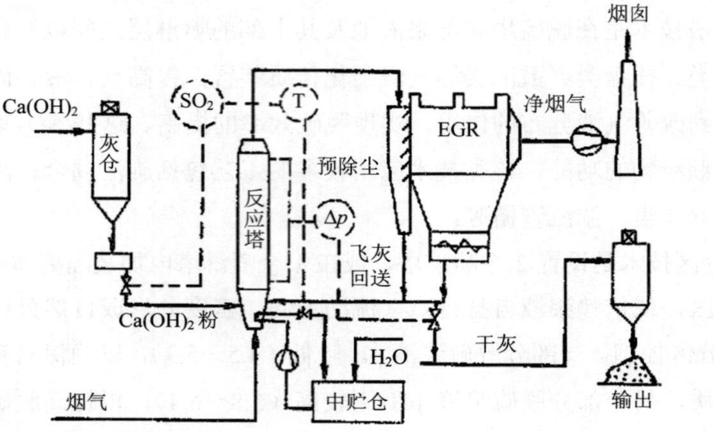

图 4-16 CFB 烟气脱硫系统

循环流化床脱硫技术具有工艺流程简单、占地面积小、节能节水、排烟无须再热、无废水产生等特点，特别是副产物为干态，便于处理处置。该技术脱硫效率可达 93%～98%，SO_2 入口浓度低于 1 500 mg/m^3 时可实现超低排放，适用于燃用中低硫煤或有炉内脱硫的循环流化床机组，特别适合缺水地区。

（四）燃煤电厂氮氧化物高效控制技术

目前，我国火电行业脱硝技术已形成了煤粉炉以低氮燃烧+SCR 烟气脱硝技术为主，循环流化床锅炉以低氮燃烧+SNCR 技术为主的格局。据中国环境保护产业协会脱硫脱硝专业委员会统计，当前钢铁行业完成超低排放主体改造工程的产能近 4 亿 t，累计投资超过 1 500 亿元。预计 2025 年之前还有约 4 亿 t 钢铁产能待改造，按平均吨钢投资 360 元计，市场空间将不低于 1 500 亿元。

1．锅炉低氮燃烧技术

低氮燃烧技术是通过合理配置炉内流场、温度场及物料分布以改变 NO_x 的生成环境，从而降低炉膛出口 NO_x 排放的技术，主要包括低氮燃烧（LNB）、空气分级燃烧、燃料分级燃烧等。

低氮燃烧技术具有不需要添加脱硝剂、改造容易、投资和运行费用低、运行简单等特点，是控制燃煤电厂 NO_x 排放的首选技术。但其减排效果易受燃烧方式、煤种、炉型和锅炉容量等因素影响。

低氮燃烧技术 NO_x 减排率可达 20%～50%。空气分级燃烧技术在燃用挥发分较高的烟煤时，配合低氮燃烧器使用，在不降低锅炉效率的同时，可实现 NO_x 减排率达 40%～60%，应用广泛。燃料分级燃烧 NO_x 减排率可达 30%～50%，对二次燃料要求较高，系统相对复杂，应用受到限制。

2．选择性催化还原脱硝（SCR）技术

选择性催化还原脱硝技术是在催化剂作用下，还原剂（液氨、氨水、尿素等）有选择性地将烟气中的 NO_x 还原为 N_2，达到脱除 NO_x 的目的。SCR 的脱硝效率可高达 90%，系统阻力一般控制在 1 400 Pa 以下，并对煤质变化、机组负荷波动有较强适应性。

SCR 的脱硝系统一般由还原剂储存系统、还原剂混合系统、还原剂喷射系统、反应器系统及监测控制系统等组成。由于现有商用催化剂 V_2O_5-WO_3（MoO_3）/TiO_2 催化剂的理想活性温度为 350～450℃，因此 SCR 反应器大多为高温高尘布置，置于锅炉省煤器之后、空气预热器之前（图 4-17）。

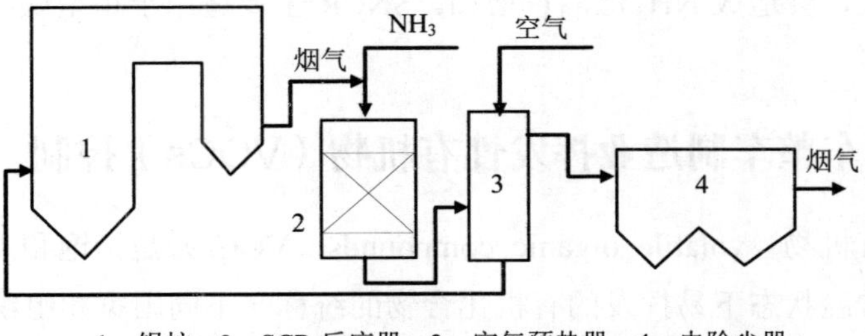

1—锅炉；2—SCR 反应器；3—空气预热器；4—电除尘器

图 4-17　反应器置于空气预热器前的 SCR 反应器

选择性催化还原技术的核心是催化剂。现有最广泛应用的是以二氧化钛为载体、V_2O_5为活性组分、WO_3或MoO_3为助剂的脱硝催化剂。近年来，我国在催化剂改进上取得很大进展。针对高灰分煤种，优化催化剂载体结构强度，提高催化剂耐磨损及耐冲刷性能；针对高硫分煤种，优化催化剂配方，降低催化剂SO_2/SO_3转化率；针对汞协同控制的问题，改进催化剂配方，提高零价汞的氧化率，结合湿法脱硫的洗涤除汞功能，实现协同脱除。

3．选择性非催化还原法（SNCR）

SNCR 法是在 950～1 050℃这一狭窄的温度范围内，无催化剂存在下，利用NH_3、尿素等氨基还原剂选择性地还原烟气中的NO_x。主要反应为

$$4NH_3+4NO+O_2 \longrightarrow 4N_2+6H_2O$$

实践证明，温度低于 900℃时，NH_3的反应不完全，会造成所谓的“氨穿透”；而温度过高，NH_3氧化为 NO 的量增加，导致NO_x排放浓度增高。所以，SNCR 法的温度控制至关重要。

SNCR 法的喷氨点应选择在锅炉炉膛上部相应温度的位置，为保证与烟气良好混合，一般将NH_3多点分散注入。大多数 SNCR 过程都会有部分NO_x被还原为N_2O，用NH_3还原时约有低于 4%的NO_x被还原为N_2O，而用尿素时则可达 7%以上。

SNCR 法无须催化反应器，投资少，费用低，运行维护简单。但其适宜温度范围窄，须有良好的混合及适宜的反应时间和空间。当要求高脱硝率时，NH_3/NO_x摩尔比需增大，会造成NH_3泄漏量增加。SNCR 主要适用于小型煤粉炉和循环流化床炉。

二、汽车整车制造业挥发性有机物（VOCs）控制

挥发性有机物（volatile organic compounds，VOCs）是指饱和蒸气压较高、沸点较低、常温状态下易挥发的有机化合物的统称（不同国家和组织定义挥发性有机物时，所用饱和蒸气压和沸点的标准有所差别），包括烷烃、烯烃、炔烃、芳香烃等非甲烷碳氢化合物（NMHCs）和醛、醇、酮、醚等含氧有机化合物（OVOCs）以及卤代烃等几大类。VOCs 是大气中有机二次气溶胶（secondary organic aerosol，

SOA）和臭氧（O_3）的主要前体物，在大气化学过程中扮演着极为重要的角色，对区域和全球气候环境问题均有影响。此外，一些 VOCs 还具有毒性和致畸、致癌性，严重危害人体健康。

汽车制造业作为我国主要的制造产业之一，近年来发展迅速。2019 年，我国共有汽车制造业企业 15 485 家，汽车制造业营业收入 80 846.7 亿元。汽车制造过程，特别是车身涂装环节，普遍使用溶剂型涂料，产生大量挥发性有机物，是挥发性有机物控制的重点行业。

（一）汽车制造行业挥发性有机物的来源与排放特点

汽车涂装工艺在整车、零配件生产等工艺中均要使用，涂装工艺是工艺流程最长、技术复杂程度最高的环节之一，也是目前公认的汽车制造过程中产生“三废”排放最多的环节之一。汽车涂装的各个工艺环节中，以喷涂工艺环节的污染最为严重。涂装工艺各环节 VOCs 产生情况分析如图 4-18 所示。

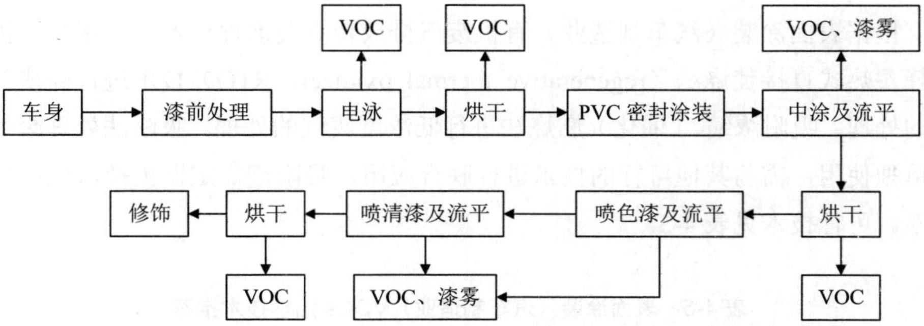

图 4-18 典型轿车涂装车间 VOCs 产物情况分析

汽车涂装工艺过程中 VOCs 主要产生于电泳、中涂和面漆的喷涂及烘干过程和塑料件加工的涂漆工序。根据涂装车间各个工艺环节的特点对涂装车间挥发性有机物排放情况进行分析。

（1）喷漆室废气

喷漆室排放污染物主要是漆雾和有机污染物，主要构成取决于喷漆室内涂装溶剂的有机物成分，根据汽车厂喷漆工艺使用主要喷漆种类分析，主要废气分为芳香烃、醇醚类和酯类。由于喷漆室需要及时排风，导致喷漆室排放的废气中，挥发性有机物的浓度较低。喷漆废气为常温常压，风量为 15 万～70 万 m^3/h，属于大风量低浓度废气。

（2）流平室废气

流平室的主要作用是在将已喷漆的汽车部件进行烘干之前进行晾置，故流平室与喷漆室所排放的废气成分基本相同，但流平室无加工环节，因此流平室内无喷漆漆雾，但有机气体总浓度偏大。

（3）烘干室废气

烘干室属于汽车涂装工艺的最后一步，在烘干过程中，由于温度较高，会造成除喷漆涂料的挥发以外，还会造成涂料的热分解和相关反应生成物的生成，导致烘干室废气成分复杂。烘干废气温度在 140℃左右，风量在 3 000～60 000 m^3/h，属于中小风量高浓度废气。

（二）VOCs 废气净化方法的选择

根据表面涂装（汽车制造业）有机废气排放特点及治理技术的适用性，优先选择蓄热式直接焚烧法（regenerative thermal oxidizer，RTO）技术进行高浓度废气的处理、吸附浓缩-（催化）燃烧法进行低浓度废气的处理。吸附法处理废气不能单独使用，需与其他可行的技术进行联合应用，吸附剂需定期更换，保证处理效率。可行技术见表 4-5。

表 4-5　表面涂装（汽车制造业）VOCs 治理技术推荐

治理技术	单套装置适用气体流量范围/（m^3/h）	适用 VOCs 浓度范围/（mg/m^3）	适宜废气温度范围/℃	适用生产工艺
RTO	＜100 000	1 000～1/4 LEL	＜800	适用于烘干室、闪干室废气
TNV	＜100 000	1 000～1/4 LEL	＜800	
RCO	＜5 000	1 000～1/4 LEL	＜350	
吸附浓缩-（催化）燃烧法	10 000～180 000	100～2 000	＜45	适用于喷涂、流平室废气
吸附法	1 000～60 000	＜200	＜45	

（三）热力燃烧法处理汽车涂装含 VOCs 废气

在实际应用中根据回收热能的方式不同，涂装废气热力燃烧工艺又可分为蓄热式催化燃烧法（regenerative thermal oxidizer，RTO）和热回收式热力燃烧法（TNV，德语 thermische nachverbrennung 的缩写，即 thermal recuperative oxidizer）。

RTO 是将工业有机废气进行燃烧净化处理，并利用蓄热体对待处理废气进行换热升温、对净化后排气进行换热降温。又分为两室 RTO 和三室 RTO，工作原理如图 4-19 和图 4-20 所示。以两室 RTO 流程为例，待处理的有机废气经引风机进入蓄热室 1 的陶瓷介质层（该陶瓷介质"贮存"了上一循环的热量）。陶瓷释放热量，有机废气吸收热量后，在燃烧室再燃烧升温至设定的焚烧温度，使其中的有机污染物被分解成 CO_2 和 H_2O。焚烧处理后，净化的高温气体从燃烧室进入蓄热室 2（在前面的循环中已被冷却），释放热量。净化的气体降温后离开蓄热室 2，经引风机排入大气。循环完成后，进气与出气阀门进行一次切换，进入下一个循环，废气由蓄热室 2 进入，蓄热室 1 排出。如此循环往复，废气得到不断处理。

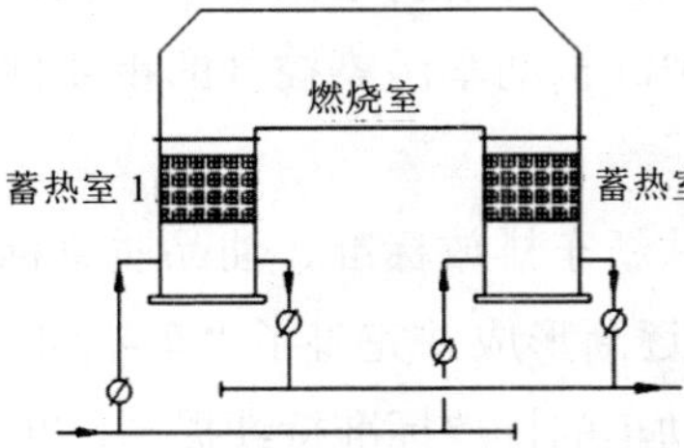

图 4-19　二室 RTO 装置工作原理图

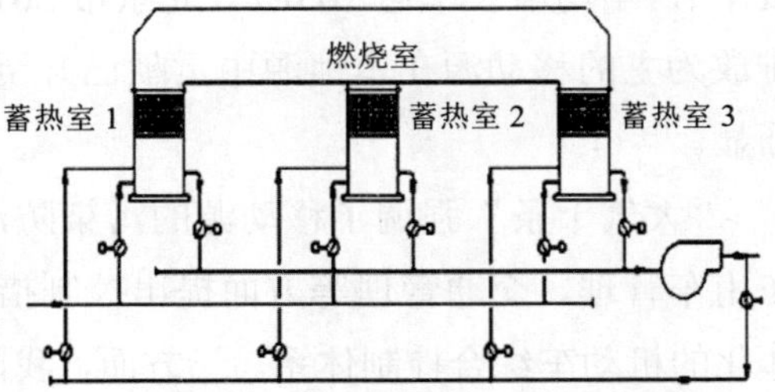

图 4-20　三室 RTO 装置工作原理图

TNV 的燃烧室和燃烧器部分与 RTO 基本相同，不同的是热回收方式，热烟气不仅与进口废气热交换实现进口气体的预热，降温后的热烟气还进一步通入烘干室，为气体烘干提供热量，实现更有效的热能回收。TNV 为集中供热系统，把废气处理和烘干室供热作为整体系统考虑节能，可根据实际用热情况把总热量合理分配到各供热区，整体节能效果理想。其工艺流程如图 4-21 所示。

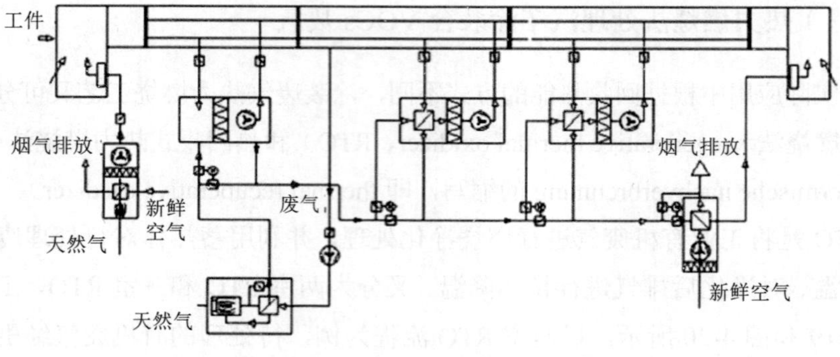

图 4-21 TNV 整体节能工艺流程

三、机动车尾气控制

近年来，机动车保有量的快速增加给我国的空气质量带来了严峻挑战。2000—2018 年，我国民用汽车保有量从 1.6×10^7 辆增至 2.3×10^9 辆（不包括摩托车和低速货车），年均增长率达 16.0%。北京市 2017 年 $PM_{2.5}$ 源解析结果显示，以机动车排放为主的移动源在本地源中贡献已升至 45.0%，机动车污染控制的重要性越发凸显。

“大气十条”强调了移动源的污染防治，从新车排放标准、油品质量标准、在用车管理、交通管理等方面提出控制措施，逐渐形成并完善了“车-油-路”一体化的机动车综合控制体系。一方面，我国机动车的排放标准持续提高，2016 年和 2018 年，分别发布了轻型车和重型车国Ⅵ标准；另一方面，重视油品质量的改善，加快淘汰黄标车和老旧车，鼓励采用新能源车，交通结构也持续改善；“车-油-路”的机动车综合控制体系得到了显著成效。

1998—2017 年，我国机动车的碳氢化合物（HC）、CO、$PM_{2.5}$ 排放量分别下降了 31.4%、51.0%和 46.7%。轻型汽油车排放控制成绩尤为突出，目前国Ⅴ轻型汽油车主要污染物排放较无控的国零水平降低了 98%以上。重型柴油车颗粒物排放削减显著，但其实际道路的 NO_x 排放控制仍然存在较大挑战。在今后一段时间内，柴油车 NO_x 排放控制仍是大气污染防治的主要任务之一。

（一）机动车大气主要污染物

机动车污染物主要来自发动机气缸的尾气排放、曲轴箱混合气体和燃油蒸发系统。

机动车排放的一次污染物主要有CO、HC（含苯、苯并[*a*]芘等）、NO_x、碳烟（主要是$PM_{2.5}$及其上面附着的HC和SO_2等）4种，其次还有SO_2、CO_2和醛类等。机动车排放到大气中的HC和NO_x在特定的气象和地理条件下形成光化学烟雾，其主要成分是O_3和过氧化酰基硝酸盐（PAN）等光化学过氧化产物。

机动车污染物的排放受到多种因素的影响，包括燃油的类型、发动机类型、设计制造条件、运行工况等。表4-6列出了汽油机和柴油机的4种主要污染物排放情况。从表4-6中可以看出，汽油机排出的污染物主要是CO、HC和NO_x，而柴油机排出的污染物主要是PM和NO_x。

表4-6　汽油机和柴油机的主要污染物排放情况

污染物	汽油机	柴油机	备注
CO排放比例/%	10	0.5	汽油机为柴油机的20倍以上
HC排放浓度/10^{-6}	＜3 000	＜500	汽油机为柴油机的5倍以上
NO_x排放浓度/10^{-6}	2 000～4 000	1 000～4 000	两者大致相当
PM排放量/（g/km）	0.01	0.5	柴油机为汽油机的50倍以上

机动车在不同的运转工况下，污染物的排放情况也有很大差别。怠速运转时CO排放量最大，NO_x排放量最小；等速行驶时NO_x排放量最大，HC最小；加速时，各种污染物的排放量均急剧增加，NO_x的增加尤为显著；减速时HC明显增加，NO_x减少。

（二）汽油车尾气的催化净化

汽油车排放的污染物主要来源于发动机，有害成分包括一氧化碳（CO）、碳氢化合物（HC）、氮氧化物（NO_x）、硫氧化物、铅化合物和苯并[*a*]芘等，其中CO、HC及NO_x是主要污染成分。在排气尾管安装催化转化器是应用最广泛，最有效的机外尾气净化方法。这里重点介绍最常见的三效催化转化器。

采用能同时对 CO、HC 和 NO 去除有催化作用的催化剂，利用排气中的 CO 和 HC 将 NO_x 还原为 N_2。

典型的汽油车尾气催化剂使用多孔蜂窝陶瓷载体，表面涂敷活性 Al_2O_3 以增大比表面积，负载铂（Pt）、钯（Pd）、铑（Rh）等贵金属或其他活性组分，另外还常添加 CeO_2 等稀土氧化物作为助催化剂提高催化剂活性。载体除陶瓷外，也有使用沸石分子筛、活性氧化铝、金属的。典型的整体多孔蜂窝状陶瓷载体，其蜂窝孔的内径约为 1 mm，在蜂窝孔内有大约 20 μm 厚的活性表层，孔间的壁面为多孔陶瓷材料，厚度为 0.15～0.33 mm，横截面上每平方厘米有 30～60 个通道，比表面积大多小于 1 m^2/g。由于汽油车排气温度变化范围大，运行路况复杂，因此，对催化剂载体的机械稳定性和热稳定性要求都很高。

（三）柴油车尾气的催化净化

由于柴油机车和汽油机车的工作过程和燃烧方式不同，造成柴油机车和汽油机车在排气成分和浓度上的差异。柴油车的 CO、HC 排放相对汽油车要少得多，不到它的 1/10；NO_x 排放，在大负荷时接近汽油机的水平，中小负荷时明显低于汽油机；而排放的颗粒物（碳烟）却是汽油机的几十倍甚至更多。目前国际上提出了四效催化转化器的概念，即在同一催化反应器中同时实现 HC、CO、NO_x 和颗粒物 4 种污染物的净化。

① 氧化催化剂。目前主要采用氧化型催化剂净化尾气排放微粒中可溶性有机成分（SOF）、气态的 HC 和 CO、臭味和其他一些有毒有机物（如 PAH、醛类等）。柴油机排放气体的温度低，SO_2 含量高，因此具有实用意义的催化剂必须在低温就能将 SOF 氧化的同时又可抑制 SO_2 氧化生成亚硫酸盐或硫酸盐的反应（增加颗粒物的排放并致催化剂中毒）。目前研究的催化剂活性成分多为 Pt、Pd 等贵金属，虽然 Pd 的活性不如 Pt，但产生的硫酸盐也要少得多，同时价格更便宜，另外用氧化硅代替氧化铝作为涂层也可减少硫酸盐的生成。载体也多采用蜂窝状陶瓷结构，以提高催化转化器的机械稳定性；催化剂最佳工作温度为 200～350℃。近年来，氧化催化转化器在德国的一些柴油机轿车上已得到应用。已经实用的柴油机排气净化催化剂，是两段型的。装置前段易和 SOF 接触的催化剂是对 SOF 具有低温活性和吸附量大的 Pt/Al_2O_3，后端则使用不易生成亚硫酸的 $Pd\text{-}Rh/SiO_2\text{-}Al_2O_3$

催化剂。这种催化剂对 SO_2 吸附小又对 SOF 具有吸附能力。使用该催化剂可以除去 30%的碳烟（在碳烟中所含 SOF 一般为 40%），SOF 减少 75%。

② 微粒捕集器也称柴油机排气微粒过滤器（diesel particulate filter，DPF）。它利用一种内部孔隙极小的过滤介质来捕集排气中的微粒，捕集到的绝大部分是干的或吸附着可溶性有机成分的碳烟颗粒。然后采取燃烧方式清除过滤器中收集的颗粒物，使颗粒捕集器再生后循环使用。过滤效率随过滤介质的不同而有所不同，一般对碳烟的过滤效率可达 60%～90%。应用最广泛的过滤介质有陶瓷泡沫体和壁流式陶瓷蜂窝体两种，金属丝过滤材料也有少量应用。

DPF 的关键技术是过滤器的有效再生。再生的方法是将捕集下来的碳烟颗粒氧化，目前最有前景的包括间歇加热再生和连续催化再生。连续催化再生是在过滤材料表面涂覆催化剂或在燃油中加入催化剂［如铈（Ce）、铜（Cu）、锰（Mn）］等，使微粒的起燃温度降至 300℃以下，可以在柴油机绝大部分工况下自动进行再生。DPF 具有装置简单，无须耗费外加能量等优点，因此带有连续再生的 DPF 系统目前被普遍看好，未来几年有望成为柴油机微粒净化的实用技术。

③ 贫燃条件下 NO_x 还原催化剂。柴油机是在贫燃条件下运行的，普通汽油车的三效催化剂不能用于控制柴油机 NO_x 的排放。这方面的技术目前正处于开发阶段，但由于柴油机排气中 O_2 浓度高，排气温度低，HC 和 CO 等还原剂的浓度很低，SO_2 和微粒易使催化剂中毒，因此开发难度相当大。铜或钴离子交换的分子筛催化剂如 Cu-ZSM-5 在贫燃条件下净化氮氧化物的效率很高，但是水热稳定性差，其活性受二氧化硫和水蒸气的影响很大。有人采用 Cu-ZSM-5 和 Au-Pt/TiO_2 双床层催化剂后使二氧化硫的影响明显得到了抑制。

④ 四效催化转化器。尽管可以将柴油机氧化催化剂、微粒捕集器和 NO_x 还原催化剂合三为一，做成整套的排气后处理装置，但其体积之庞大和成本之昂贵令人难以接受。如果能使微粒和 NO_x 互为氧化剂和还原剂，则有可能在同一催化床上同时除去 CO、HC、NO_x 和微粒，即所谓的四效催化转化器。近年来，对这种四效催化剂的讨论和基础性研究是环境催化领域的前沿问题。

一种以 Al_2O_3 为载体，Pt 含量为 2.471 g/dm^3 的四效催化剂，在 SO_2（体积分数为 48×10^{-6}）和水蒸气（10%）的条件下，CO 和 HC 的转化率均接近 90%，颗粒物的净化率也有 40%以上，但氮氧化物的还原率很低，只有 10%。这主要是由于在柴油机尾气中，大部分氮氧化物是在高负荷的高温状况下产生的，而此时 HC 的氧化已进行得较为完全，没有足够的 CO 用来还原氮氧化物；而且 Pt/Al_2O_3 催化剂在 260～280℃的温区内有高活性，但排放氮氧化物最多时的尾气进入催化转化器的入口温度却不在这个温度范围内。因此设计既要氧化 HC、CO、微粒，又要还原氮氧化物的四效催化剂相当困难。

参考文献

[1] 童志权．大气污染控制工程[M]．北京：机械工业出版社，2006.

[2] 郝吉明，马广大，王书肖．大气污染控制工程[M]．3 版．北京：高等教育出版社，2010.

[3] 羌宁，季学李，刘涛．大气污染控制工程[M]．北京：化学工业出版社，2015.

[4] 沈恒根，苏仕军，钟秦．大气污染控制原理与技术[M]．北京：清华大学出版社，2009.

[5] 郦建国，郦祝海，何毓忠，等．低低温电除尘技术的研究及应用[J]．中国环保产业，2014（3）：28-34.

[6] 莫华，朱法华，王圣，等．湿式电除尘器在燃煤电厂的应用及其对 $PM_{2.5}$ 的减排作用[J]．中国电力，2013，46（11）：62-65.

[7] 工业和信息化部，科技部，环境保护部，等．国家鼓励发展的重大环保技术装备目录（2014 版）[Z]. 2014-12-19.

[8] 环境保护部．2015 年中国环境状况公报[R]. 2014-04-05.

[9] 第一次全国污染源普查资料编纂委员会．污染源普查产排污系数手册[M]．北京：中国环境科学出版社，2011.

[10] 孙一坚，沈恒根．工业通风[M]．4 版．北京：中国建筑工业出版社，2010.

[11] 环境保护部，国家质量监督检验检疫总局．环境空气质量标准（GB 3095—2012）[S].

[12] 向晓东．除尘理论与技术[M]．北京：冶金工业出版社，2013.

[13] 王纯，张殿印．除尘工程技术手册[M]．北京：化学工业出版社，2016.

[14] 中国环境保护产业协会袋式除尘委员会．袋式除尘行业 2014 年发展综述[J]．中国环保产业，2015（11）：4-14.

[15] 全国环保产品标准化技术委员会环境保护机械分技术委员会．电袋复合除尘器[M]．北京：中国电力出版社，2015.

[16] 董飞，刘欣．我国大气重金属污染研究及展望[J]．科技向导，2001，4（9）：204.

[17] 史亚微，白中华，姜军清，等．中国烟气脱汞技术研究现状及发展趋势[J]．洁净煤技术，

2014，20（2）：104-108.

[18] 周强，段钰锋，朱纯，等．燃煤电厂控制汞排放的活性炭喷射技术[C]．江苏省工程热物理学会学术会议，2012.

[19] 杨员，张新民，徐立荣，等．中国大气挥发性有机物控制问题及其对策研究[J]．环境与可持续发展，2015，40（1）：14-18.

[20] 邵敏，董东．我国大气挥发性有机物污染与控制[J]．环境保护，2013，41（5）：24-28.

第五章　土壤生态环境污染与防治

第一节　土壤生态环境污染与污染物

一、土壤及土壤圈

（一）土壤

土壤是孕育万物的摇篮，人类文明的基石，是自然环境要素的重要组成部分之一。我们生活在地球上，每时每刻都与土壤发生着密切的关系，世界上任何民族的语言中均可找到“土壤”一词。公元前 3 世纪，中国古籍《周礼》就曾描述“土”为“万物自生焉则曰土”，描述“壤”为“以人所耕而树艺焉则曰壤”，从农耕的角度定义了土壤。从中国古代对“土壤”这一词的定义中不难看出，古人认为土壤是万物的摇篮，是生命的起源，更是人们生活不可或缺的物质基础。

不同学科的科学家对土壤也有着不同的观点和认识。土壤学、植物学和农业科学家强调土壤是地球陆地表面上能生产绿色植物的疏松多孔结构，是由矿物质、有机质、水和空气组成的具有孔隙结构的介质表层；水利学家强调土壤是贮水和输水的多孔介质；工程专家将土壤看作建筑物的基础和工程材料的来源；生态学家从生物地球化学观点出发，认为土壤是地球系统中生物多样性最丰富、能量交换和物质循环最活跃的层面；地质学家则将土壤看作地球陆地表面的一个疏松的薄层，认为土壤是近代地质作用所形成的地壳风化产物。而环境科学家更强调土壤的环境因素及环境效应，认为土壤是极其重要的自然环境要素，是具有吸附、分散、中和、降解环境污染物功能的缓冲带和过滤器。

人们目前从土壤的功能、作用、形成发育等方面深化了对土壤的认识和理解，根据当代土壤物质循环的观点，土壤是在地球表面生物、气候、母质、地形、时间等因素综合作用下所形成的、处于永恒变化中的疏松矿物质与有机质的混合物，与形成它的岩石和沉积物相比，土壤具有化学和生物学特性的独特疏松多孔结构。该论述更接近土壤本质的描述，同时依赖于对土壤组成、功能与特性较为全面的理解。

（二）土壤圈

1．土壤圈概念

地球表面存在的水圈、大气圈、生物圈、土壤圈和岩石圈是地球生态系统的五大圈层，土壤圈则是处在地球表面，连接着其他 4 个圈层的自然生态环境要素，如图 5-1 所示。

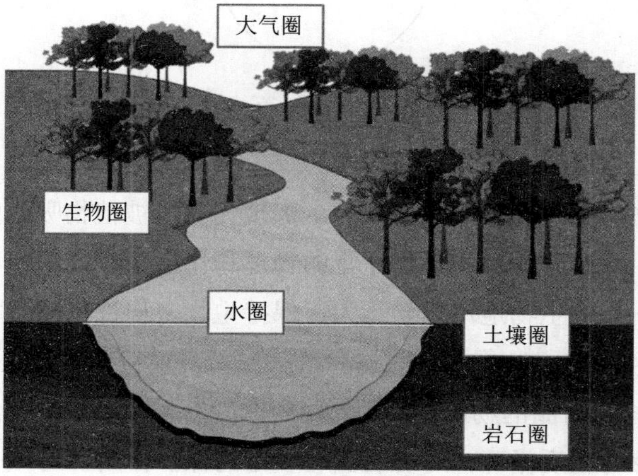

图 5-1　地球自然生态环境圈层

土壤圈是覆盖于地球陆地表面和浅水域底部的土壤所构成的一种连续体或覆盖层，是岩石圈顶部经过漫长的物理、化学和生物等作用形成的产物。土壤圈处于大气圈、水圈、生物圈和岩石圈的界面及中心位置，是最活跃和最富生命力的圈层，它与其他圈层间进行着永恒的物质、能量交换。土壤圈层中的土壤类型、土壤空间格局、土壤剖面构型与土层厚度等特征都处于不断发展变化之中，土壤在空间和时间上的差异性均体现了生态与环境的演替性。

2. 土壤圈生态功能

土壤圈处于地球各圈层的中心位置及交接处，如图 5-2 所示，土壤圈内各种元素的迁移与物质交换过程包括以下 4 个方面。

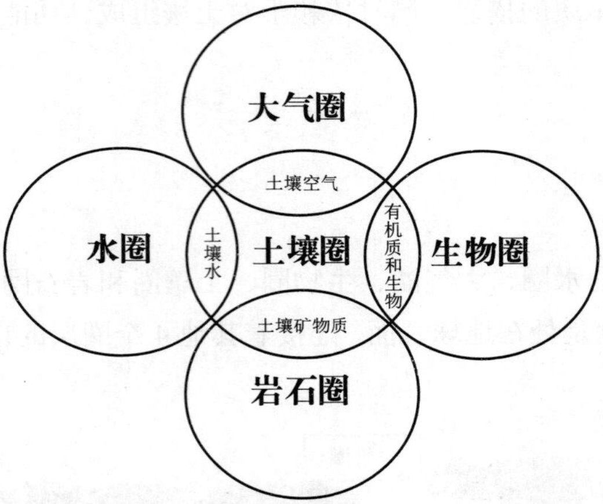

图 5-2 地球自然生态环境圈层间相互联系

① 土壤圈与生物圈的养分元素循环，表现为元素被植物吸收的生物迁移与交换，提供植物生长的养分、水分与适宜的物理和化学条件，决定自然植被的分布与演替；影响元素的生物地球化学行为；保持生物多样性，对土壤有机质形成及生物多样性产生影响。

② 土壤圈与岩石圈的物质循环，表现为以岩石为基础的成土过程中金属与非金属元素的迁移与物质循环；对岩石圈有一定的保护作用，可减少各种外应力。

③ 土壤圈与水圈的物质循环，表现在水分运动及其对土壤圈元素的迁移作用，以及土壤中化学元素的迁移对地表水、地下水的影响；影响降水在陆地和水体的重新分配；影响水分平衡、分异、转化及水圈的化学组成。

④ 土壤圈与大气圈的大量气体及痕量气体交换，影响大气圈的化学组成、水分与热量平衡，吸收氧气，释放 CO_2、H_2S 和 N_2O 等，对全球大气变化和空气质量有明显影响。

3. 土壤圈生态环境对水、大气环境质量的调控作用

土壤承担着环境中大约90%、来自水圈和大气圈的污染物，要做好大气、水环境与土壤的协同保护、防治与研究。例如，水环境的质量取决于土壤圈，土壤介质可控制水中有害物质的浓度是因为土壤与水体中的有害物质可发生以下反应：① 土壤是一种含有固体和水的不均匀适性物质，这些固体具有独特的物理化学性质，从而影响水中有害物质浓度；② 土壤是具有较大表面积的固体，可作为多种物理和化学反应（如水解、氧化、还原、离子交换及固定反应等）的媒介；③ 土壤含有大量的土壤水，因而在土壤中也可发生许多水化学反应；④ 土壤含有大量的微生物，它们具有的各种酶可催化水中物质的转化与降解；⑤ 土壤是一个复杂的缓冲体系，它缓冲了水中多种有害物质的浓度，但如果有害物质保持在土壤的交换位和有机质与矿物质的吸附位上，则有可能重新释放到水中。

土壤作为介质还可控制大气有害物质的浓度，如一些挥发性有机化合物也会由土壤空气或土壤表面释放到大气中。这些反应直接影响挥发性有害物质对人体健康的影响，并且温室气体中人们熟知的甲烷（CH_4）和氧化亚氮（N_2O）等，可通过水田土壤中的化学反应释放。

二、土壤生态环境污染

（一）土壤生态环境污染的概念

土壤生态环境污染是指人类活动产生的污染物通过不同的途径输入土壤环境中，当其数量和速度超过了土壤的净化能力，使土壤的生态平衡被破坏，导致土壤环境质量下降，影响植物的正常生长发育或在作物体内累积污染物，或对水体或大气产生次生污染，危害人体健康，甚至危及人类生存和发展的现象。

随着现代农业的发展，为提高单位面积产量而不断增加的化肥和农药的投入量，为缓解水资源紧缺而采用的污水灌溉，为提高土壤有机质含量而施用的污泥和有机生活垃圾等，这些过程和措施都使农田土壤环境中污染物质的累积量逐渐增加，最终导致农田土壤生态环境污染。

工业化进程的快速发展，导致目前土壤中存在多种人为生产和使用的有机或无机污染物质。同时，随着城市化进程的加快，数以万计的化工、冶金、钢铁、

轻工、机械制造等行业的企业搬迁后遗留的场地，成为当前土壤生态环境问题的主要源头。城镇工业企业搬迁地土壤往往受挥发性有机污染物、重金属等多种污染物的污染，污染程度重、污染分布相对集中；特征污染物因地而异，通常有农药、卤代烃、多环芳烃、石油、重金属等；污染土层深度可达数米甚至数十米，地下水同时受到污染。随着越来越多的城市工业用地转变为绿化、娱乐等公共用地或居住用地，潜在的土壤污染问题将逐渐暴露并影响城市生活质量。

随着土壤资源面积和承载力的有限性，与不断增长的人民生活需求之间的矛盾日益增大，人类过度利用土壤将对土壤资源的压力增大，导致土壤的经济肥力逐年降低，而且人类对土壤自然肥力的掠夺式利用增加，会加快出现土壤生态失衡、土壤微生物区系失调、水土流失、土壤沙化、次生盐渍化、潜育化和肥力下降等土壤退化现象，耕地土壤资源锐减。因此，土壤生态环境问题不能仅限于治理污染土壤，而且更应当注意维持土壤生态系统的健康与平衡。

（二）土壤生态环境污染问题的特征

土壤多介质、多界面、多组分、非均一相等复杂的特征，决定了土壤生态环境污染问题具有与水环境污染及大气环境污染不一样的特征。土壤生态环境污染问题有以下三大特征。

1. 隐蔽性或滞后性

水体和大气的污染比较直观，严重时通过人的感官即能发现。而土壤污染则往往要通过农作物（包括粮食、蔬菜、水果或牧草）以及摄食这些农作物的人或动物的健康状况才能反映出来，而且从遭受污染到产生严重后果有一个逐步积累过程，所需时间较长，即土壤污染的发现具有隐蔽性或潜伏性。比如发生在日本的第二公害——痛痛病，该病 20 世纪 60 年代发生于富山县神通川流域，直至 70 年代才基本证实其原因之一是当地居民长期食用被含镉废水污染了的土壤所生产的“镉米”所致（重病区大米 Cd 含量平均为 0.527 mg/kg），此时致害的那个铅锌矿已经开采结束了，其间历经约 20 年。

2. 不可逆性

土壤一旦遭到污染后极难恢复，重金属元素对土壤的污染是不可逆的，而许多有机化学物质的污染也需要较长的降解时间。土壤本身具有净化作用，但由于污染物在土壤中挥发、稀释、扩散、降解等，被土壤胶体吸收脱离生物循环，从而使污染物浓度变低的过程比较漫长，往往需要数十年的时间，比如，现在农业生长中使用的农膜，是一种聚烯烃类的高分子聚合物，在土壤中不易降解，农膜分子量一般在 2 万以上，至少需要 200 年才能降解。

3．累积性或地域性

进入土壤环境中的污染物，不会像水体污染物或大气污染物那样容易扩增，而是在土壤胶体颗粒中发生蓄积，这样使得特定区域长期不断地积累污染物，从而使土壤环境中的污染物浓度增加，加深土壤污染现象。浙江省某区是长江三角洲区域民营经济飞速发展的典型代表，其中废旧电子垃圾的资源回收已经成为当地的重要支柱产业，但其拆解手段和技术落后，给该地区局部农田土壤带来了严重的酸化和重金属混合污染的环境问题。2009 年，研究人员再次检测该地区的有机氯农药，发现浓度已超过荷兰土壤标准的目标值，如表 5-1 所示。这也说明了化学物质在土壤中存在累积性的特征。

表 5-1 典型地区农田土壤中有机氯农药的组成及含量

化合物	最大值/（μg/kg）	最小值/（μg/kg）	平均值/（μg/kg）	检出率/%	荷兰土壤标准值/（μg/kg）
α-HCH	1.47	0.32	0.91	100	2.5
β-HCH	2.84	1.69	2.03	95	1
γ-HCH	8.31	nd	4.93	95	0.05
δ-HCH	21.28	5.23	11.55	100	—
∑HCH	33.11	10.61	19.42	—	10
p,p′-DDE	12.54	2.87	6.10	100	—
o,p′-DDT	15.39	3.55	7.48	100	—
p,p′-DDD	5.50	nd	1.04	55	—
p,p′-DDT	14.81	2.25	4.24	100	—
∑DDT	33.28	11.36	18.86	—	2.5

注：nd 表示低于检出限；—表示无相应数值。

（三）土壤生态环境污染来源

土壤生态环境污染源可分为天然源和人为源。天然源是指自然界自行向环境排放有害物质或造成有害影响的场所，此种状况一般称为自然灾害。人为源是指人类活动所形成的污染源，是研究的主要对象，而在这些污染源中，化学物质对土壤的污染是人们最为关注的。按照物质或制剂进入土壤的途径的不同，土壤污染来源可分为污水灌溉、固体废物的利用、化肥和农药的施用、大气沉降物等。

1. 大气沉降

大气对土壤中各种元素的含量具有明显的影响，而大气中的大多数重金属是经自然沉降和雨淋沉降进入土壤，其中，气源重金属微粒是造成土壤重金属侵袭累积或污染的重要途径，它的成分主要是金属飘尘。在金属加工过程中，在交通繁忙的地区，往往伴随有金属尘埃进入大气，这些飘尘自身降落或随着雨水接触植物体或进入土壤后，其中的有害物质有可能随之为植物或动物所吸收，在大气污染严重的地区有害物质在作物体中也有明显的累积。

2. 污水灌溉

污水灌溉是指已经经过处理并达到灌溉水质标准要求的污水为水源所进行的农田灌溉，但生产实践中大部分污水未经处理就被直接利用（表 5-2）。由于在一个相当长的时间内，我国污水的处理率和排放达标率均较低，用这样的污水灌溉后，使一些灌区土壤中有毒有害物质明显累积。

表 5-2 污水灌溉主要污染物及其来源

污染物及来源		重要来源
固体污染物	主要污染物	泥沙、炉渣、铁屑、煤灰
	来源	选煤、钢铁、火力发电、造纸、制糖、肉联、制革
有机污染物	主要污染物	碳水化合物、脂肪、蛋白质
	来源	生活污水和某些工业废水
有毒、有害物质	主要污染物	氰、汞、镉、铬、铅、砷、有机磷、酚、醛、苯、硝基化合物
	来源	机械加工、化工、选矿
植物营养物质	主要污染物	氮、磷、钾、微量营养元素
放射性污染物	来源	原子能工业、使用放射性物质的工业企业和医院排出的废水
酸碱无机物	来源	选煤厂、造纸厂、钢铁厂等工业废水、生活污水和城市冲刷水

污染物及来源		重要来源
生物污染物	主要污染物	蛔虫、蠕虫和其他类型寄生虫和病菌
	来源	城市污水、工业废水
油类物质	来源	食品加工业、脂肪提炼与加工业、肥皂制造业、人造黄油和石蜡制造业

3．化肥和农药的施用

化肥和农药是农业生产中不可或缺的消耗品，但是不恰当或过量的施用，以及在生产、储存、运输、销售等过程都可能对环境产生不良影响。农药在施用后，有一半以上会流入土壤生态环境中，虽然可通过生物降解、光解和化学降解作用，降低部分农药的土壤残留浓度，但对于有机氯类的长效农药来说，土壤中的降解速率十分缓慢。

化肥的问题一是来自不合理施用和过量施用，导致土壤养分平衡失调，并同时引入大量的其他污染物。农田大量使用氮肥和磷肥，可导致多余的土壤氮素和磷素进入地下水，造成河川、湖泊和海湾的富营养化现象，使藻类等水生植物生长过多。二是施用的肥料中含有有害物质，尤其是磷肥中重金属含量也是一个不容忽视的问题。另外，过磷酸钙、磷矿粉、钙镁磷粉等肥料中，还往往含有砷、铅、铬等重金属，最高浓度可达 1 057 mg/kg，大量施用化学磷肥，将不可避免地引入重金属。

4．固体废物

固体废物是各种污染物的集合体，通常含有多种污染成分，在自然条件下，这类废物在堆放或处理过程中，污染物经雨水冲洗、风化淋溶等方式进入土壤，一些有害成分也会转入土壤，参与土壤生态系统的物质循环，可对城市生态环境产生长期的潜在性危害，阻碍城市经济环境的进一步发展。常见的固体废物包括：① 工业固体废物，包括冶金固体废物（如高炉渣、钢渣、赤泥、有色金属渣等）、燃料灰渣（如粉煤灰、煤渣、烟道灰、页岩灰等）、化学工业固体废物（如硫酸渣、废石膏、盐泥废石、化学矿山尾矿渣等）、石油工业固体废物（如碱渣、酸渣等）、粮食、食品工业固体废物等。② 城市生活垃圾（如家庭垃圾、食品垃圾、零散垃圾、市场垃圾、街道扫集物、医院垃圾、建筑垃圾及粪便等）。③ 具有易燃性、易爆性、化学反应性、腐蚀性、急性毒性、慢性毒性、生态毒性或传染性，而对人类生活环境产生危害的危险废物（如冶炼渣、化学废物废料及母液、核燃料生产、加工产生的放射性废物等）。

三、土壤环境污染物

（一）土壤重金属污染及其环境迁移转化特征

1. 土壤重金属污染

重金属是指比重大于 5.0（密度大于 4.5 g/cm^3）的金属元素。目前环境中常见的重金属包括铜、铅、锌、锡、镍、钴、锑、汞、镉和铋等。重金属污染是指由于人类活动将重金属带入土壤，致使土壤中重金属含量明显高于环境背景值，并造成现存的或潜在的土壤质量退化、生态与环境恶化的现象。我国受镉、砷、铬、铅等重金属污染的耕地面积近 2 000 万 hm^2，约占总耕地面积的 1/5。

2. 土壤重金属的存在形态

重金属形态是指重金属的价态、化合态、结合态和结构态 4 个方面，即某一重金属元素在环境中以某种离子或分子存在的实际形式。重金属进入土壤后，通过溶解、沉淀、凝聚、络合吸附等各种作用，形成不同的化学形态，并表现出不同的活性。土壤中重金属元素的迁移、转化及其对植物的毒害和环境的影响程度，除了与土壤中重金属的含量有关外，还与重金属元素在土壤中的存在形态有很大关系。土壤中重金属存在的形态不同，其活性、生物毒性及迁移特征也不同。土壤中重金属形态的划分有两层含义，其一是指土壤中化合物或矿物的类型，其二是指操作定义上的重金属形态。例如，含 Cd 的矿物包括 CdO、$Cd(OH)_2$、$CaCO_3$、$CaSO_4 \cdot 2Cd(OH)_2$、$2CdSO_4 \cdot Cd(OH)_2$ 等，由于其比较容易溶解，因而可以预期它们在土壤中是不会形成的。

当土壤中所含重金属化合物的类型不同时，由于这些化合物本身性质的差异和与土壤交互作用的不同，因而所产生的生物效应有可能不一样。例如，在黄棕壤中添加相同 Pb 浓度（4 000 mg/kg）的 $PbCl_2$ 和 $Pb(NO_3)_2$ 处理，糙米中的含镉量分别为 1.62 mg/kg 和 4.91 mg/kg。而不同类型砷化合物的试验表明，亚砷酸盐的毒性明显高于砷酸盐，即使同为砷酸盐，由于所结合的金属阳离子不同，其毒性也有显著差异。

泰西耶（Tessier）在1979年建立连续提取（或逐级提取）技术，因具操作简便、适用性强、蕴含信息丰富等优点，该技术得到了广泛应用。连续提取通常依次采用中性、弱酸性、中酸性、强酸性提取剂对土壤重金属进行提取，同时随着提取步骤的深入，提取条件也不断加强。此方法也有不足之处：①提取步骤多、费时；②试剂的有限选择性；③已释出的金属可在各形态间再分配；④结果重现性差；⑤可比性差。因而，操作要求程序标准化，且其表征的只是在特定条件下的某提取剂对土壤中重金属的提取形态，它虽然有助于人们理解重金属在土壤中的结合方式，但并非是完全真实形态的表述，具有局限性。如果能准确知道重金属在土壤中的真实存在形态，将能够从分子水平上理解土壤重金属的释放机理、形态转化、毒性、生物可利用性、修复措施及风险评价等多方面的特性。测定土壤重金属的实际形态往往比较困难，近年来，基于同步辐射的X射线吸收光谱（X-ray absorption spectroscopy，XAS）技术被广泛应用于环境土壤学研究中，使环境土壤学可在分子水平探讨重金属的真实化学形态和土壤界面过程。

3．主要重金属元素及其土壤环境迁移转化特征

重金属元素的迁移转化是指在自然环境空间位置的移动和存在形态的转化，以及由此所引起的富集与分散过程。重金属在土壤中的迁移转化受金属的化学特性、土壤的物理特性、生物特性和环境条件等因素影响。土壤环境中重金属的迁移转化过程分为物理迁移、化学迁移、物理化学迁移和生物迁移。不同重金属的迁移转化形式复杂多样，并且其环境行为特征往往是多种迁移转化形式的错综结合。

（1）汞

汞（Hg）是在常温下唯一呈液态的金属元素，是一种对动植物及人体无生物学作用的有毒元素。在自然界里大部分汞与硫结合成硫化汞（HgS），也称“辰砂”或“朱砂”，广泛地分布在地壳表层。辰砂及其多晶体偏辰砂是主要的含汞矿源。土壤中汞是以零价（单质汞）形式存在，还以无机化合态汞和有机化合态汞形式存在。除甲基汞、$HgCl_2$、$Hg(NO_3)_2$外，大多数为难溶化合物。甲基汞和乙基汞的毒性在含Hg化合物中最强。土壤中汞的迁移转化比较复杂。汞在环境中的迁移转化主要分为氧化还原、吸附、螯合以及生物甲基化。

（2）镉

镉（Cd）是银白色有光泽的金属，熔点为320.9℃，沸点为765℃，相对密度为 8.642。有韧性和延展性。镉在潮湿空气中缓慢氧化并失去金属光泽，加热时表面形成棕色的氧化物层。高温下镉与卤素反应激烈，形成卤化镉。也可与硫直接化合，生成硫化镉。镉可溶于酸，但不溶于碱。镉的氧化态为 +1 价、+2 价。氧化镉和氢氧化镉的溶解度都很小，它们溶于酸，但不溶于碱。镉可形成多种配离子，如 $Cd(NH_3)$、$Cd(CN)$、CdCl 等。镉的污染主要来源于铅、锌、镉的矿山和冶炼厂的废水、尘埃和废渣，电镀、电池、颜料、塑料稳定剂和涂料工业的废水，农业上施用磷肥等。水溶性镉常以简单离子或简单配离子的形式存在，如 Cd^{2+}、$CdCl^+$、$CdSO_4$ 以及石灰性土壤中的 $CdHCO^{3+}$。非水溶性镉主要为 CdS、$CdCO_3$ 及胶体吸附态镉等。镉在旱地土壤中以 $CdCO_3$、$Cd_3(PO_4)_2$ 和 $Cd(OH)_2$ 的形态存在，并以 $CdCO_3$ 为主，尤其是在 pH＞7 的石灰性土壤中更以 $CdCO_3$ 居多；镉在淹水土壤中则多以 CdS 的形态存在。由于土壤对镉的吸附能力很强，土壤中呈吸附交换态的镉所占比例较大。土壤胶体吸附的镉一般随着 pH 的下降，其溶出率增加，当 pH=4 时，溶出率超过 50%，而当 pH=7.5 时，交换吸附态的镉则很难被溶。

（3）砷

砷（As）及其化合物为剧毒污染物可致畸、致癌、致突变。区域地质异常（岩层或号质中含砷矿物，如砷铁矿、雄黄、臭葱石）是土壤砷的主要天然来源，并决定不同母质发育土壤含砷量的差异。我国土壤砷元素背景值平均值为 9.2 mg/kg，表层土壤砷含量为 0.01～6 mg/kg，其中 95%土样砷含量为 2.5～33.5 mg/kg。

污染土中砷的人为来源主要为以下 3 个方面：①含砷矿物的开采与冶炼将大量砷引入环境。矿物焙烧或冶炼中，挥发砷可在空气中氧化为 As_2O_3，而凝结成固体颗粒沉积至土壤和水体中。如 20 世纪 80 年代甘肃白银地区铜、铅、锌等矿产在采集过程中有大量砷排入环境，每年随废水排放的砷达 100 t 之多，使该区废水灌溉土壤砷严重异常，全市 16.3%的土壤砷超过当地临界值，最高达 149 mg/kg。②含砷原料的广泛应用，砷化物大量用于多种工业部门，如制革工业中作为脱毛剂，冶金工业中为添加剂，木材工业中作为防腐剂，玻璃工业中用砷化物作脱色等。③含砷农药和化肥的使用。曾经施用过的主要有砷酸钙、砷酸铅、甲基钾、亚砷酸钠、砷酸铜等。磷肥中砷含量一般在 20～50 mg/kg，畜禽粪便中砷含量一般在 4～120 mg/kg。

（4）铬

铬（Cr）广泛存在于地壳中，自然界中铬的矿物主要以氧化物、氢氧化物、硫化物和硅酸盐形式存在。根据各组分含量不同可分为铬铁矿、镁铬铁矿、铝铬铁矿和硬尖晶石等。铬在不同矿物中的含量变化特征：①同种矿物中铬含量随所在岩石的基性程度增加而提升；②从岛状到链状、片状硅酸盐，矿物中铬含量呈增加趋势；③云母类矿物中铬的含量低于角闪石和辉石。土壤中铬的背景含量与成土母岩和矿物密切相关。中国土壤铬的背景值为 2.20～1 209 mg/kg，算术平均值为 61.0±31.07 mg/kg。土壤中高浓度的铬通常来自人为污染，如由镀铬、铬印、制革、化工等工业过程，以及污泥和制革废物利用引起的。

通常在 pH 和 Eh 范围内，土壤中的铬主要以 Cr（Ⅲ）和 Cr（Ⅵ）两种价态存在，而 Cr（Ⅲ）又是最稳定的价态。土壤中 C（Ⅲ）常以 Cr^{3+}、CrO^{2-}形式存在，极易被土壤胶体吸附或形成沉淀，其活性较差，对植物毒性相对较小。而 Cr（Ⅵ）常以 $Cr_2O_7{}^{2-}$和 $CrO_4{}^{2-}$形式存在，一般 Cr（Ⅵ）离子不易被土壤吸附，具有较高的活性，对植物易产生毒害。Cr（Ⅲ）和 Cr（Ⅴ）在一定环境条件下的相互转换主要受土壤 pH 和氧化还原电位的限制。

在低 Eh 条件下，铬以 Cr^{3+}存在（其中低 pH 时为 Cr^{3+}，高 pH 时为 CrO^{2-}）。在高 Eh 条件下，铬以 Cr^{6+}存在（其中低 pH 时为 $Cr_2O_7{}^{2-}$，高 pH 时为 $CrO_4{}^{2-}$）。因此，还原性条件下，Cr^{6+}可能被 Fe^{2+}、硫化物、带羟基有机物等还原成 Cr^{3+}。而在通气良好的土壤中，Cr^{3+}可被 MnO_2 或氧气氧化成 Cr^{6+}。研究表明，红壤在低 pH 时，对 Cr（Ⅵ）的吸附量随 pH 升高略有增加，当 pH 超过某限度，吸附量急剧下降，甚至不吸附。这可能是由于红壤为可变电荷土壤，pH 较低时，土壤矿质胶体因质子化作用而增加正电荷数量，对阴离子的吸附量增大。而在较高 pH 时，土壤矿质胶体带负电荷，不对阴离子产生静电吸附。

（二）土壤有机污染物及其环境迁移转化特征

随着社会经济的发展，每年将会有数十万种化合物被合成生产，而广泛应用于农业、工业、医药产业和石油工业等领域的化合物多为有机化合物，有机化合物的大量生产，在给社会经济发展带来巨大推动作用力的同时，也给环境造成了极大的威胁。

土壤有机污染物指造成环境污染和对生态系统产生有害影响的有机化合物，分为天然有机污染物和人工合成有机污染物两类。天然有机污染物主要是由生物体的代谢活动及其他化学过程产生的，如萜烯类、黄曲霉类等。人工合成有机污染物是随着现代化学工业的兴起而产生的，如合成橡胶、塑料等。土壤有机污染具有复杂、缓变和面源污染等特点。有机污染物种类繁多，但是基本上都属于疏水性化合物，具有较强的亲脂性。有机污染物质在土壤环境中通过复杂的环境行为进行吸附解吸、降解代谢，可以通过挥发、淋滤、地表径流携带等方式进入其他环境体系并在土壤中残留，或被作物和土壤中生物吸收后，通过食物链积累、放大，从而对人体健康产生危害。

1. 土壤有机农药

农药主要是指能防治植物病虫害、消灭杂草和调节植物生长的一类化学药剂。化学农药按用途可分为杀虫剂、杀菌剂、除草剂、植物生长调节剂、杀螨剂、杀鼠剂、杀线虫剂、土壤处理剂等；按化学成分则可分为有机氯农药、有机磷农药、氨基甲酸酯类农药、拟除虫菊酯类农药、有机汞农药、有机砷农药等。20 世纪 40 年代开始，各种农药在全球开始被陆续大量使用，农药每年销售额平均增长率为 6%～8%。1962 年，《寂静的春天》的出版，引起了人们对广泛使用 DDT（双氯-双苯-三氯乙醛）杀虫剂带来的后果的忧虑。DDT 很容易累积于生物体的脂肪内，并通过食物链传递给人类而威胁人体健康。

（1）有机氯农药

有机氯农药是一类含氯有机化合物，大部分是含一个或几个苯环的氯素衍生物。《斯德哥尔摩公约》严格禁止或限制使用 12 种持久性有机污染物，其中有机氯农药占 8 种，分别为艾氏剂、氯丹、狄氏剂、异狄氏剂、七氯、DDT、六六六和六氯苯。有机氯农药普遍具有挥发性低、化学性质稳定、不易分解、残留期长、不易溶于水、易溶于脂肪和有机溶剂等特点，如六六六在土壤中被分解 95%需 30 年之久。有机氯农药曾是我国生产和使用的主要农药品种（约占 78%）。自 1982 年我国实行农药登记制度以后，国内先后停止生产和使用氯丹、七氯、毒杀芬，但现在有机氯农药在环境中和生物体内仍可以检出，并且有生物富集作用。残留在动物体内的有机氯农药会引起神经系统、内分泌系统和中枢神经系统等的病变，发生肌肉震颤、内分泌紊乱、肝肿大、肝细胞变性等症状，并可通过母乳传递给下一代，进而影响下一代。因此，有机氯农药属于高残留、高毒害农药，是造成土壤环境污染的最主要农药类型，对人体构成极大的危害。

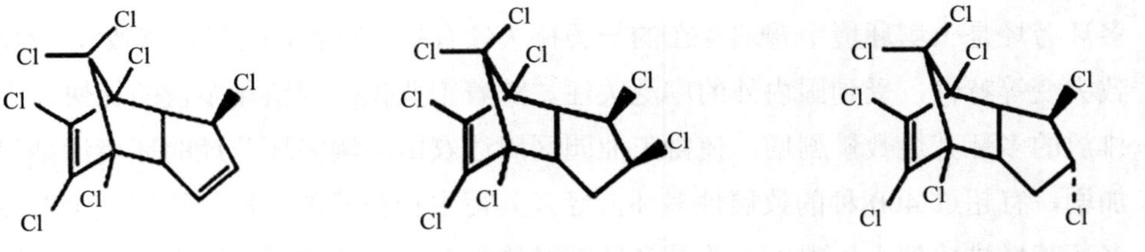

（a）七氯　（b）顺式氯丹　（c）反式氯丹

图 5-3　有机氯农药

（2）有机磷农药

有机磷农药是一类含磷有机化合物，大部分是膦酸酯类或酰胺类化合物，一般有剧烈毒性，但由于易分解而在环境中残留时间较短。膦酸酯在动植物体内易分解而不易蓄积，常被认为是较安全的一种农药。有机磷农药对昆虫及哺乳类动物均可呈现毒性，破坏神经细胞分泌的乙酰胆碱阻碍刺激的传送机能等生理作用。根据有机磷农药的毒性，可分为剧毒、中毒和低毒有机磷农药。

（3）氨基甲酸酯类农药

氨基甲酸酯类农药是一类低毒低残留的杀虫剂，具有苯基-*N*-烷基氨基甲酸酯的结构，具有抗胆碱酯酶作用，与有机磷农药具有相同的中毒症状，但作用机理不同。其中毒是因胆碱酯酶分子弱可逆结合的抑制，可与胆碱酯酶活性中心丝氨酸的羟基结合，形成氨基甲酰化胆碱酯酶，使酶失去活性。氨基甲酸酯类农药在自然环境中易被分解，在动物机体内也能被迅速代谢，其代谢产物的毒性多数低于其本身毒性。

（4）除莠剂

近年来，除草剂（除莠剂）发展十分迅速，品种已达 30 种以上，国外农药销售额中除草剂占 38%。常用除草剂有 2,4-D（2,4-二氯苯氧基醋酸）和 2,4,5-T（2,4,5-三氯苯氧基醋酸）及其酯类，它们能杀灭许多阔叶草。大多数除草剂在环境中易被分解，对哺乳动物的生化过程无干扰，未发现在人、畜体内有积累的情况。

2. 多环芳烃

多环芳烃（PAHs）是目前对土壤污染程度仅次于重金属的环境污染物，其对环境和人类健康具有较大的潜在危害，被世界各国列为优先控制的环境污染物。多环芳烃是土壤环境中普遍存在的一类持久性有机污染物，因其具有致癌、致畸、致突变等特性，受到国内外的广泛关注。随着工业化、城镇化步伐的加快，人为排放的多环芳烃数量剧增，使得工业园区周边农田土壤多环芳烃的环境污染问题加剧，有超过400种的致癌性多环芳烃及其衍生物被发现，每年约有几十万吨的多环芳烃排放到大气中。土壤是多环芳烃的一个汇，其主要通过干湿沉降或污水灌溉等途径进入土壤。同时，农田土壤中的多环芳烃也是源，其可通过降水、地表径流的冲刷作用，进入水体而影响水体及其他环境介质。

表 5-3　农用地地表层土壤 PAHs 含量分布

有机物指标	环数/个	含量范围/（μg/kg）	平均值/（μg/kg）
萘（Nap）	2	ND～191.12	61.80
苊烯（Acy）	3	ND～6.12	6.12
二氢苊（Ace）	3	—	—
芴（Flo）	3	ND～13.5	7.24
菲（Phe）	3	ND～111.44	31.61
蒽（Ant）	3	ND～11.51	4.52
荧蒽（Flt）	4	ND～262.7	38.73
芘（Pyr）	4	ND～267.01	30.08
苯并[*a*]蒽（BaA）	4	ND～79.7	11.39
䓛（Chry）	4	ND～134.42	18.12
苯并[*b*]荧蒽（BbF）	5	2.15～115.98	14.99
苯并[*k*]荧蒽（BkF）	5	ND～46.82	8.00
苯并[*a*]芘（BaP）	5	ND～116.95	14.79
二苯并[*a,h*]蒽（DahA）	5	ND～6.21	3.58
苯并[*g,h,i*]苝（BghiP）	6	ND～61.9	15.64
茚并[1,2,3-*cd*]芘（InP）	6	ND～38.12	21.62

3. 多氯联苯

多氯联苯（PCBs）是国际上关注度极高的首批持久性有机污染物之一，具有环境持久性、生物蓄积性、远距离迁移和高毒性等特征，对人类健康和环境具有严重的危害，被世界卫生组织确认为可能致癌的物质。根据氯原子取代数和取代位置的不同，共有209种同系物，如图5-4所示。

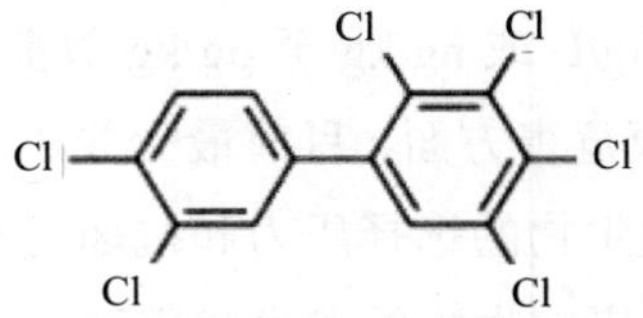

图5-4　多氯联苯

PCBs具有良好的化学惰性、抗热性、不可燃性、低蒸气压和高介电常数等优点，广泛应用于电力工业、塑料加工业、化工和印刷等领域。PCBs曾被作为热交换剂、变压器和电容器内的绝缘介质、增塑剂、石蜡扩充剂、黏合剂、有机稀释剂、杀虫剂、切割油和阻燃剂等，是重要的化工产品。PCBs对皮肤、肝脏、胃肠系统、神经系统、生殖系统和免疫系统的病变甚至癌变都有诱导效应。一些PCBs进入哺乳动物和鸟类体内后会影响其繁殖，它们对人类健康也具有潜在致癌性。

4．石油烃

石油烃类是包含数千种有机分子的复杂的混合物，其主要元素是碳和氢，也含有少量氮、氧、硫元素及钒、镍等金属元素。依据碳链的长度及是否构成直链、支链、环链或芳香结构，石油烃类化合物可分为链烷烃、环烷烃、芳香烃和少量非烃化合物，如烷烃、苯、甲苯和二甲苯等。石油中的芳香烃类物质对人和动物的毒性较大，尤其是以双环和三环为代表的多环芳烃的毒性更大。石油中的苯、甲苯、二甲苯和酚类等物质，如果人体较长时间、较大浓度接触，会引起恶心、头痛和眩晕等症状。2014年发布的《全国土壤污染状况调查公报》显示，在调查的13个采油区土壤中，主要污染物为石油烃和多环芳烃。

5．药物与个人护理品

工业化的发展和人民生活水平的提高使药品及个人护理用品（PPCPs）的生产和使用量迅猛增长，使PPCPs广泛分布于大气、水和土壤中，这是21世纪新显现并备受关注的一类污染物。PPCPs包括所有人用与兽用的医药品、诊断剂、保健品、麝香、化妆品、遮光剂、消毒剂和其他在PPCPs生产制造过程中添加的组分，如赋形剂、防腐剂等。目前，大约有4 500种医药品广泛用于人类或动物的疾病预防与治疗等领域，如抗生素、止痛剂、抗癫痫药物等。目前，土壤环境中PPCPs的浓度多在ng/L至μg/L或ng/kg至μg/kg数量级。

在PPCPs的生态和健康危害方面，目前最受关注的是抗生素和固醇类激素两大类物质。前者主要引起微生物的选择压力和抗药病原菌的选择性存活，后者则主要通过干扰内分泌系统而影响生物的发育和繁殖。由于PPCPs可持续不断地输入环境中，因而它们在环境中的残留浓度呈上升趋势，并逐渐显现对微生物和动植物的生态毒性，对人类具有潜在的生态风险。

6. 增塑剂

我国常用的增塑剂为酞酸酯类化合物，又名邻苯二甲酸酯，如邻苯二甲酸二丁酯和邻苯二甲酸二异辛酯。酞酸酯类化合物从二甲基酯到十三烷基酯共20多种化合物，一般为无色油状黏稠液体，难溶于水，具有较高的脂溶性，且易溶于有机溶剂。这类化合物由于被广泛使用，在土壤、水体、大气及生物体乃至人体中均有检出，成为当前全球普遍存在的污染物之一。由于此类化合物显著的环境类激素效应，中国、美国和日本等国家都将其列入优先控制污染物黑名单之中。

土壤中酞酸酯的主要来源有农膜、其他废弃塑料制品、工业烟尘的沉降，用含酞酸酯的地表水进行的灌溉（特别是污灌的输入量更多）、施用化肥和农药等。我国是塑料农膜生产和消费大国，在制作塑料农膜过程中所添加的增塑剂与其塑料分子只是一种物理性的结合，在使用过程中增塑剂能直接释放，通过接触直接进入土壤和环境中。我国农田土壤已受到酞酸酯不同程度的污染，含量一般在μg/kg至mg/kg数量级。

7. 有机污染物的土壤环境行为

有机污染物在土壤中的环境行为是由其自身性质决定的，如疏水性、挥发性和稳定性。进入土壤的有机污染物同土壤物质和土壤微生物发生各种反应，进而产生降解作用。有机污染物进入土壤后，可能经历以下几个过程：①与土壤颗粒的吸附与解吸；②挥发和随土壤颗粒进入大气；③渗滤至地下水或者随地表径流迁移至地表水中；④通过食物链在生物体内富集或被降解；⑤生物和非生物降解。有机物在土壤中的环境行为受到主要的影响因素包括：①有机污染物的特性（化学特性、水溶解度、蒸气压、吸附特性、光稳定性和生物可降解性等）；②环境特性（温度、日照、降水、湿度、灌溉方式和耕作方式）；③土壤特性（土壤类型、有机质含量、氧化还原电位、水分含量、pH、离子交换能力等）。土壤有机污染物在土壤中的环境行为主要包括吸附、解吸、挥发、淋滤、降解残留、生物富集等，其中吸附与解吸、渗滤、挥发和降解等过程对土壤中有机污染物的消失贡献较大。

（1）吸附

有机污染物在土壤中的吸附和解吸是污染物在环境中重要的分配过程之一，对环境行为有显著的影响。目前，有机污染物在土壤的吸附-解吸研究主要集中在黏土矿物-水界面的吸附解吸，以及它们在土壤腐殖质中的吸附-解吸行为。

天然土壤中土壤颗粒常具有次级结构，如团聚体或裂隙结构。即使在较干燥的情况下，由于小孔隙的毛细作用，团聚体内的小孔隙都被静止的水所充满，而团聚体间的大孔隙则为流动相（水相、气相或水气共存）所占据。由于天然土壤的次级结构，污染物在水相与团聚体间的吸附过程不仅包括水与团聚体内小孔隙壁间的物质交换，而且包括污染物在团聚体内小孔隙静止的水中的扩散过程。

土壤中的黏土矿物和腐殖酸是吸附农药的两类最主要的活性组分。目前，吸附机理主要有化学吸附、物理吸附（physical absorption）和离子交换（ion-exchange）3 类，具体包括离子交换、氢键、电荷转移、共价键、范德华力、配体交换、疏水吸附和分配共 7 种机理。有机污染物的吸附行为与土壤有机质含量关系紧密，通常土壤有机质被认为是影响农药在土壤中行为的最重要的参数。当大分子有机质达到一定量以上时，土壤矿物表面就会被阻塞，不再起吸附作用。在这种情况下，农药与土壤的吸附量取决于土壤中有机质的种类和含量。土壤对农药的吸附量还与土壤质地、黏土矿物类型和 pH 等有关。

（2）降解和代谢

环境中有机污染物降解主要包括生物降解、化学降解和光解 3 种形式。诸多因素同时控制着有机污染物的降解过程，其中比较重要的因素包括污染强度、营养物、氧化剂、表面活性剂、温度、湿度、土壤扰动状况。在土壤中，有机污染物以微生物降解为主，土壤微生物的降解能促使土壤有机污染物被彻底净化。有机污染物的生物降解会因生物种类、微生物群体、生态环境的不同而有所不同，呈现错综复杂的情况。比如苯类化合物的生物降解，如图 5-5 所示，在加双氧酶的催化下苯被转化为顺式二氢基二醇，而后这个二氢基二醇重新芳香构化形成一种二羟化中间产物儿茶酚。儿茶酚的环在第二个加双氧酶的作用下被打开，在两个羟基之间打开为邻位途径，在一个羟基的下一个位置打开为间位途径，此后可进一步反应直到完全降解。

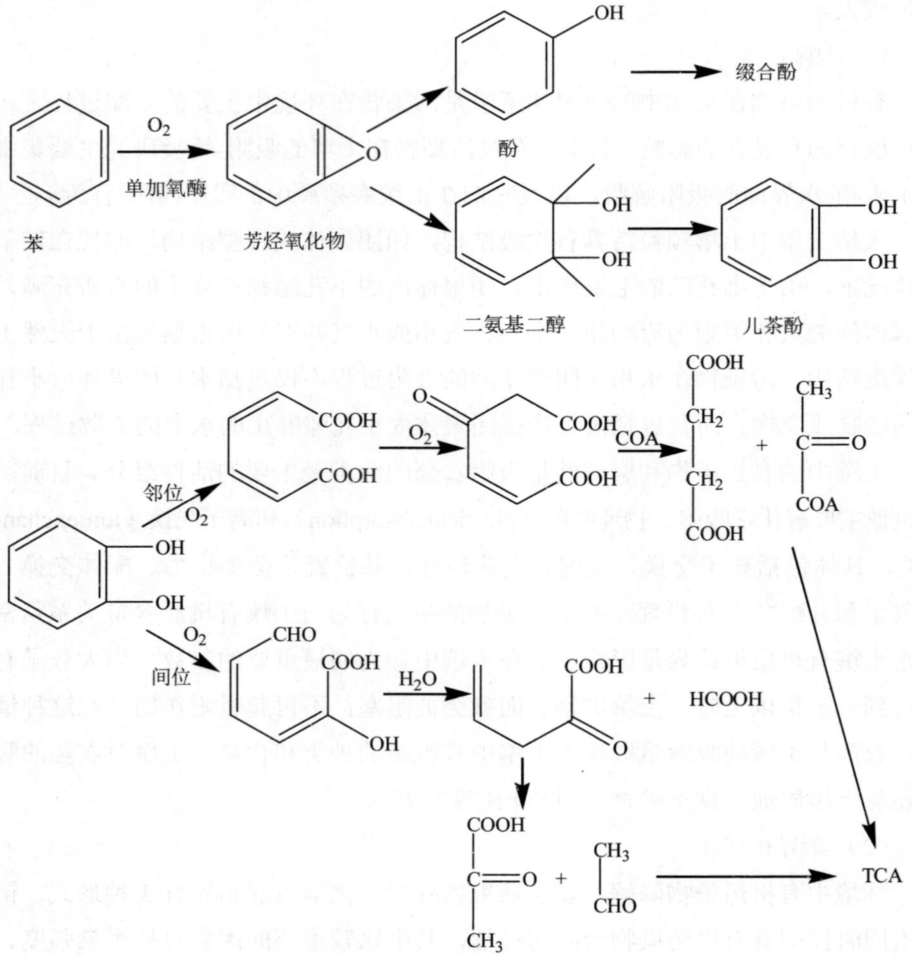

图 5-5 苯的生物降解过程

农药的微生物降解是减少土壤中农药含量的主要途径之一。农药进入土壤后，会发生扩散、迁移、转化等行为，而土壤微生物的降解能力直接或间接地影响了农药的环境行为和归宿。以 2,4-D（2,4-二氯苯氧乙酸）为例，2,4-D 是目前常见的一种有机氯除草剂，在环境中相对较容易被降解，降解途径主要是苯环的羟基化、烷基侧链的氧化、酯键的断裂、脱氯以及苯环开裂等。土壤中能够同时降解 2,4-D 及其中间产物 2,4-DCP（2,4-二氯苯酚）的细菌包括伯克氏菌（*Burkholderia cepacia*）、假单胞菌（*Pseudomonas* sp.）和鞘氨醇单胞菌（*Sphingomonas paucimobilis*）等。该 3 株细菌在培养 10 d 后，对浓度为 50 mg/L 的 2,4-D 和 2,4-DCP 的降解率最高分别达到 73%和 77%。在未受到农药污染的土壤中筛选出具有 2,4-D 高效降解特性的产碱杆菌（*Alcaligenes* sp.）和伯克氏菌，在 72 h 内即可以完全降解 250 mg/L 的 2,4-D。能降解 2,4-D 的土壤细菌，主要包括产碱菌属、节杆菌属、假单胞菌属、黄杆菌属、伯克氏菌属、红育菌属（*Rhodoferax* sp.）、不动杆菌属、棒杆菌属（*Corynebacterium*）、红假单胞菌属和鞘氨醇单胞菌属等。图 5-6 是 2,4-D 的微生物降解主要途径。

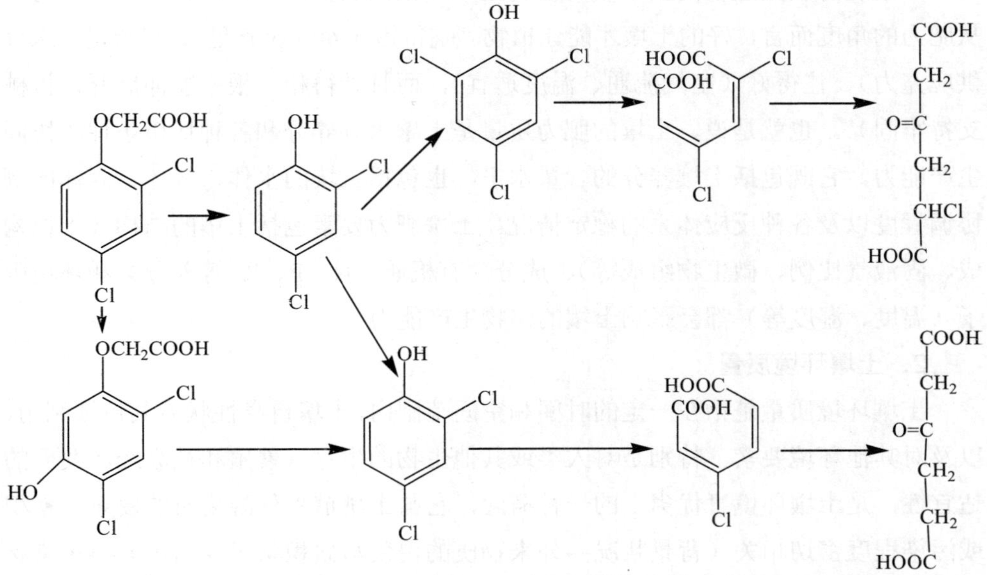

图 5-6　农药 2,4-D 的微生物降解过程

第二节 土壤生态环境质量标准

一、土壤生态环境质量

土壤质量是衡量和反映土壤资源与环境特性功能及其变化状态的综合表征，是土壤科学和环境科学研究的核心。美国土壤学会把土壤质量定义为在自然或管理的生态系统边界内，土壤具有动植物生产持续性保持和提高水、气质量以及人类健康和生活的能力。我国土壤学家认为土壤质量包含土壤维持生产力、环境净化能力、对人类和动植物健康的保障能力，即由土壤所构成的天然或人为控制的生态系统中，土壤所具有的维持生态系统生产力和人与动植物健康而自身不发生退化及其他生态与环境问题的能力，是土壤特定或整体功能的综合体现。也就是说，土壤质量是土壤肥力质量、土壤环境质量及土壤健康质量的综合质量。

1. 土壤肥力质量

土壤肥力质量主要是指土壤对植物生产要素的支持能力，或称土壤生产力。从肥力的角度而言，好的土壤才能让植物“吃得饱（养分应充足）、喝得足（水分供应充力）、住得好（空气流通、温度适宜），而且站得稳（根系能伸展开，机械支持牢固）”。也就是说，土壤的肥力质量是土壤水分养分和各种环境条件的协同生产能力，它既包括土壤养分的含量水平，也包括土壤的水体、气体、固体比例协调程度以及各种反应体系的稳定情况。土壤肥力要素包括土壤的结构（土粒构成、固液气比例、微生物组成等）、成分（有机质、N、P、K 等养分）和环境因子（温度、湿度等）都会影响土壤的作物生产能力。

2. 土壤环境质量

土壤环境质量是指在一定的时间和空间范围内，土壤自身性状对其持续利用，以及对其他环境要素，特别是对人类或其他生物的生存、繁殖和社会经济发展的适宜性，是土壤环境“优劣”的一种概念，它与土壤遭受外源物质的侵袭、累积或污染程度密切相关（背景状况→外来物质的侵装与累积状况（沾污）→污染状况），是“特定需要之环境条件”的量度。土壤环境质量依赖于土壤在自然成土过程中所形成的固有环境条件、元素或化合物的组成与含量，土壤利用过程及其动态变化，同时应考虑土壤作为次生污染源对整体环境质量的影响。本书关注的是土壤环境质量及其可持续发展的问题，特别是外源物质的侵袭、累积或污染程度及其预防与修复。

土壤环境质量与土壤遭受污染的程度密切相关，是与土壤肥力相反的一种属性，土壤肥力强调的是各种生态因子的协调性，而污染则是指由于某些因子的偏离导致的土壤不和谐性，或功能的损失程度。土壤环境质量的好坏与土壤利用方向有关，与土壤原有的物质含量大即土壤背景值有关，更与土壤对污染物的容纳能力有关。

根据土壤应用功能和保护目标，土壤环境质量标准划分为 3 类：Ⅰ类主要适用于国家规定的自然保护区（原有背景重金属含量高的除外）、集中式生活饮用水水源地、茶园、牧场和其他保护地区的土壤，土壤质量基本保持自然背景水平。Ⅱ类主要适用于一般农田、蔬菜地、茶园、果园、牧场等土壤，土壤质量基本上对植物和环境不造成危害和污染。Ⅲ类主要适用于林地土壤及污染物容量较大的高背景值土壤和矿产附近等地的农田土壤（蔬菜地除外）。

3．土壤健康质量

目前，有学者把土壤健康定义为："在生态系统和土地使用界面内，土壤作为一个活的生命体具有连续维持生物生产力、提高空气和水环境质量和保障动植物和人畜健康的能力"，同时还认为有生物活力的和具有功能的土壤才可定义为健康的土壤。美国土壤学会指出健康土壤具有以下功能：①维持生物活性多样性和生产性能；②具有分配和调节地表水分溶质流动与循环的能力；③具有过滤、缓冲固定、分解有机无机物的能力；④具有储存和循环利用生物养分和其他成分的能力；⑤具有支持社会系统、保护人类居住环境及有关历史文化古迹的性能。

二、土壤生态环境质量标准

1．土壤生态环境质量标准概况

我国土壤的类型十分复杂，各种土壤类型之间在性质上存在较大的差异，为贯彻落实《中华人民共和国环境保护法》，加强建设用地土壤环境监管，管控污染地块对人体健康的风险，保障人居环境安全，2018 年，生态环境部和国家市场监督管理总局联合发布《土壤环境质量　建设用地土壤污染风险管控标准（试行）》

（GB 36600—2018）以及《土壤环境质量 农用地土壤污染风险管控标准（试行）》（GB 15618—2018）等土壤污染风险管控标准。规定了农用地和建设用地土壤污染风险筛选值和管制值，以及监测、实施与监督要求，并在 2018 年 8 月 1 日起实施，《土壤环境质量标准》（GB 15618—1995）废止。

2. 土壤生态环境质量标准体系

2018 年颁布并实施的土壤环境质量相关标准，将《土壤环境质量标准》（GB 15618—1995）拆分为两个，即农用地和建设用地土壤环境质量标准。在新的环境质量标准体系中，增加以下内容：

（1）明确了不同土地用途下的环境质量标准。将土壤划分为农用地及建设用地两类。《土壤环境质量 农用地土壤污染风险管控标准（试行）》（GB 15618—2018）为保护食用农产品质量安全为主要目标，兼顾保护农作物生长和土壤生态的需要，分别确定农用地土壤污染风险筛选值和管制值。而《土壤环境质量 建设用地土壤污染风险管控标准（试行）》（GB 36600—2018）以人体健康为保护目标，规定了保护人体健康的建设用地土壤污染风险筛选值和管制值。具体表现为：在农用地方面，GB 36600—2018 划出了筛选值和管制值两条线，据此将把农用地分为 3 类，第一类品质好于筛选值标准的土地就是安全农用地，第二类污染高于管制值的土地，原则上禁止种植食用农产品，第三类在筛选值和管制值之间的土地，则采取农艺调控、替代种植等安全利用措施；GB 15618—2018 将城市用地分为第一类用地和第二类用地，第一类用地包括中小学用地、医疗卫生用地和社会福利设施用地，公园绿地中的社区公园或儿童公园用地，第二类用地主要是工业用地、物流仓储用地等。

（2）分别制定了风险筛选值和风险管制值。农用地土壤污染风险筛选值的基本内涵是，农用地土壤中污染物含量等于或者低于该值的，对农产品质量安全、农作物生长或土壤生态环境的风险低，一般情况下可以忽略。对此类农用地，应切实加大保护力度。农用地土壤污染风险管制值是指土壤中污染物含量超过该值后，产出的农产品有可能不符合质量安全标准，且难以通过安全利用措施降低污染风险。对此类农用地用地，原则上应当采取禁止种植食用农产品、退耕还林等严格管控措施。

建设用地土壤污染风险筛选值是指特定土地利用方式下，建设用地土壤中污染物含量等于或者低于该值的，对人体健康的风险可以忽略；超过该值的，对人体健康可能存在风险，应当开展进一步的详细调查和风险评估，确定具体污染范围和风险水平。建设用地土壤污染风险管制值是指在特定土地利用方式下，建设用地土壤中污染物含量超过该值的，对人体健康通常存在不可接受风险，应当采取风险管控或修复措施。

（3）改革污染物项目数量和监测方法。《土壤环境质量　农用地土壤污染风险管控标准（试行）》（GB 15618—2018）风险筛选值共有 11 个污染物项目，增加了苯并[*a*]芘，保留镉、汞、砷、铅、铬 5 种重金属；从保护农作物生长的角度保留铜、锌和镍 3 种重金属，以及六六六和滴滴涕。《土壤环境质量　建设用地土壤污染风险管控标准（试行）》（GB 36600—2018）检测指标增加至 85 项，包含 4 个无机元素（非强制项目）、31 种 VOCs（27 种为强制项目）、21 种 SVOCs（11 种为强制项目）、8 种有机农药残留（非强制项目）、PCB 及 PBB（非强制项目）等。《土壤环境质量　建设用地土壤污染风险管控标准（试行）》（GB 36600—2018）将污染物清单区分为基本项目（必测项目）、其他项目（选测项目）。但《土壤环境质量　建设用地土壤污染风险管控标准（试行）》（GB 36600—2018）未考虑主要影响地下水的污染物，如氨氮、氟化物、甲基叔丁基醚（MTBE）、苯酚等。此外，一些毒性较小，推导的筛选值数值很高、现实中很少出现超标情况的污染物，如蒽、荧蒽、芴等多环芳烃指标以及锌、锡等金属指标也未被纳入。

第三节　土壤生态环境污染修复工程流程设计

土壤依据功能可分为农用地和建设用地。农用地是指用于农业生产的土地，包括耕地、园地、林地和牧草地等；建设用地是指建造建筑物、构筑物的土地，包括城乡住宅和公共设施用地、工矿用地、旅游用地、军事用地以及能源、交通、水利、通信等基础设施用地等。2016 年 5 月颁布的《土壤污染防治行动计划》明确要求：我国受污染耕地和建设用地安全利用率要在 2020 年前达到 90%以及在 2035 年前达到 95%。

污染土壤修复工程的设计流程见图 5-7，主要包括调查污染状况、进行风险评估、确定修复目标、筛选修复技术、编制修复方案和评价修复效果等步骤。

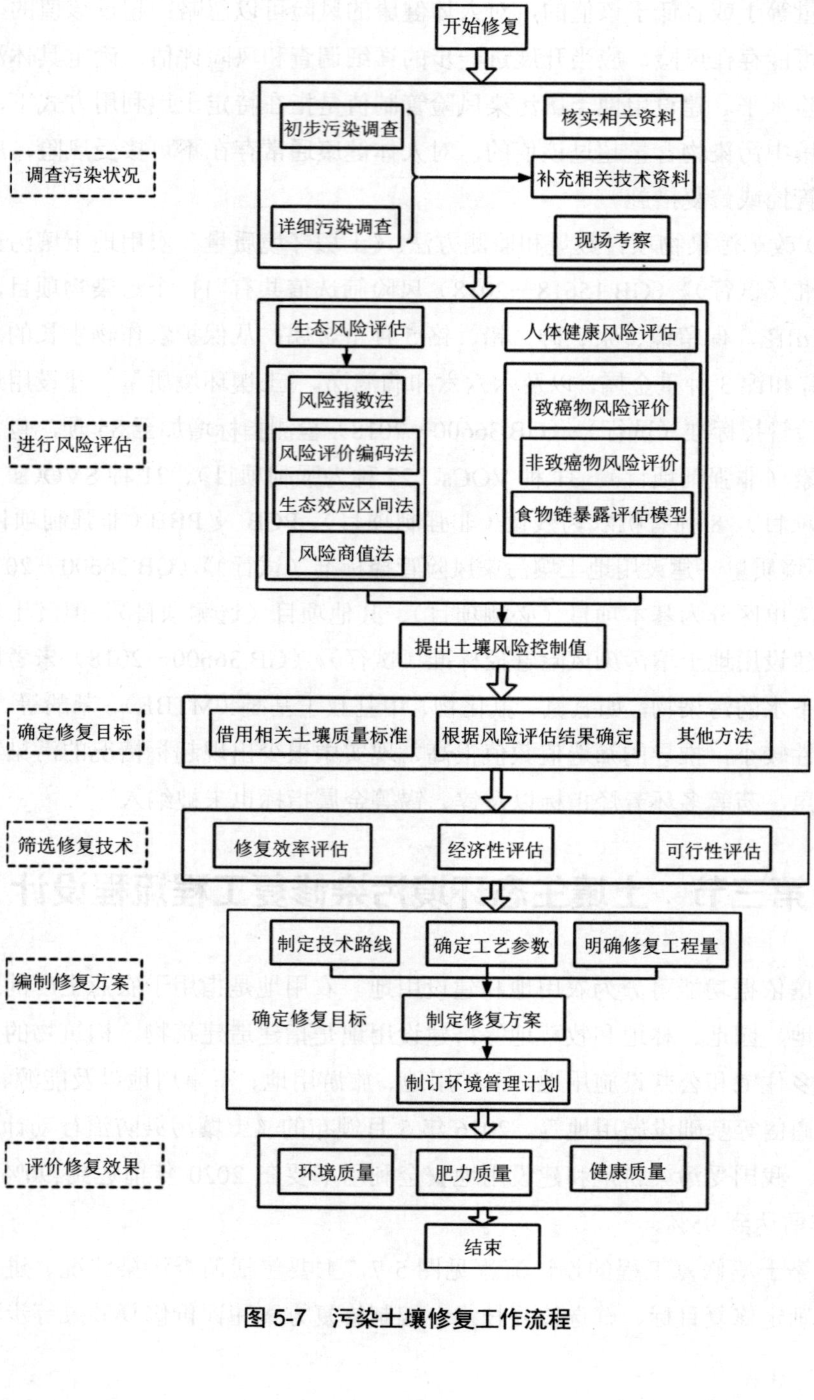

图 5-7 污染土壤修复工作流程

一、调查污染状况

调查污染状况分为初步污染调查和详细污染调查，前者是初步确定污染区的污染物种类、浓度和范围，后者则是在初步调查的基础上对污染土壤的范围和浓度等进行详查，为量化修复工程提供依据。在调查过程中必须详细核实拟作业区的相关信息，以完善必要的数据和技术资料，同时要现场考察污染状况。基于污染概率和污染物局部空间变异特征的土壤污染调查加密布点的方法，可以提高土壤污染区范围和污染程度的估计精度。

二、进行风险评估

风险评估主要从“生态风险”和“人体健康风险”两个方面来评估污染土壤的环境风险。生态风险的评价方法颇多，一些作者对国内外生态风险评价（ERA）的内容、基本方法及评价模型等进行了研究，并从评价要求、数据可获得性及评价操作的难易程度等方面论述了模型选择的基本原则，比较了常用模型-商值法（HQ）、物种敏感度分布法（SSDs）和概率生态风险评估模型（PERA），其中，概率生态风险评估模型最接近实际情况，但对数据及专业知识要求较高。在污染土壤的实际评价中，应结合现有经济技术水平，选择合适的评价方法。目前，适用于土壤的专用评价模型并不多见，大多为借鉴沉积物或者其他领域的评价模式，如潜在生态风险指数法、评价编码法、生态效应区间法、风险商值法、累积系数法等。

1．农用地土壤污染的风险评估

目前，农用地土壤污染风险评估暂未有国家级风险评估技术指南，仅有浙江省生态与环境修复技术协会团体标准《农用地土壤污染风险评估技术指南》（T/EERT 001—2019）可以参考，其风险评估流程见图 5-8。农用地土壤污染风险评估工作主要包括危害识别、有效浓度数据获取、污染风险评判等内容。

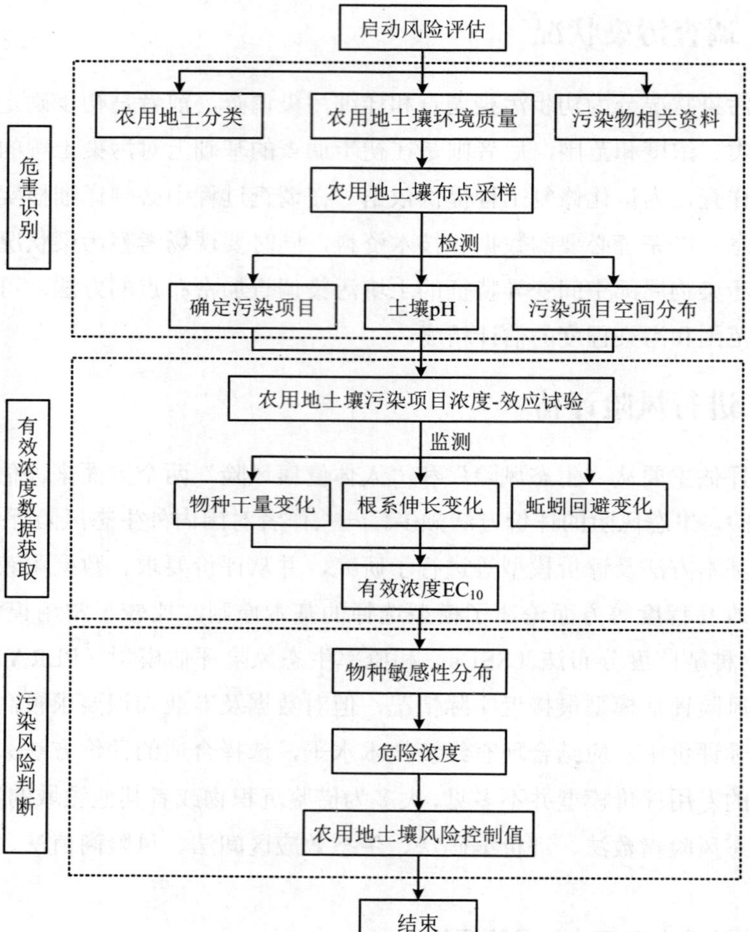

图 5-8 农用地土壤污染风险评估流程

（1）危害识别

收集农用地土壤环境调查阶段获得的相关资料和数据，掌握农用地土壤分类、农用地土壤环境质量、污染物相关资料。明确农用地块布点采样方式，采集、监测样品，确定污染项目、土壤 pH、污染项目空间分布。

（2）有效浓度数据获取

设计并实施农用地土壤污染项目浓度-效应试验，检测物种干量变化、根系伸长变化、蚯蚓回避变化，确定有效浓度 EC_{10}。

（3）污染风险判断

在有效浓度数据基础上，进行物种敏感性分布分析，计算危险浓度 HC_{50}、HC_{95}，基于评判结论确定农用地土壤风险控制值。

2. 建设用地土壤污染的风险评估

建设用地的地块利用方式一般为商住、工业用地，因此，建设用地的地块一般不存在经食物链引起的人体健康风险，所以地块污染的风险评估以人体暴露风险评估为主。美国科学院（NAS）1983 年提出了风险评价的 4 个步骤，即危害识别、暴露评价、剂量效应评价和风险表征。针对特定污染场地健康风险评价，美国国家环境保护局在 1989 年颁布的《超级基金场地风险评估导则健康评价指南》中对上述步骤进行了细化，分别为数据收集与分析、暴露评估、毒性评估和风险表征。在上述研究的基础上，结合我国国情和污染场地的特点，我国于 2014 年发布了《污染场地风险评估技术导则》（HJ 25.3—2014），之后在 2019 年重新做了修订，颁布了《建设用地土壤污染风险评估技术导则》（HJ 25.3—2019），新修订的导则中将建设用地地块风险评估程序分为 4 个部分：① 危害识别；② 暴露评估和毒性评估；③ 风险表征；④ 土壤和地下水风险控制值的计算。

建设用地的地块土壤风险评估的操作软件目前相对比较成熟。国内外广泛使用的评估软件有英国的污染土地暴露评估（contaminated land exposure assessment，CLEA）和美国的基于风险的纠正行动（risk-based correction action，RBCA）软件，这两款软件系统性较好，评价体系全面完整，但稳定性较差，且众多参数并非根据我国特定的环境与地质场景所设。基于 RBCA、CLEA 和中国的《建设用地土壤污染风险评估技术导则》（HJ 25.3—2019），我国研发了首套本土化的《污染场地健康与环境风险评估软件》（health & environmenta risk assesment sofeware，HERA），该软件稳定性高，功能全面，界面设计和操作合理方便，在国内得到了广泛的应用。

三、确定修复目标

修复目标的确定主要通过 3 种方法：① 借用相关土壤环境质量标准，该修复目标值是保守和刚性的，土壤质量只有达标才算合格并可再次利用。② 根据风险评估结果确定修复目标，该方法基于风险的概念和计算方法，是一个集污染鉴定、暴露表征和风险表征于一体的综合体系。该类土壤修复目标值主要以人体健康风险为关注点，结合了污染物性质和浓度、土地利用规划和未来利用状况，同时涉及污染物毒理参数、场地特征因子、敏感受体等一系列参数，因此往往不是固定限值。③其他方法，包括负载容量法、专家确定法等来确定污染土壤的修复目标。

1. 农用地土壤污染修复目标

目前，农用地土壤污染修复目标确定依据《受污染耕地治理与修复导则》（NY/T 3499—2019）。基本目标：治理修复区域内实现当地常规或主栽农产品达标生产，评价标准参照《耕地污染治理效果评价准则》（NY/T 3343—2018）。参考目标：在实现基本目标的基础上，进一步使耕地土壤中目标污染物含量降低到《土壤环境质量 农用地土壤污染风险管控标准（试行）》（GB 15618—2018）规定的筛选值以下（含），或降低到可保障当地常规或主栽农产品达标生产的含量。此外，在确定农用地修复目标时还需要结合耕地污染风险评估及土壤与农产品加密调查结果，综合工作基础、实际情况、经济性、可行性等因素，明确受污染耕地治理修复的范围，确定受污染耕地经治理与修复后需达到基本目标还是参考目标。

2. 建设用地土壤修复目标确定

目前，我国生态环境部于2022年12月21日印发了《建设用地土壤污染修复目标值制定指南（试行）》（环办土壤函〔2022〕488号），该指南中列出了建设用地土壤污染修复目标值制定的原则要求和确定方式。具体如下。

（1）原则要求

① 合法合规。依据国家和地方生态环境保护等相关法律法规和标准规范的要求，确定土壤污染修复的保护目标以及相应的修复目标值。

② 科学合理。充分考虑土壤污染风险评估中客观存在的不确定性，根据建设用地地块当前和未来规划用途，在确定风险不被低估的前提下，科学选用风险评估方法和合理参数，推导修复目标值。

③ 动态调整。充分考虑土壤污染状况调查客观的不确定性，及时依据新获得的土壤污染状况信息，修订土壤污染修复目标及相应的修复目标值，并按《建设用地土壤污染状况调查、风险评估、风险管控及修复效果评估报告评审指南》的

要求重新评审。因技术经济可行性导致修复目标值无法实现的，应当调整修复策略，以其他方式管控土壤污染风险。

④ 综合平衡。在保障实现土壤污染修复目标的前提下，兼顾绿色低碳修复，采用层次化风险评估策略确定土壤修复目标值，具体可综合平衡前期土壤污染调查评估及后期土壤污染修复的时间与经济成本、修复技术的可达性等确定。

（2）修复目标值的确定方式

建设用地土壤污染修复目标值可依据以下前 3 条所列的方式之一确定，所确定的修复目标值应依据 GB 36600 中建设用地土壤污染风险管制值，以及特定地块土壤环境背景值进行修正。土壤修复目标值不应低于特定地块土壤环境背景值；应低于 GB 36600 中建设用地土壤污染风险管制值。

① 依据 GB 36600 或地方相关标准，将土壤污染风险筛选值或背景值作为修复目标值。

② 依据 HJ 25.3，选用土壤污染状况调查确定的具体地块的相关参数，推导土壤风险控制值，作为土壤修复目标值。地块特征参数优先采用现场实际调查的结果。地块特性参数调查方法可参考 GB 50021 执行。暴露参数原则上采用 HJ 25.3 中所建议参数。暴露参数如需调整，应参照 HJ 877 规定的方法进行暴露参数的调查，并在风险评估报告中说明调整的合理性及对修复目标值的影响。

③ 根据污染物的迁移转化规律以及有效暴露剂量，开展风险评估，推导土壤修复目标值。

针对土壤中挥发性有机物等以呼吸吸入为主要暴露途径的污染物，可开展土壤气或挥发通量测试，选择基于土壤气浓度或挥发通量的风险评估方法推导土壤修复目标值。针对土壤中重金属与半挥发性有机物以经口摄入为主要暴露途径的污染物，可开展人体可给性测试，结合测试结果推导土壤修复目标值。

四、筛选修复技术

根据现有污染土壤修复技术，从修复效率、修复经济性和可行性等角度进行评估和筛选。

1. 农用地土壤污染修复技术比选

污染的农用地土壤修复后需保持土壤的生态功能和农业用途。因此，高温热解、气相抽提、固化填埋、化学淋洗、电动修复等场地污染土壤修复中常用的修复技术并不适用于农用地土壤。目前可用于农用地污染土壤修复的技术主要有翻土法、客土法、化学修复、植物修复、微生物修复和农艺措施（水肥管理、叶面阻隔和选择低积累品种）等（表 5-4）。

表 5-4 不同污染农用地土壤修复技术比较

修复技术	修复原理	目标污染物	适合土壤类型	相对修复成本	修复时间	适合污染程度
翻土法	深翻土壤，使聚积在表层的污染物分散到较深层次，达到稀释的目的	e	A～E	￥+	1 个月以内	轻度～中度
客土法	将干净土壤覆盖于污染土壤表层或与污染土壤混合，达到降低污染物浓度及减少根系与污染物接触的机会	e	A～E	￥￥￥	1 个月以内	重度
化学修复	使用化学方法降低土壤污染物的移动性和生物有效性，降低其进入环境介质的能力，或用淋洗除去污染物	b～e	B～E	￥+	2～6 个月	轻度～中度
植物修复	利用耐性或超富集植物及其共存微生物体系清除污染物	a～e	A～E	￥	2 年以上	轻度～中度
微生物修复	利用天然或人工培养的微生物群，强化其代谢功能，从而达到降低污染物活性或降解污染物的目的	b～d	B～E	￥	1～2 年	轻度～中度
农艺措施	通过水肥管理、叶面阻隔、种植低积累品种、改变种植结构等农艺措施，降低土壤污染物生物有效性，减少作物可食部位对污染物的积累	e	A～E	￥	每季需使用	轻度

注：①污染物类型：a—挥发性；b—半挥发性；c—油烃类；d—杀虫剂；e—重金属。

②土壤类型：A—黏土；B—黏壤土；C—粉壤土；D—砂壤土；E—砂土。

③修复成本：￥—低成本；￥+—低到中等成本；￥￥—中等成本；￥￥￥—高成本。

农用地土壤污染修复技术的比选按照土壤重金属污染程度，结合重金属污染区域的土壤特性、污染特征、修复模式等，综合考察技术特点、目标重金属、修复效果、时间和成本等，如为复合污染，可选择农艺调控类、土壤改良类和生物类修复技术中的两种或两种以上技术措施叠加进行修复。遵循大面积施用、衔接农时、经济高效、科学规范等基本原则，进行各项技术的组合和排序，并根据土壤污染程度，适当调整综合技术中集成技术的数量和单项技术的实施强度，初步定性筛选适合的修复技术。确定修复技术的具体环节可参照《受污染耕地治理与修复导则》（NY/T 3499—2019）的规定进行。

初步定性筛选的修复技术可以采用实验室小试进行土壤修复技术可行性评估，必要时进行现场中试，也可通过应用案例分析进行可行性评估，具体内容可参照《建设用地土壤修复技术导则》（HJ 25.4—2019）。评估后可编制污染修复工程可行性研究报告，可行性报告的编写内容包括前言、污染地块概况（农用地土壤特征条件、重金属种类、污染程度、污染范围、污染源、建议修复目标值）、筛选和评价修复技术、修复技术实施方案、监测与分析方法（布点、采样方法、分析方法）、结论和建议。

2. 常见建设用地地块污染修复技术种类

建设用地地块污染土壤是指建设用地地块污染物含量高，并具有生态与环境危害的土壤。污染地块是指对潜在污染地块土壤进行调查和风险评估后，确认污染危害超过人体健康或生态环境可接受风险水平的地块。2014 年环境保护部和国土资源部联合发布的《全国土壤污染状况调查公报》指出："长江三角洲、珠江三角洲、东北老工业基地等部分区域土壤污染问题较为突出。"长期以来粗放的环境安全管理模式、无序的"三废"排放导致了大量的污染地块，地块内及周边土壤和地下水污染严重，给人口稠密的城市带来了严重的环境和健康风险，制约着城市土地资源的安全再利用，阻碍了城市建设和地方经济的发展。因此，建设用地污染地块的修复显得尤为迫切。

我国先后发布了《污染场地土壤修复技术导则》（征求意见稿）、《污染地块风险管控与土壤修复效果评估技术导则》（HJ 25.5—2018）、《建设用地土壤修复技术导则》（HJ 25.4—2019）、《建设用地土壤污染风险管控和修复监测技术导则》（HJ 25.4—2019），为建筑用地修复提出了当前的要求与规范。近年来，科研院所和相关的产业机构投入了大量的人力和物力，促进了建筑用地修复工作的进展与提升。一些修复策略和措施的有益评估，对修复技术可持续性评估的实践具有借鉴意义。建筑用地土壤的物理修复技术包括客土法、高温热解、蒸气抽提、固化与填埋；化学修复技术包括施用改良剂、淋洗与萃取、电动修复；生物修复技术包括微生物和植物修复。

建设用地地块修复技术比选如下所述。

（1）分析比较实用修复技术

结合地块污染特征、土壤特性和选择的修复模式，从技术成熟度、适合的目标污染物和土壤类型、修复的效果、时间和成本等方面分析比较现有的土壤修复技术优、缺点，重点分析各修复技术工程应用的实用性（表 5-5）。可以采用列表描述修复技术原理、适用条件、主要技术指标、经济指标和技术应用的优缺点等方面进行比较分析，也可以采用权重打分的方法，通过比较分析，提出 1 种或多种备选修复技术进行下一步可行性评估。

表 5-5 不同建设用地地块修复技术比较

修复技术	适用范围	适应对象	优点	缺点	投资/（美元/t）	修复周期/月
挖掘填满	高污染区	任何	对设备和操作要求低	不能消除污染物	250	＜3
客土法	大部分污染	任何	恢复方法简单快速	不能消除污染物	20～50	＜3
玻璃化	高污染区	重金属为主	稳定性高，可确保长期稳定	不能消除污染物	770	＜5
固化/稳定化	高污染区	重金属为主	所用材料便宜，操作简单	不能消除污染物，需长期监测	70～200	＜6
土壤淋洗	可溶性污染物	重金属，PAHs 等	适用于污染严重的土壤	限于良好渗透性的土壤，易带来二次污染	55～165	＜12
化学氧化/还原	能发生氧化还原反应的污染物	有机污染物，部分重金属等	适用于重度污染土壤	处理费用高，对土壤结构和性质有破化	150～450	＜6
高温热解	挥发性污染物	有机污染物，部分重金属等	去除土壤中的挥发性物质，并收集污染蒸气	能耗大，破坏土壤有机质和水分	150～450	6～12

修复技术	适用范围	适应对象	优点	缺点	投资/（美元/t）	修复周期/月
气相抽提	挥发、半挥发性污染物	VOCs，PAHs	针对挥发性有机物效果好，可以与生物降解法联合使用	要求土壤渗透性强，地下水位影响修复	80～230	6～24
电动修复	高污染区	重金属、不易挥发的有机污染物	处理深度较深，宜于其他修复方法联合使用	大面积使用较困难	20～30	＜6

（2）修复技术可行性评估

实验室小试：实验室小试要采集地块的污染土壤进行试验，应针对试验修复技术的关键环节和关键参数，制定实验室试验方案。

现场中试：如对土壤修复技术适用性不确定，应在地块开展现场中试，验证试验修复技术的实际效果，同时考虑工程管理和二次污染防范等。中试试验应尽量兼顾地块中不同区域、不同污染浓度和不同土壤类型，获得土壤修复工程设计所需要的参数。

应用案例分析：土壤修复技术可行性评估也可以采用相同或类似地块修复技术的应用案例分析进行，必要时可现场考察和评估应用案例实际工程。

在分析比较土壤修复技术优、缺点和开展技术可行性试验的基础上，从技术的成熟度、适用条件、对地块土壤修复的效果、成本、时间和环境安全性等方面对各备选修复技术进行综合比较，最终选择确定合理的场地土壤污染修复技术。详见《建设用地土壤修复技术导则》（HJ 25.4—2019）。

五、编制修复方案

在确定修复目标和修复技术的基础上，制定修复的技术路线，确定修复工艺参数，明确修复工程量，选择合适的修复成本，形成完整的修复方案。同时，还需制订环境管理计划，主要是保证在修复过程中不会对周边环境和人群产生不利影响（图 5-9 和图 5-10）。

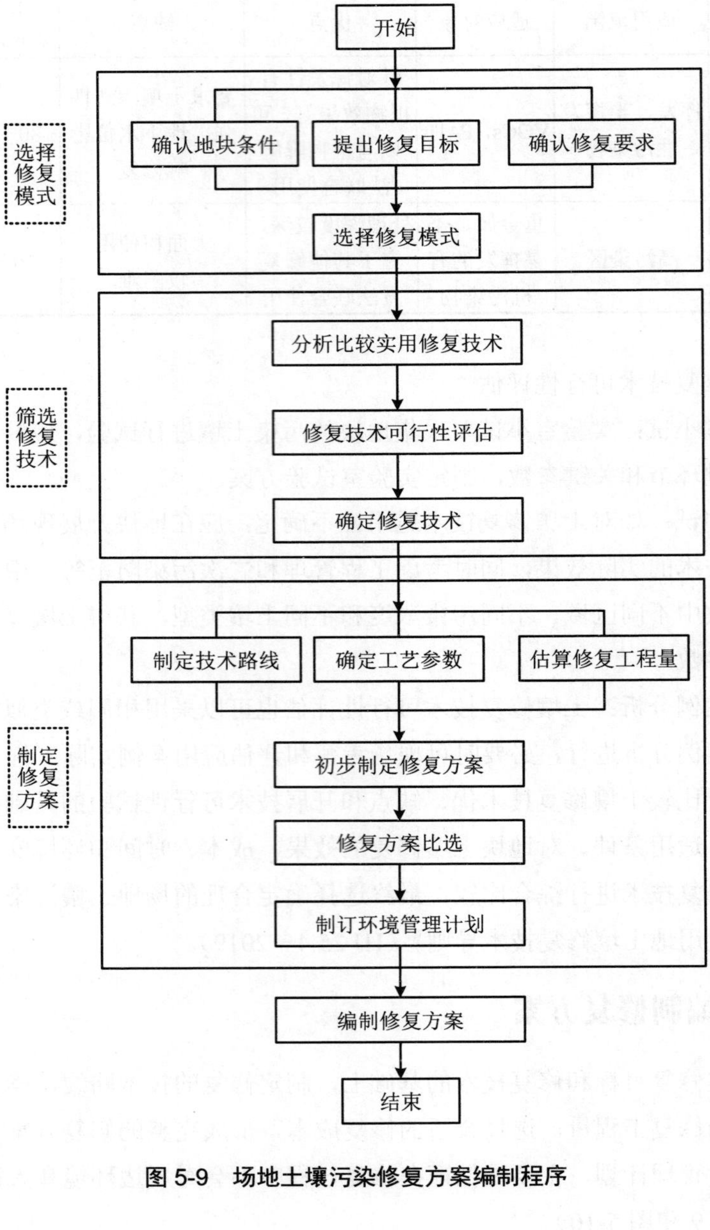

图 5-9 场地土壤污染修复方案编制程序

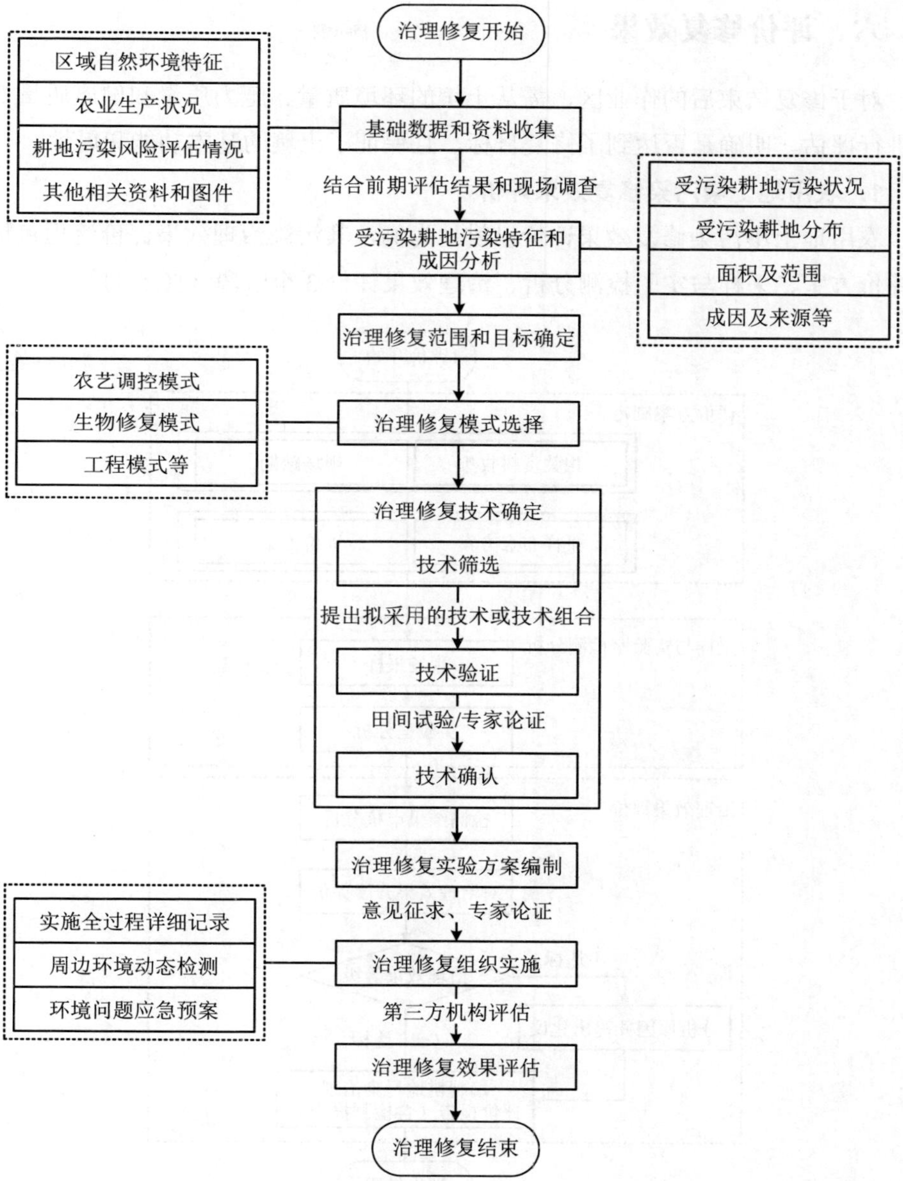

图 5-10　受污染耕地治理与修复方案编制程序

六、评价修复效果

对于修复结束后的作业区，需从土壤的环境质量、肥力质量和健康质量等方面进行评估，明确是否达到了修复目标，且保证了土壤的基本功能和属性。

1. 农用地土壤污染修复效果评价

农用地土壤污染修复效果评价以耕地为例，其污染治理效果评价流程包括制定评价方案、采样与实验检测分析、治理效果评价 3 个阶段（图 5-11）。

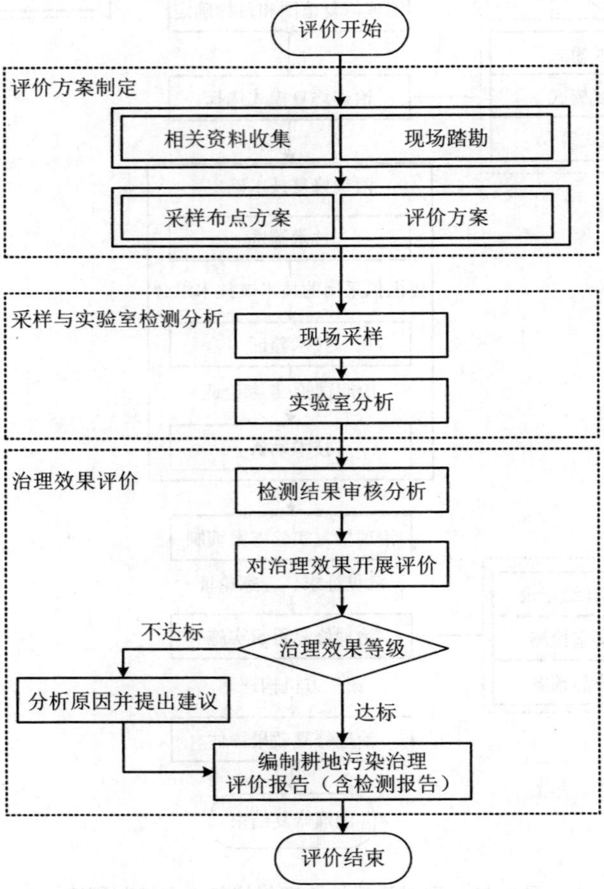

图 5-11 耕地土壤污染修效果评价总体流程

（1）制定评价方案

在审阅分析耕地污染治理相关资料的基础上，结合现场踏勘结果，明确采样布点方案，确定耕地污染治理效果评价内容，制定评价方案。

（2）采样与实验室检测分析

在评价方案的指导下，结合耕地污染治理措施实施具体情况，开展现场采样和实验室分析工作。布点采样与实验室分析工作由评价单位组织实施。

（3）治理效果的评价

在对样品实验室检测结果进行审核与分析的基础上，根据评价标准，评价治理效果，并作出评价结论。治理效果评价内容包含以下几个内容：

1）治理所使用的耕地投入品采集检测

依据随机抽样原则采集治理措施中所使用的有机肥、化肥、土壤调理剂等耕地投入品，检测镉、汞、铅、铬、砷 5 种重金属。检测方法按照相关标准的规定执行，如果没有标准参照《有机无机复混肥料》（GB/T 18877）的规定执行。

2）治理效果评价点位布设

以耕地治理区域作为监测单元，按照《农、畜、水产品污染监测技术规范》（NY/T 398）的规定在治理区域内或附近布设治理效果评价点位。治理效果评价点位布点数量见表 5-6。

表 5-6　治理效果评价点位布点数量

治理区域面积	评价点位数量/个
小于或等于 10 hm^2	10
10 hm^2 以上	每 1 hm^2 设置 1 个点

3）治理效果评价点位农产品采样与检测

治理或一个治理周期结束后，在治理效果评价点位采集农产品样品，采样方法按照 NY/T 398 的规定执行，检测方法按照《食品中污染物限量》（GB 2762）的规定执行。

4）评价治理效果

根据耕地污染治理效果评价点位的农产品可食部位中目标污染物的单因子污染指数算术平均值和农产品样本超标率判定治理区域的治理效果。

治理后，当季农产品中目标污染物单因子污染指数均数值大于 1（单尾 t 检验，显著水平一般小于或等于 0.05），或农产品样本超标率大于 10%，则当季效果为不达标；同时满足以上两个条件则判断当季治理为达标。

治理效果评价中如有以下两种情况视为治理效果不达标：① 治理修复投入品（如化肥、土壤调理剂）或治理区域内耕地土壤中重金属超过 GB 15618—2018 中规定的筛选值，则判断为当季治理效果不达标。② 种植结构未发生改变的，治理区域农产品单位产量（折算后）与治理前同等条件对照相比减产幅度应小于或等于 10%。连续 2 年内每季的效果等级均为达标，则整体治理效果等级判定为达标。两年中任一季的治理效果等级不达标，则整体治理效果等级判定为不达标。如果耕地治理效果评价点位农产品目标污染物不止一项，需要逐一评价。任何一种目标污染物的当季或整体治理效果不达标，则整体治理效果等级判定为不达标。

2. 建设用地地块土壤污染修复效果评价

建设用地地块污染修复效果评价可依据《污染地块风险管控与土壤修复效果评估技术导则》（试行）（HJ 25.5—2018）。

（1）基本原则

污染地块风险管控与土壤修复效果评估应对土壤是否达到修复目标、风险管控是否达到规定要求、地块风险是否达到可接受水平等情况进行科学、系统地评估，提出后期环境监管建议，为污染地块管理提供科学依据。

（2）工作内容与程序

污染地块风险管控与土壤修复效果评估的工作内容与程序：更新地块概念模型、布点采样与实验室检测、风险管控与修复效果评估、提出后期环境监管建议和编制效果评估报告（图 5-12）。具体要求详见 HJ 25.5—2018。

污染土壤修复效果的评价是一项复杂的工作，在实践中应结合项目的预期目标、特点、利益相关方要求等具体分析，突出关键指标；同时，根据终身负责的要求，建立修复效果长期跟踪监测和评估方案（包括地表水、地下水和农产品的跟踪监测）。

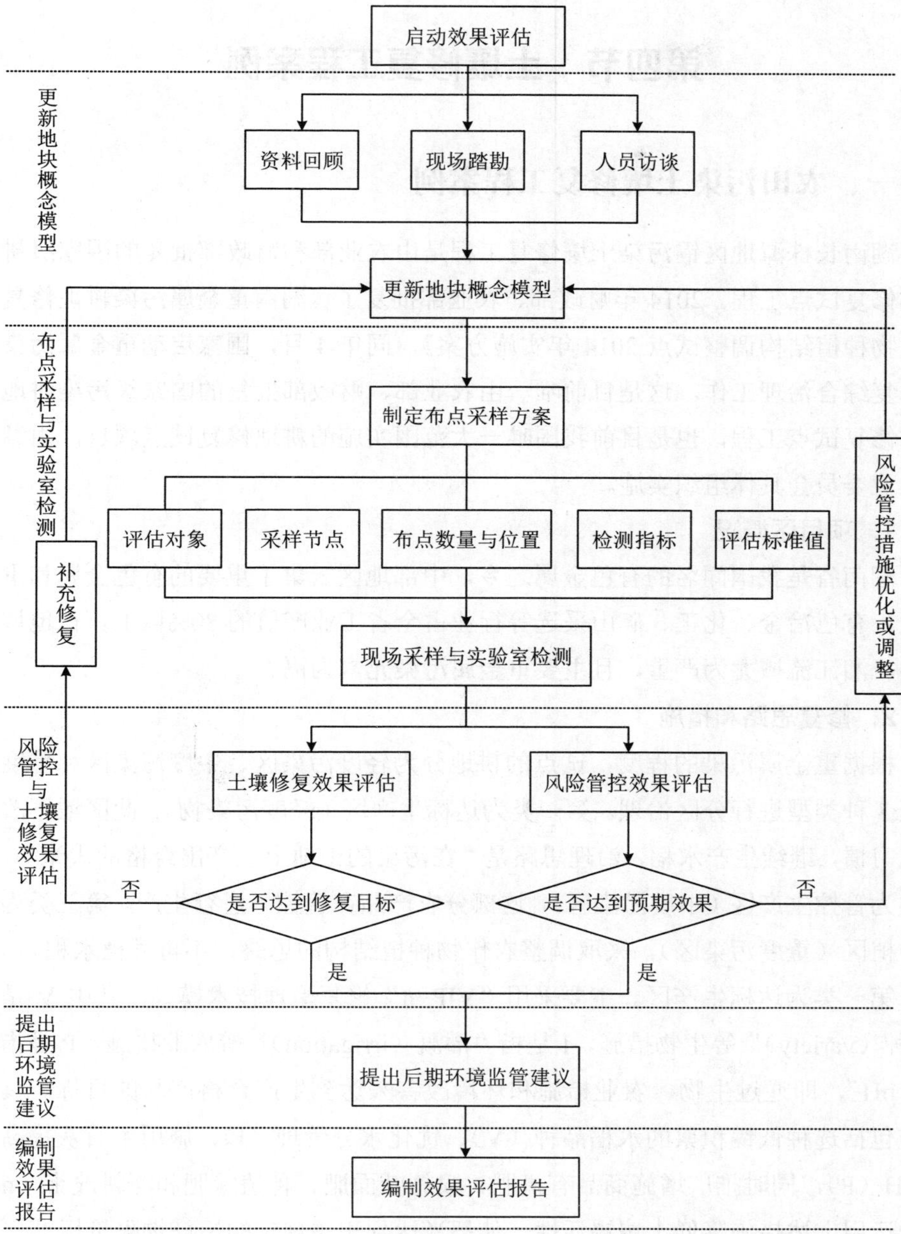

图 5-12 污染地块风险管控与土壤修复效果评估程序

第四节 土壤修复工程案例

一、农田污染土壤修复工程案例

湖南长株潭地区镉污染土壤修复工程是由农业部和财政部批复的国家级耕地土壤修复试点工程。2014 年财政部、农业部批复了《湖南重金属污染耕地修复及农作物种植结构调整试点 2014 年实施方案》，同年 4 月，国家启动重金属污染耕地修复综合治理工作。这是目前唯一由农业部、财政部批复的国家级污染耕地土壤的修复试点工程，也是目前我国唯一大范围实施的耕地修复试点项目，由湖南省农业委员会具体组织实施。

1．项目区概况

湖南省是我国闻名的有色金属之乡，中部地区云集了重要的有色金属和重化工业，有色冶金、化工、矿山采选等行业占全省工业产值的 80%以上。在地域分布上，湘江流域尤为严重，且主要重金属污染元素为镉。

2．修复思路和措施

根据重金属污染的程度，试点的耕地分为轻度污染区、中度污染区和重度污染区 3 种类型进行分区治理。第一类为达标生产区（轻度污染物），此区域不改变种植习惯，继续生产水稻，治理思路是“在污染的土地上生产出合格的大米”。第二类为管控生产区（中度污染区），这部分农产品在管控下进行生产。第三类为替代种植区（重度污染区），采取调整农作物种植结构的思路，不再种植水稻。

第一类为达标生产区。主要采用“VIP+n”修复治理技术模式，其中 V 是指“品种（variety）”等生物措施，I 是指“灌溉（irrigation）”等农业措施，P 是指调整“pH”，即通过生物、农业措施和环境改善来达到生产合格产品的目标。具体措施包括选种低镉积累的水稻品种（V）、优化水分管理（I）、施用生石灰提高土壤 pH（P），同时推广增施商品有机肥、喷施叶面肥、种植绿肥和深耕改土（n），综合运用上述措施降低土壤镉活性，使稻米达到相关规定的污染物限量标准。

第二类为管控生产区。在该区域继续种植水稻并进行品种替代，同时采取耕地修复措施。该区域的农产品在管控下进行生产，实行“四专一封闭”的管理模式，即专业品种、专区种植、专企收购、专厂储存和农产品封闭运行。不达标的产品将被全部收购，转为非食用用途，实现封闭运行，阻止其进入市场。

第三类为作物替代种植区（重度污染区）。在该区域不再种植水稻，而是调整农作物种植结构，改种非直接食用、非口粮的棉花、蚕桑、麻类、花卉等农作物，同时对残余物的去向进行监控，不得再回流进入耕地。相关部门将摸索政府介入种植的环节，保证农民收入不影响农产品生产。

3．修复效果

根据 2014 年湖南省农业委员会重点工作完成情况的公示，试点第 1 年，达标生产区和管控专产区的早稻达标比例（米镉≤0.2 mg/kg）分别提高了 53.1%和 44.8%，取得了明显效果。

二、建设用地地块污染土壤修复工程案例

尾砂库重金属污染治理工程项目所在位置为某采选矿区，位于西河流域上游，项目周边矿口、选矿厂和尾砂库较多分散分布。根据城市规划和发展需要，该区域的选矿企业基本关停，计划开发为生态旅游观光区。尾砂中，镉、铬、汞、铅和砷的浸出毒性检测结果低于当时《危险废物鉴别标准浸出毒性鉴别》（GB 5083.3—2007）限值，属于一般工业固体废物；底泥中的主要重金属污染物是砷、镉、铅和锌，浓度均超过了《土壤环境质量 建设用地土壤污染风险管控标准（试行）》（GB 36600—2018）规定标准；废渣样品中至少有一种重金属的含量超过《土壤环境质量 建设用地土壤污染风险管控标准（试行）》（GB 36600—2018）中的规定标准。

1．修复方案与施工

本项目总体技术路线可概括为“超标污染物稳定化+原位堆填+工程阻隔”。首先将超标的废渣进行安全稳定化处理，表层尾砂采取原位稳定化处理，然后将底泥及处理达标后的废渣集中封存于堆填区域，表层尾砂稳定化后采取毛石抛填来解决地基沉降问题，最后采取屏障阻隔技术进行封存。

① 废渣稳定化。对废渣在临时处理场内进行安全稳定化处理。本项目需要稳定化处置的废渣量约为 1 300 m^3。稳定化剂（TH-CM-FP）用量为废渣干重的 5%。处理后的废渣需要养护，养护条件为常温，相对湿度为 90%，养护期为 24 h，确

保废渣中重金属浸出毒性符合标准限值，经检测达标后方可运送到堆填场堆填。

② 表层尾砂稳定化及毛石抛填。清洁尾砂表面、添加重金属稳定剂，处理厚度为尾砂表层约为 1 m，处理尾砂量约为 64 000 m^3，稳定化后毛石抛填。

③ 底泥干化及转运。底泥开挖前先将西河项目范围段进行截流并排干河水，以方便清淤。采用挖机对底泥进行挖掘，将底泥运至干化场干化，再运至堆填区域堆填。项目干化和堆填处理的底泥量约为 26 000 m^3。

④ 工程阻隔防渗。在固体废物填埋区域靠近河流一侧建混凝土挡墙，阻隔墙底部延伸至土壤基岩层，并在堆填物和混凝土挡墙之间填充黏土墙（3 000～5 000 mm）。在固体废物上层覆盖厚度为 1 000 mm 的毛石稳定化层，然后覆盖厚度为 500 mm 的黏土层和厚度为 500 mm 的卵石疏水层，黏土层用于防渗，卵石疏水层底部铺设疏水管，黏土层和卵石疏水层之间铺设土工布用于防渗，土工布规格为 600 g/m^2，最后覆盖种植土或铺设硬质水泥。

2. 处理后土地用途

稳定化处理后的土壤应避免与人体直接接触。填埋区域封场后，根据开发利用规划，将用于开发广场、路基和绿化。针对广场和路基区域，尾砂稳定化和毛石抛填、黏土防渗后，铺设 200 mm 厚的混凝土，30 mm 厚的 1∶3 干硬性水泥砂浆，直接进行地面硬化，最后表面铺装，用作广场或路基。针对绿化区域，尾砂稳定化和毛石抛填、黏土防渗后，直接回填 2 m 厚的种植土用作绿化。

3. 工程实践总结

尾砂重金属污染地块是一种特殊的污染地块修复案例，其占地范围较大，地形地貌复杂，影响因素多。工程实践证明，采用稳定化修复技术能有效降低污染土壤中重金属的浸出毒性，该技术修复效果显著，具有工程周期短、费用合理、机械化程度高等特点；采用阻隔防渗技术能有效隔离污染土壤，避免污染物向周围环境扩散，防止二次污染。该技术具有长效性，经济成本低，适合治理大范围的场地土壤污染，易于推广。此外，已有案例表明，尾矿库覆土种植是一种行之有效的地块污染土壤的修复措施（图 5-13）。

图 5-13　客土修复后铜矿尾矿库上的香根草（右下角为对照组）

参考文献

[1] 陈怀满，朱永官，董元华，等．环境土壤学[M]．北京：科学出版社，2018．

[2] 张乃明，田光明，吕贻忠，等．环境土壤学[M]．北京：中国农业大学出版社，2013．

[3] 陈怀满，朱永官，董元华，等．环境土壤学[M]．北京：科学出版社，2010．

[4] 周静．重金属污染土壤修复技术的现状和掌握——以江西贵溪冶炼厂周边区域土壤修复示范项目为例[J]．世界环境，2016，161（4）：48-53．

[5] 朱艳景，张彦，高思，等．生态风险评价方法学研究进展与评价模型选择[J]．城市环境与城市生态，2015，28（1）：17-21．

[6] 陈锋，王业耀，孟凡生．重金属污染土壤和地下水电动修复技术研究[J]．中国资源综合利用，2008，26（2）：32-34．

[7] 丁竹红，胡忻，尹大强．螯合剂在重金属污染土壤修复中应用研究进展[J]．生态环境学报，2009，18（2）：777-782．

[8] 巩宗强，李增军，台培东，等．污染土壤的淋洗法修复研究进展[J]．环境污染治理技术与设备，2002，3（7）：45-50．

[9] 谷庆宝，郭观林，周友亚，等．污染场地修复技术的分类、应用与筛选方法探讨[J]．环境科学研究，2008，21（2）：197-202．

[10] 李丹丹，郝秀珍，周东美，等．淋洗法修复铬渣污染场地实验研究[J]．农业环境科学学报，2011，30（12）：2451-2457．

[11] 李喜林，张佳雯，陈冬琴，等．水泥固化铬污染土强度及浸出试验研究[J]．硅酸盐通报，

2017，36（3）：979-983.

[12] 廖文菊．环糊精在有机污染土壤生物修复中的应用[J]．环境保护科学，2010，36（6）：21-23.

[13] 陆小成，陈露洪，徐泉，等．污染土壤电动修复增强方法研究进展[J]．环境污染治理技术与设备，2005，6（1）：14-24.

[14] 罗泽娇，贾娜，刘仕翔，等．我国污染场地土壤风险评估的局限性[J]．安全与环境工程，2015，22（5）：40-46，58.

[15] 梅志华，赵申．异位气相抽提法在某有机污染场地的应用浅析[J]．污染防治技术，2015，28（1）：16-18.

[16] 杨世迎，陈友媛，胥慧真，等．过硫酸盐活化高级氧化新技术[J]．化学进展，2008，20（9）：1433-1438.

[17] Cameselle C，Chirakkara R A，Reddy K R. Electrokinetic-enhanced phytoremediation of soils: Status and oportuites[J]. Chemosphere，2013，93：626-636.

[18] KoS O，Schlautman M A，Carraway E R. Cyclodextrin-enhanced electrokinetic removal of phenanthrene from a model clay soil[J]. Environmental Science & Technology，2000，34：1535-1541.

[19] Lee H H，Yang J W. A new method to control electrolytes pH by circulation system in electrokinetic soil remediation[J]. Journal of Hazardous Materials，2000，B77：227-240.

[20] Leinz R W，Hoover D B，Meier A L. NEOCHIM：An electrochemical method for environmental application[J]. Journal of Geochemical Exploration，1998，64：421-434.

[21] Li A，Cheung K A，Reddy K R. Cosolvent-enhanced electrokinetic remediation of soils contaminated with phenanthrene[J]. Journal of Environmental Engineering，2000，126（6）：527-533.

[22] Li X N，Jiao W T，Xiao R B，et al. Contaminated sites in China：Countermeasures of provincial govemments[J]. Journal of Claner Production，2017，147：485-496.

[23] Luo J，Cai L M，Qi S H，et al. A mltitechnique phytoremediation approach to purify metals contaminated soil from e-waste recycling site[J]. Journal of Environmental Management，2017，204：17-22.

第六章　固体废物处理与资源化

第一节　固体废物来源与特性

一、固体废物的分类与来源

固体废物是指人类在生产生活中丢弃的固体和泥状的物质。生产中产生的固体废物俗称废渣；生活中产生的固体废物则称为垃圾。

固体废物的分类方法很多，按组成可分为有机废物和无机废物；按其危害状况可分为危险废物（氰化尾渣、含汞废物等，见《国家危险废物名录》）、有害废物（指具有腐蚀、腐败、剧毒、传染、自燃、锋刺、放射性等的废物）和一般废物；按形态可分为固体废物（块状、粒状、粉状）、半固态废物（废机油等）和非常规固态废物（含有气态或液态物质的固态废物，如废油桶、污泥等）；按来源可分为工业固体废物、农业固体废物、城市生活垃圾、放射性废物、危险废物和非常规来源固体废物。

工业固体废物，是指工业生产过程和工业加工过程中产生的废渣、粉尘、碎屑、污泥等，包括冶金固体废物（主要是指各种金属冶炼过程中排出的残渣，如高炉渣、钢渣、铁合金渣、铜渣、锌渣、镍渣、铬渣、镉渣、汞渣、赤泥等）、燃料灰渣（指煤炭开采、加工、利用过程中排出的煤矸石、粉煤灰、烟道灰、页岩灰等）、化学工业固体废物（指化学工业生产过程中产生的种类繁多的工艺渣。如硫铁矿烧渣、煤造气炉渣、油造气炭黑、黄磷炉渣、磷泥、磷石膏、烧碱盐泥、纯碱盐泥、化学矿山尾矿渣、蒸馏釜残渣、废母液、废催化剂等）、石油工业固体废物（指石油开采、炼油和油品精制过程中排出的固体废物，如碱渣、酸渣以及炼厂污水处理过程中排出的浮渣、含油污泥等）、矿业固体废物（主要包括废石和尾矿，废石是指各种金属、非金属矿山开采过程中从主矿上剥离下来的各种围岩，尾矿是在选矿过程中提取精矿以后剩下的尾渣）、粮食、食品工业固体废物（指粮食、食品加工过程中排弃的谷屑、下脚料、渣滓等）、其他固体废物（机械和木材加工工业产生的碎屑、边角下料，刨花、纺织、印染工业产生的泥渣、边料等）。

农业固体废物，是指农业生产、畜禽饲养、农副产品加工以及农村居民生活活动排出的废物，如植物秸秆、人畜粪便等。

城市生活垃圾，是指居民生活、商业活动、市政建设与维护、机关办公等过程产生的固体废物，包括：① 居民生活垃圾，主要包括厨余垃圾、废纸、织物、玻璃陶瓷碎片、废电器制品、废塑料制品、煤灰渣、废交通工具等；② 城建渣土，包括废砖瓦、碎石、渣土、混凝土碎块等；③ 商业及办公固体废物，包括废纸、各种废旧的包装材料、丢弃的主食和副食等；④ 粪便，工业先进国家城市居民产生的粪便大都通过下水道输送到污水处理厂处理，我国情况不同，有些城市下水处理设施少，粪便需要收集、清运，是城市固体废物的组成部分；⑤ 河道淤泥，是河道自然过程形成的底泥，由于水含量高，含有重金属、有机质等污染物，任意堆放会产生臭气，必然会对周边环境造成二次污染。

放射性废物，包括核燃料生产、加工，同位素应用，核电站、核研究机构、医疗单位、放射性废物处理设施产生的废物，如尾矿，被污染的废旧设备、仪器、防护用品，含放射性的废树脂、水处理污泥以及蒸发残渣。

危险废物，是指具有毒性、易燃性、爆炸性、腐蚀性、化学反应性和传染性的废物，分 49 大类共 600 多种，成分复杂，对生态环境和人类健康构成了严重威胁。被称为动植物和人类生存“杀手”的废电池、废灯管和医院的特种垃圾，都列入了国家危险废物名录。

非常规来源固体废物，指来自自然灾害、军事工业、战争、航空航天业等的固体废物。

二、固体废物的特性

（一）“废物-资源”两重性

固体废物具有“废物”和“资源”两重性。“固体废物”实际只是针对原所有者而言，在任何生产或生活过程中，所有者对原料、商品或消费品，往往仅利用了其中某些有效成分，而对于原所有者不再具有使用价值的大多数固体废物中仍含有其他行业需要的成分，经过一定的技术环节，可以转变为有关行业的生产原料，甚至可以直接使用。可见，固体废物的概念随时空的变迁而具有相对性。例如，火电厂的粉煤灰废物可以作为水泥厂的原料，生活垃圾中的金属、纸张、塑料等经过分类回收均可以再利用。

（二）“源头-归宿”两重性

固体废物污染问题是最具综合性的环境问题，而且固体废物具有“源头-归宿”两重性——既是污染的源头，又是污染治理的终态物。一方面，固体废物通过雨水浸淋和分解产生的浸出液、渗滤液等污染地表水、地下水和土壤，通过风吹扬散尘埃和散发有毒有害的臭气等污染大气，以垃圾、灰渣、尾矿、污泥等固态和半固态等形式侵占土地、污染土壤等；另一方面，在水和大气污染治理过程中，大多污染物的分离转化都会产生一些固体废渣或污泥。所以，要处理好固体废物，需从两方面着手：一是对固体废物进行有效的综合利用和安全处置，防止二次污染；二是从源头防止或减少固体废物的产生。

第二节　固体废物管理

固体废物管理是指运用环境管理的理论和方法，通过法律、经济、技术、教育和行政等手段，鼓励废物资源化利用和控制固体废物污染环境，促进经济与环境协调的可持续发展。

一、固体废物管理的法规政策

（一）固体废物管理的法规

目前，我国对固体废物的立法管理主要分为国家制定的法律、各行政管理部门制定的行政法规和我国与国际组织签订的国际公约 3 个层面。其中《中华人民共和国固体废物污染环境防治法》（以下简称《固废法》）是最基本、最重要的国家固体废物管理法律。

根据我国国情，并借鉴国外的经验教训，《固废法》制定了一些行之有效的管理制度，包括分类管理制度、工业固体废物申报登记制度、固体废物污染环境影响评价制度及其防治设施的“三同时”制度、排污收费制度、限期治理制度、进口废物审批制度、危险废物行政代执行制度、危险废物经营单位许可证制度和危险废物转移报告单制度等。

目前，环境污染已不仅是某个国家的问题，而是正在变为一个全球性的问题。并且，随着我国加入世界贸易组织，我国越来越多地参与国际范围内的环境保护工作，已签署并将继续签署越来越多的国际公约。例如，1990 年 3 月，我国政府签署了《控制危险废物越境转移及其处置的巴塞尔公约》。

（二）固体废物管理的技术政策

《固废法》确立我国对固体废物污染环境的防治技术政策为全过程管理、危险废物优先管理和“三化”管理。

1. 全过程管理

全过程管理即“从摇篮到坟墓”（cradle-to-grave）的废物管理系统，指对固体废物的产生（摇篮）、收集、运输、利用、贮存、处理、最终处置（坟墓）的全过程及各个环节进行追踪和实施控制管理与开展污染防治。

2. 危险废物优先管理

由于危险废物具有较大的危害性，要进行优先控制。

3. “三化”管理

“三化”管理即对固体废物的处理处置过程进行“减量化、资源化、无害化”

管理。资源化必须以无害化为前提，而减量化和无害化应以资源化为目标。

（三）固体废物管理的经济政策

通过收费、税收和费用优惠等经济政策来推动固体废物管理措施的实行，鼓励固体废物的减排和回收利用，也是发达国家常用的方法。

1.“排污收费”政策

“排污收费”政策指对废物排放者收取一定数量的废物处理费用，原则是：“只要排污就收费”。各国的收费方式大致可归为 4 种，即按废物（垃圾）体积、质量、按人头或按户收费。2018 年《中华人民共和国环境保护税法》规定，征收环境保护税的，不再征收排污费。

2.“生产者延伸责任制”政策

为了避免“排污收费”政策在执行过程中效率较低的问题，一些国家制定了“生产者延伸责任制”政策，规定产品的生产者（或销售者）对其产品被消费后所产生的废弃物的处理处置负有责任。

3.“押金返还”制度

“押金返还”制度是指在产品销售时附加一项额外的费用，在回收这些产品废弃物时，把押金返还给购买者的一种制度安排。针对一些分散不易收集的、不具有或只具有较少的经济价值、有潜在污染性或可回收利用的产品废弃物，如电池、饮料瓶等，适当的押金能起到激励返还的作用，是一种成本最低、最有效的政策。其目的有两个：一是阻止违法或不适当地处置具有潜在危害的产品废弃物，避免不适当处置导致产生更高的社会成本，将可能产生的负外部性内部化；二是部分废弃物可以循环利用，节约原材料，降低成本。

4.“税收、信贷优惠”政策

“税收、信贷优惠”政策是指通过税收的减免、信贷的优惠，鼓励和支持从事固体废物管理和资源化的企业，促进环保产业长期稳定地发展。

5.“垃圾填埋费”政策

“垃圾填埋费”政策是指对进入卫生填埋场进行最终处置的垃圾再次收费，在欧洲使用较为普遍。其目的是鼓励废物的回收利用，提高废物的综合利用率，以减少废物的最终处置量，以缓解填埋土地短缺的问题。

二、固体废物管理的技术标准

目前我国固体废物管理的标准体系主要分三大类。

（一）固体废物分类标准

固体废物分类标准主要用于对固体废物进行分类，如《国家危险废物名录（2021 年版）》、危险废物鉴别系列标准等。

（二）固体废物监测标准

固体废物监测标准主要用于对固体废物的环境污染进行监测，包括样品的采集、制备、处理和分析等，如《工业固体废物采样制样技术规范》（HJ/T 20—1998）、固体废物浸出毒性浸出方法系列标准等。

（三）固体废物污染控制标准

固体废物污染控制标准是对固体废物环境污染进行控制的标准，可分为废物处置控制标准和设施控制标准两类。如《含多氯联苯废物污染控制标准》（GB 13015—2017），《再生铜、铝、铅、锌工业污染物排放标准》（GB 31574—2015），《一般工业固体废物贮存、处置场污染控制标准》（GB 18599—2001），《水泥窑协同处置固体废物污染控制标准》（GB 30485—2013），《生活垃圾填埋场污染控制标准》（GB 16889—2008），《生活垃圾焚烧污染控制标准》（GB 18485—2014），《危险废物填埋污染控制标准》（GB 18598—2019）等。固体废物污染控制标准是环境影响评价制度、“三同时”制度、限期治理和排污收费（税）等一系列管理制度的基础，因而是所有固体废物管理标准中最重要的标准。

第三节 固体废物处理与资源化技术

一、固体废物的收运和贮存

固体废物收运是指将固体废物从产生源收集、运输到贮存点或处理、处置场所的过程，它是固体废物处理系统的一个重要环节，在整个处理成本中占比很高。因而，优化选择合理的收集、运输方式和路线非常必要。

固体废物的收集主要有混合收集和分类收集两种形式。分类收集是根据废物的种类和组成分别进行收集，可以提高废物中有用物质的纯度，有利于废物综合利用；同时，可减少需要后续处理处置的废物量，从而降低整个管理的费用和处理处置成本。因此，世界各国均大力提倡分类收集。

固体废物进行分类收集时，一般应遵循如下原则：①工业废物与生活垃圾分开；②危险废物与一般废物分开；③可回收利用物质与不可回收利用物质分开；④可燃性物质与不可燃性物质分开。

危险废物的产生部门、单位或个人，均必须有安全存放危险废物的装置，如钢桶、钢罐、塑料桶（袋）等。一旦产生危险废物，必须依照法律规定将其迅速妥善地存放于这些装置内，并在容器或贮罐外壁清楚标明内盛物的类别、数量、装进日期以及危害说明。除剧毒或某些特殊危险废物须予以密封包装之外，大部分危险废物可采用普通的钢桶或贮罐盛装。危险废物产生者应妥善保管所有装满废弃物待运走的容器或贮罐，直到它们运出产地作进一步贮存、处理或处置。

危险废物贮存可分为产生单位内部贮存、中转贮存及集中性贮存，对应的贮存设施分别为产生危险废物的单位用于暂时贮存的设施；拥有危险废物收集经营许可证的单位用于临时贮存废矿物油、废镍镉电池的设施；危险废物经营单位所配置的贮存设施。其选址、设计、建设及运行管理应满足《危险废物贮存污染控制标准》（GB 18597—2001）和有关职业卫生标准的相关要求。

转运站的位置宜选择在交通路网便利的场所或者附近，由设有隔离带或埋于地下的液态危险废物贮罐、油分离系统及盛有废弃物的桶或罐等库房群组成。站内工作人员应负责废弃物的交接手续，按时将所收存的危险废物如数装进运往处理场的运输车厢，并责成运输者负责途中安全。

危险废物的主要运输方式为公路运输。危险废物运输应由持有危险废物运营许可证的单位按照其许可证的经营范围组织实施，承担危险废物运输的单位应获得交通运输部门颁发的危险货物运输资质，并按相关法律法规严格执行运输。例如，载有危险废物的车辆必须有明显的标志或危险符号标识；负责危险废物运输的司机应由经过培训并持有证明文件的人员担任，必要时须有专业人员负责押运工作；组织危险废物运输的单位，事先应制订出周密的运输计划，确定行驶路线，并提出废弃物泄漏时的有效应急措施等。

二、预处理

预处理是为了对固体废物进行有效的分选、处理与处置，以便从中回收有用成分，节省处理处置费用而进行的破碎、压实等处理过程。

（一）破碎

破碎是固体废物处理使用最多的方法之一，其目的是使固体废物转变成适于进一步分选、处理或处置的形状和大小，或实现单体分离，以提高分选、堆肥、焚烧、热解、运输和填埋等作业的稳定性和效率，防止粗大、锋利的固体废物损坏后续处理处置的设施。根据固体废物破碎原理，破碎方法可分为挤压、剪切、劈裂、折断、磨剥和冲击等。选择破碎方法时，需视固体废物的机械强度（特别是废物的硬度）而定。对于脆硬性废物，如各种废石和废渣等，宜采用挤压、劈裂、冲击和磨剥破碎；对于柔硬性废物，如废钢铁、废汽车、废器材和废塑料等，多采用冲击或剪切破碎；对于粗大固体废物，需先将其切割、压缩到适当尺寸，再送入破碎机内破碎。对于常温下难以破碎的柔韧性废物，如废塑料及其制品、废橡胶及其制品、废电线等，可采用冷冻或超声波协助粉碎。一般地，破碎机破碎废物时，都有两种或两种以上的破碎方法同时发挥作用。

（二）压实

自然堆放的固体废物，其表观体积是废物颗粒有效体积与孔隙占有的体积之和，占据空间大，不便于收集、储存和运输，需要进行压实处理。固体废物的压实也称压缩，是通过外力加压于松散的固体废物上，以缩小其孔隙体积、增大密度的一种操作方法。废物压实有两个作用：一是减少容积，便于装卸和运输，节省填埋或贮存场地；二是制取高密度惰性材料，便于贮存、填埋或再利用。例如，生活垃圾的容重一般为 0.1～0.6 t/m^3，通过压缩可达 1.0～1.38 t/m^3，垃圾体积可缩小至原来的 1/10～1/3，可以大大减少装卸、运输和填埋的费用；花生壳、木屑等废物可压制成高密度板材再利用。

适合压实处理的主要是压缩性能大而复原性小的物质，如填埋垃圾、松散废物、纸箱、纤维、金属加工细丝等；而一些强度大的刚性材料、易燃易爆材料、含水废物、易腐烂的废物，如大块的木材、金属、玻璃、重塑料、焦油和污泥等则不宜作压实处理。所以，压实前一般需先将废物进行适当分类。

根据操作情况，固体废物的压实设备可分为固定式和移动式两大类。凡采用人工或机械方法（液压方式为主）把废物送进压实机械中进行压实的设备称为固定式压实器。各种家用小型压实器、废物收集车上配备的压实器及中转站配置的专用压实机等均属于固定式压实设备。而移动式压实器是指在填埋现场使用的轮胎式或履带式压土机、钢轮式布料压实机以及其他专门设计的压实机具。

（三）分选

固体废物的分选，就是采用适当技术将其中可回收利用或不利于后续处理工艺要求的各种废物组分分离出来的过程。大致可分为人工分选和机械分选两类。人工分选卫生条件差，但识别能力强，适用于废物产生地、收集站、处理中心、转运站或处置场。目前，人工分选大多集中在生活垃圾转运站或处理中心的废物传送带两旁。可有效分拣出大型废物、各种可回收废物和有害废物等。机械分选方法很多，应用范围较广。常见的机械分选方法包括筛选、风选、摩擦与弹跳分选、磁选、电选、浮选等。

1. 筛选

筛选又称筛分，是利用筛子将物料中小于筛孔的细粒物料透过筛面，而大于筛孔的粗粒物料留在筛面上，完成粗、细粒物料分离的过程。该过程可看作由物料分层和细粒透筛两个阶段组成。物料分层是完成筛选的条件，细粒透筛是筛选的目的。根据操作条件，筛选分为干式筛选和湿式筛选。其中，干式筛选在固体废物分选中的应用更加广泛。

2. 风选

风选又称气流分选，是最常用的一种在气流中按密度分离废物中不同组分的分选方法，被许多国家广泛应用于生活垃圾的粗选，将垃圾中的有机物与无机物大致分离，以便分别回收利用或处置。风选常以空气为分选介质，在气流和重力作用下，不同粒度和比重的颗粒在气流中的运动轨迹不同而分离。它实质上包含了两个分离过程：一是轻颗粒与重颗粒的分离；二是轻颗粒从气流中分离出来。

3. 摩擦与弹跳分选

摩擦与弹跳分选是根据固体废物中各组分摩擦系数和碰撞系数的差异，在斜面上运动或与斜面碰撞弹跳时产生不同的运动速度和弹跳轨迹而实现彼此分离的一种处理方法。常见的摩擦与弹跳分选设备有带式筛、斜板运输分选机和反弹滚筒分选机。

4. 磁选

磁选是利用固体废物中各种物质的磁性差异在不均匀磁场中进行分选的一种处理方法。主要用于回收或富集黑色金属，或是在某些工艺中用于排除物料中的铁磁性物质。固体废物按磁性可分为强磁性、中磁性、弱磁性和非磁性等组分。当固体废物通过磁选机的磁场时，同时受到磁力、重力、离心力、介质阻力和摩擦力等机械力的作用。磁性较强的颗粒（通常为黑色金属）受到以磁场力为主的合力作用，向磁力滚筒迁移，并附着在滚筒上，随着滚筒的运动被带到非磁性区时，在重力作用下脱落；磁性弱的或非磁性颗粒，由于所受的磁场作用力很小，在以非磁场力为主的合力作用下，不向磁力滚筒迁移，从而实现强磁性颗粒和其他颗粒的分离。

根据产生磁场的方式不同，磁选设备分为永磁和电磁两类。两种设备的工作过程相似，其中电磁磁场可通过调节激磁线圈电流的大小来加以控制，但价格比永磁高出很多，所以实际应用较多的是永磁磁选设备。常见的磁选设备主要有滚筒式磁选机和带式磁选机。

5. 电选

电选是利用固体废物中各种组分在高压电场中电性的差异而实现分选的一种方法。主要用于从废旧电线、废电缆、电子工业废料中分离回收金、银、铜等金属；从煤渣、粉煤灰中回收炭；还可用于塑料、橡胶、纤维纸、合成皮革和胶卷等物质的分选。物质根据其导电率，分为导体、半导体和非导体 3 种。大多数固体废物属于半导体和非导体，一般电性较弱，因此，要实现电选分离，则必须先通过适当的方法使废物颗粒荷电，因为只有荷电颗粒才能受到电场力的作用。实际电选过程中使废物颗粒带上电荷的方式主要有直接传导带电和电晕带电。

6. 浮选

浮选主要用于分选不易被重力分选所分离的细小颗粒（粒度小于 5 mm）。但废物在浮选前需破碎和磨碎到一定的细度，浮选时要消耗一定数量的浮选药剂，容易造成环境污染或需增加相配套的净化设施，浮选后需要一些辅助工序，如浓缩、过滤、脱水、干燥等。因此浮选在实际中的应用受到一定限制，目前在我国主要用于从粉煤灰中回收炭、从煤矸石中回收硫铁矿、从焚烧炉灰渣中回收金属等。浮选也称泡沫浮选，是依据各种物料的表面润湿性的差异，在浮选药剂的作用下，使预选物质颗粒黏附在气泡上，随气泡上浮，不浮的颗粒仍留在料浆内，从而实现分离的过程。在浮选过程中，固体废物各组分对气泡黏附的选择性，是由固体颗粒、水、气泡组成的三相界面间的物理化学特性所决定的。其中比较重要的是颗粒表面的润湿性，与颗粒密度无关。颗粒表面疏水性强，则可浮性好，可随气泡上浮从表面回收；颗粒表面亲水性强，则可浮性差，就会下沉从底部排出。因此，浮选可用于密度相差不大但表面疏水性相差较大的细小颗粒的分离。颗粒表面的疏水性能，可以通过浮选药剂的作用而加强或削弱。因此，在浮选工艺中，正确选择和使用浮选药剂是调整物质可浮性的主要外因条件。

浮选机是实现浮选过程的重要设备。浮选效果的好坏与所用浮选机的性能密切相关。通常对浮选机的性能要求有：①良好的充气作用；②搅拌充分；③能形成比较平稳的泡沫区；④能连续工作及便于调节。浮选机种类很多，按充气和搅拌方式的不同，主要分为机械搅拌式、充气搅拌式、充气式和气体析出式 4 类，其中机械搅拌式浮选机的应用最为广泛。

三、热处理

固体废物的热处理是指在高温条件下，使废物中的某些物质发生分解、氧化、还原、氯化、气化、溶解度改变等热化学历程，包括高温下的焚烧、热解、湿式氧化、煅烧、焙烧、烧结及等离子体电弧分解、微波分解等。热处理方法适用于对废物中某一成分或性质相近的混合成分进行处理，不宜处理成分复杂的废物。其中煅烧、焙烧、烧结等用作矿业固体废物和工业废渣等化学预处理作业，为下步处理做准备；其他热处理方法多用于有机废物的处理，具有很好的减量化和无害化效果，同时还能回收能量或物质。热处理方法中应用最广泛的是焚烧和热解。

1. 焚烧

固体废物焚烧处理是指将固体废物投入高温（800～1 000℃）焚烧炉内，其中的可燃成分与空气中的氧气发生剧烈的化学反应，转化为高温的燃烧气体和性质稳定的固体残渣，并放出热量的过程。

经过焚烧处理，固体废物可以减容 80%～90%；可以破坏有毒有害废物、杀灭细菌和病毒，达到解毒、除害的目的；残渣性质稳定，可做建材使用，若后续填埋也可以节约大量用地；产生的大量高温烟气，可通过发电或供热而回收能源。因此，焚烧是一种可同时实现废物无害化、减量化和资源化的处理技术；适宜处理有机成分多、热值高的废物，广泛应用于生活垃圾、危险废物和一般工业废物的处理。

废物进行焚烧处理，必须具备 3 个基本条件，即可燃物质（有时还需要助燃物质）、引燃火源和着火条件。可燃物质着火燃烧实际是燃烧系统中与热力学、动力学和流体力学等有关的各种因素共同作用的结果。

废物从送入焚烧炉到形成烟气和固态残渣的过程总称为焚烧过程（图 6-1）。

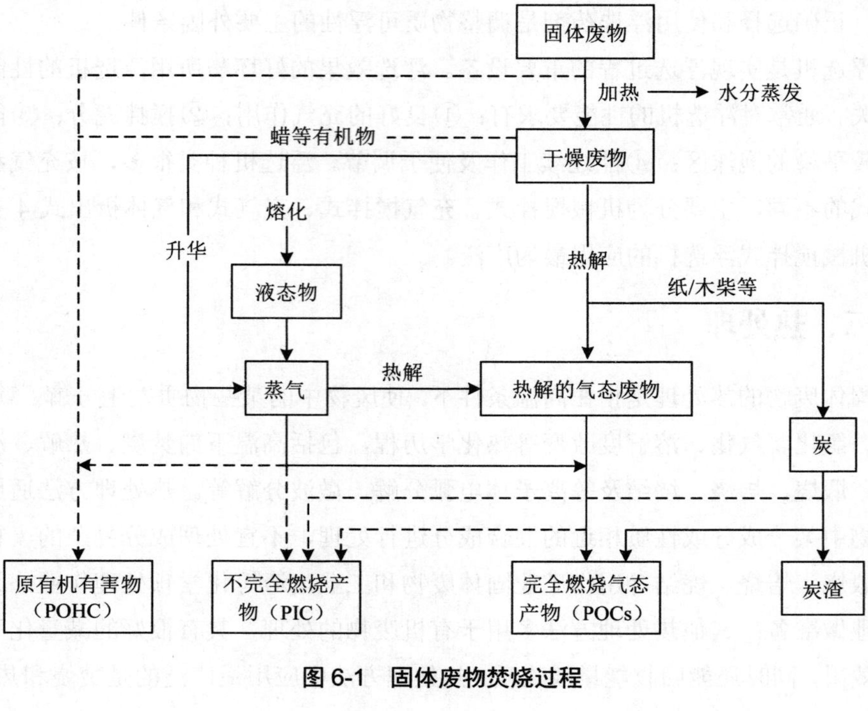

图 6-1 固体废物焚烧过程

焚烧过程是一个包括热分解、熔融、蒸发和化学反应等一系列物理变化和化学反应的复杂系统工程，大致可分为干燥、燃烧和燃尽 3 个阶段。

①干燥阶段，是指从废物送入焚烧炉起，到废物开始析出挥发成分和着火的这段时间。废物送入焚烧炉后，通过高温烟气、火焰、高温炉料的热辐射和热传导，首先被加热升温，水分蒸发，废物不断干燥。当水分基本析出完后，物料温度开始迅速上升，直到着火燃烧。废物含水越多，越难升温至着火燃烧，所需干燥时间也越长，有时还需要投入辅助燃料燃烧产热，以提高炉温，改善干燥着火条件。

我国城市生活垃圾含水率较高，一般在 40%～60%，因此，焚烧的干燥阶段非常重要。

②燃烧阶段，是指废物开始着火至强烈的发光氧化反应结束的这段时间。

根据可燃物质的种类和性质不同，固体物质的燃烧一般可划分为 3 种：蒸发燃烧、分解燃烧和表面燃烧。含碳固体废物的燃烧大都属于分解燃烧，废物受热后先分解为可挥发性组分和固定碳，然后可挥发性组分中的可燃性气体进行扩散燃烧，固定碳与空气接触进行表面燃烧。挥发性组分的燃烧是均相的反应，反应速度快；而固体物质的表面燃烧是不均相的，速度要慢得多。虽然燃烧阶段一般都供给过量空气，以提供充足的氧气与炉中废物有效接触发生燃烧反应，但由于废物组分的复杂性和其他因素的影响，仍会存在一些废物燃烧不完全的现象。

③燃尽阶段，是指主燃烧阶段结束至燃烧完全停止的这段时间。此时，参与反应的物质的量大大减少了，而反应生成的惰性物质、气态的 CO_2、H_2O 和固态的灰渣则增加了。由于灰层的形成和惰性气体的比例增加，使剩余的氧化剂难以与物料内部未燃尽的可燃成分接触并发生氧化反应，燃烧过程因此减弱。此时，物料周围温度的降低也不利于反应的继续进行。因此，要使物料中未燃尽的可燃成分燃烧干净，就必须延长燃烧过程，同时补充空气，翻动残渣，使之能够有足够的时间与空气充分接触，尽可能完全燃烧掉。

2．热解

热解是利用有机物的热不稳定性，在无氧或缺氧条件下，使有机物在高温下分解，最终成为可燃气、油、固形炭的过程。它是废弃物资源化的一种重要方式。

适宜热分解的有机废物有废塑料（含氯者除外）、废橡胶、废轮胎、废油及油泥、废有机污泥和农林废物。

影响有机固体废物热解的因素很多，主要有物料特性、反应温度、加热方式和加热速率等。废物特性包括废物成分、粒度和含水率等，直接影响热解化学反应及系统能量平衡，从而影响废物产量和成分。废物有机物含量大、含水率低、颗粒小，则可热解性好，产品热值高、可回收性好，残渣少。反应温度是热解过程最重要的控制参数。温度变化对产品产量、成分比例有较大的影响（图 6-2）。一般来说，热解温度与气体产量成正比，而各种液体物质和固体残渣均随分解温度的增加而相应减少。通过控制热解反应器的温度可有效改变产物的产量和成分。热解按温度可分为低温热解（600℃以下）、中温热解（600～700℃）和高温热解（1 000℃以上）。农林废物制炭和水煤气属于低温热解，废轮胎、废塑料热解造油通常采用中温热解；高温纯氧直接加热可将废渣熔融生产出玻璃态渣，可用作建材骨料。加热方式分直接加热和间接加热两种方式。直接加热是通过部分废物有氧燃烧释放热量加热周围的其他物料，特点是传热好，但回收气体热值低。间接加热是先加热介质，然后通过介质将热传导给物料，其特点是热效率低，但回收气体热值高。为提高间接加热的效率，往往需要将废物颗粒破碎至较细粒度。加热速率的快慢直接影响固体废物的热解历程，从而也影响热解的产物。一般来说，加热速率较低时热解产品气体含量高；提高加热速率，则产品中的水分及有机物液体的含量逐渐增多。若是在低温、低速条件下，有机物分子有足够时间在其最薄弱的接点处分解并重新结合为热稳定性固体，则固体产率增加；在高温、高速条件下，热解速度快，有机物分子结构发生全面裂解，生成大范围的低分子有机物，产物中气体组分增加。据相关研究表明，上述各种影响因素与热解产物的关联度大小依次为热解温度、物料特性、加热速率、物料的填实度、物料粒径。

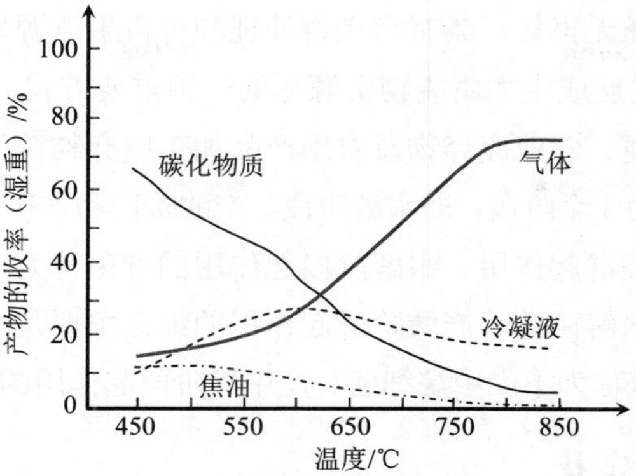

图 6-2　热分解产物比例和温度的关系

四、生物处理

固体废物的生物处理是指利用微生物、动物（蚯蚓等）或植物的新陈代谢作用，将固体废物转换成有用的物质和能源，如生产肥料、产生沼气、提取各种有价金属等。生物处理涉及的方法有多种，如好氧堆肥、厌氧消化、纤维素水解、垃圾养蚯蚓、生物冶金等。

好氧堆肥是依靠自然界中广泛分布的细菌、放线菌、真菌等微生物，在人工控制通风供氧的条件下，促进可生物降解的有机物向稳定的腐殖质转化的微生物学过程。其产物称为堆肥（compost），是一类腐殖质含量很高的疏松物质，又称“腐殖土”，可作为有机肥料使用，用以增加土壤肥力、调节土壤结构。好氧堆肥过程中，有机废物好氧分解热使堆体升温，一方面加速腐殖化过程，废物得到有效的稳定化和减量化，堆肥产品容积只有原料的 30%～50%；另一方面也可杀灭虫卵、致病菌以及杂草籽等，使得堆肥产品可以安全地用于农田。因此，堆肥是一种可同时实现废物资源化、减量化和无害化的处理技术，是生物质含量高的有机废弃物资源化的一种重要方式，现已发展成处理生活垃圾、污水污泥、人畜粪便以及农业固体废物的重要方法之一。

厌氧消化，是指在人工控制厌氧条件下，利用厌氧微生物将废物中可生物降解的有机质分解转化成甲烷、二氧化碳和其他稳定物质的生物化学处理过程，又称甲烷发酵。通过厌氧消化，可将有机废物转化为生物能源——沼气，同时实现有机物质的稳定化和无害化，具有污染物处理和可再生能源生产的双重功能。因此，厌氧消化已经发展成生物质废物资源化的一种重要方式，广泛用于污水污泥、餐厨废物、人畜粪便、农业废弃物及农副产品加工废弃物等的处理。固体废物的厌氧消化一般可分为3个阶段，即水解阶段、产酸阶段和产甲烷阶段，每一阶段各有其独特的微生物类群起作用。水解阶段起作用的细菌称为发酵细菌，包括纤维素分解菌、蛋白质水解菌等。产酸阶段起作用的细菌主要是醋酸分解菌。这两个阶段起作用的细菌统称为不产甲烷细菌。产甲烷阶段起作用的细菌是产甲烷细菌。

五、固化/稳定化

固化/稳定化处理是指通过物理过程将废物直接掺入惰性基材中加以包容或者通过化学转变将有害成分引入某种稳定的晶格中，使废物中所有污染组分转变为低溶解性、低迁移性及低毒性的过程。其目的是使危险废物中的所有污染组分呈现化学惰性或被包容起来，同时改善被处理对象的工程性质，以便运输、利用和处置。

固化/稳定化技术最早是用来处理放射性污泥和蒸发浓缩液，现今已广泛用于处理多种有毒有害废物，如电镀污泥、铬渣、镉渣、砷渣，汞渣、氰渣，炼油废泥渣以及焚烧飞灰等，以满足填埋处置要求；此外，还被用于处理大量被有机农药、重金属污染的土壤。

固化可以看作一种特定的稳定化过程，固化所用的惰性材料称为固化剂，有害废物经过固化处理所形成的固化产物称为固化体。对固化处理的基本要求包括：①有害废物经固化处理后所形成的固化体应具有良好的抗渗透性、抗浸出性、抗干湿性、抗冻融性及足够的机械强度等，最好能作为资源加以利用，如作建筑基础和路基材料等；②固化过程中材料和能量消耗要低，增容比（所形成的固化体体积与被固化废物的体积之比）要低；③固化工艺过程简单、便于操作；④固化剂来源丰富，价廉易得；⑤处理费用低。其中用于衡量固化处理效果的主要指标是固化体的浸出率、增容比和机械强度。常用的危险废物固化/稳定化方法可按固化剂分为水泥固化、石灰固化、塑性材料固化、熔融固化和自胶结固化等。

六、安全填埋

安全填埋是指将危险废物填埋于抗压及双层不透水材质所构筑并设有阻止污

染物外泄及地下水监测装置的填埋场的一种处理方法。安全填埋场专门用于处理危险废物，由于危险废物对生态与环境有很大的危害性，因此，其填埋场的结构与安全措施较垃圾卫生填埋场更加严格。安全填埋场选址需远离城市的安全地带。危险废物进行安全填埋处置前需经过稳定化和固化处理。

1．安全填埋场的构造

安全填埋场的构造需要以更加严密的人工或天然不渗透材料作为防渗层，且土壤与防渗层结合部位的渗透率应小于 10^{-6} m/s；天然基础层的饱和渗透系数不应大于 10^{-7} m/s，且其厚度不应小于 2 m；填埋场最底层应位于最高地下水位 3 m 以上，必须铺设地下水位控制设施；采取必要的措施控制地表径流水；配置完整的渗滤液收集与监控系统；设置气体排放与监测系统；严格记录废物来源、性质与处理量，并适当加以分类处理；分级危险废物的种类、特性及填埋土壤性质，采取适当的防腐蚀、防渗漏措施。此外，填埋场场址的地质构造应相对简单、稳定，没有活动性断层；安全填埋场应有抗压及抗震设施。封场要求见《危险废物安全填埋处置工程建设技术要求》。典型安全填埋场构造如图 6-3 所示。这种填埋方法几乎可以处理任何种类的危险废物。

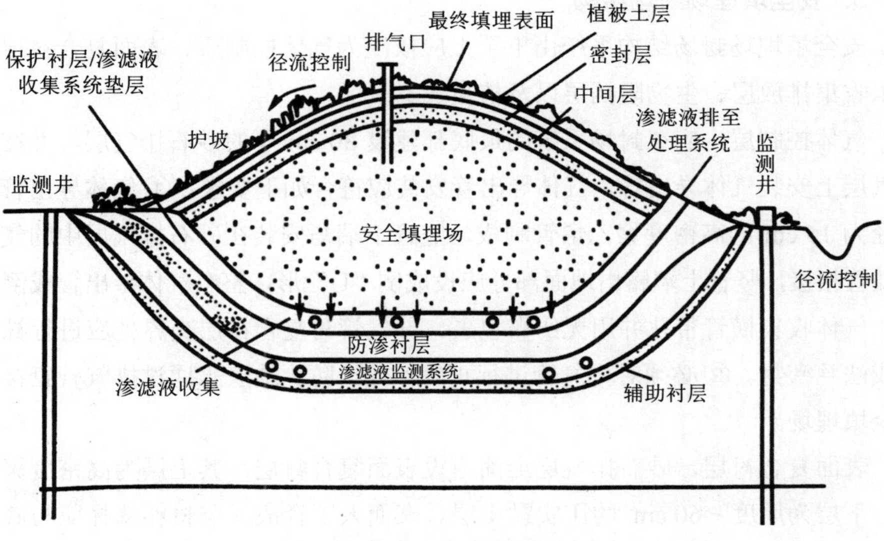

图 6-3　安全填埋场构造示意图

2．安全填埋场防渗衬层结构

根据《危险废物安全填埋处置工程建设技术要求》，填埋场防渗系统应以柔性结构为主，且柔性结构的防渗系统必须采用双人工衬层。其结构由下到上依次为基础层、地下水排水层、压实的黏土衬层、高密度聚乙烯膜、膜上保护层、渗滤液次级集排水层、高密度聚乙烯膜、膜上保护层、渗滤液初级集排水层、土工布、危险废物。

在填埋场选址地质不能达到相应要求时，可采用钢筋混凝土外壳与柔性人工衬层组合的刚性结构，以满足相应要求。其结构由下到上依次为钢筋混凝土底板、地下水排水层、膜下的复合膨润土保护层、高密度聚乙烯防渗膜、土工布、卵石层、土工布、危险废物。四周侧墙防渗系统结构由外向内依次为钢筋混凝土墙、土工布、高密度聚乙烯防渗膜、土工布、危险废物。柔性填埋场中，上层高密度聚乙烯膜厚度应≥2.0 mm；下层高密度聚乙烯膜厚度应≥1.0 mm。刚性填埋场底部以及侧面的高密度聚乙烯膜的厚度均应≥2.0 mm。刚性结构填埋场钢筋混凝土箱体侧墙和底板作为防渗层，应按抗渗结构进行设计，按裂缝宽度进行验算，其渗透系数应≤1.0×10^{-6} cm/s。

3．安全填埋场封场结构

安全填埋场封场结构系统由下至上应依次为气体控制层、表面复合衬层、表面水收集排放层、生物阻挡层以及植被层。

气体控制层，应在封场系统的最底部建设 30 cm 厚的砂石排气层，并在砂石排气层上安装气体导出管。气体导出管安装应符合如下要求：①气体导出管应由直径为 15 cm 的高密度聚乙烯管制成，竖管下端与安装在砂石排气层中的气体收集横管相接，竖管上端露出地面部分应设成倒“U”形，整个气体导出管成倒“T”形，气体收集横管带孔并用无纺布包裹。导气管与复合衬层交界处应进行袜式套封或法兰密封。②必须对排气管进行正确保养，防止地表水通过排气管直接进入安全填埋场。

表面复合衬层，砂石排气层上面应设表面复合衬层，其上层为高密度聚乙烯膜，下层为厚度≥60 cm 的压实黏土层。表面人工合成衬层材料选择应与底部人工合成衬层材料相同，且厚度≥1 mm、渗透系数≤1.0×10^{-12} cm/s。

表面水收集排放层，复合衬层上面应建表面水收集排放层，其材质应选择小卵石或土工网格。若选择小卵石，不必另设生物阻挡层。若选择土工网格，必须另设生物阻挡层并解决土工网格与人工合成衬层之间的防滑问题。

生物阻挡层，当使用土工网格作为地表水收集排放系统材料时，应在表面水收集排放系统上面铺一层≥30 cm 厚的卵石，以防止挖洞动物入侵安全填埋场。

植被层，封场系统的顶层应设厚度≥60 cm 的植被层，以达到阻止风与水的侵蚀、减少地表水渗透到废物层，保持安全填埋场顶部的美观及持续生态系统的作用。

此外，封场系统的坡度应大于 2%。封场后应对渗滤液进行永久的收集和处理，并定期清理渗滤液收集系统。封场后应对提升泵站、气体导出系统、电力系统等做定期维护。还应预留定期维护与监测的经费，确保在封场后至少持续进行 30 年的维护和监测。若因侵蚀、沉降而导致排水控制结构需要修理时，应实行正确的维护方案以防止情况进一步恶化。

第四节　典型的固体废物处理和资源化案例

一、生活垃圾处置与资源化

（一）生活垃圾概况

生活垃圾的组成非常复杂，并且受到多种因素［如自然环境、气候条件、城市发展规模、居民生活习性（食品结构）、家用燃料（能源结构）、经济发展水平、收运系统等］的影响。因此，各国、各城市甚至各地区的生活垃圾组成都有所不同。

生活垃圾的物理性质参数主要有组分、含水率和容重等，它们是确定预处理和分选方法的主要依据。我国垃圾含水率的典型值为 40%～60%，在夏季，含水率要高些，有时可达 70%以上。垃圾的容重受压实的影响很大，通过压实处理可显著增大容重，减少垃圾的体积，有利于运输和后续处理。

生活垃圾的化学性质参数主要有挥发分（有机成分）、灰分、元素组成、固定碳及发热值等，对选择加工处理技术和回收利用工艺十分重要，对于水分和挥发分含量高的生活垃圾一般不建议填埋处理，热值高的垃圾可采用焚烧处理以回收热能发电。

生活垃圾的生物特性包括两方面的含义：①生活垃圾自身所具有的生物学性质及其对环境的影响；②生活垃圾的可生化性，主要取决于垃圾中有机物质的含量及其可生物降解性能，可用挥发性有机物含量（VS）、生化需氧量（BOD_5）等参数来衡量。生活垃圾的可生化性是选择生物处理方法和确定处理工艺（如堆肥、厌氧消化等）的主要依据。

一般来说，发达国家或地区的垃圾组成是有机物多、无机物少，发展中国家则是无机物多、有机物少；在我国，南方城市较北方城市有机物多、无机物少。表 6-1 列出了我国部分城市和地区垃圾的组成情况。表 6-2 列出了常见垃圾的组分和热值。

表 6-1 我国部分城市和地区垃圾的组成情况 单位：%

城市	有机废物					无机废物			
	厨余	纸类	塑料、橡胶	草木	织物	金属	玻璃陶瓷	灰土、砖瓦	其他
北京	39.0	18.2	10.4	—	3.6	3.0	13.0	10.9	1.9
上海	70.0	8.0	12.0	0.9	2.8	0.1	4.0	2.2	—
广州	63.0	4.8	14.1	2.8	3.6	3.9	4.0	3.8	—
深圳	58.0	7.9	13.7	5.2	2.8	1.2	3.2	8.0	—
南京	52.0	4.9	11.2	1.1	1.2	1.3	4.1	20.6	3.6
武汉	39.8	1.0	9.1	1.6	1.0	0.5	9.0	38.0	—
常州	48.0	4.3	10.2	1.0	1.7	1.1	5.8	25.1	2.8
郑州	47.1	3.0	2.2	0.5		47.2			—
呼和浩特	48.0	9.3	13.1	—		29.6			

表 6-2 常见垃圾的组分和热值

名称	组分/%				热值/（kJ/kg）
	水分	灰分	挥发分	碳含量	
落叶	19.403	3.290	73.318	4.050	14 939.22
橘皮	78.012	0.905	16.783	4.300	4 410.89
竹片	11.932	2.618	55.820	29.630	6 255.69
破布	8.728	3.131	81.087	7.054	16 028.10

名称	组分/%				热值/（kJ/kg）
	水分	灰分	挥发分	碳含量	
线手套	5.970	1.644	74.365	18.021	6 102.78
纸张	6.100	1.430	78.120	14.350	16 626.40
玻璃纸	9.599	1.813	67.016	21.572	5 712.42
塑料泡沫	0.965	0.475	98.560	—	32 754.47
塑料薄膜	0.471	0.164	99.365	—	33 993.65
编织袋	0.010	6.066	79.100	14.824	20 506.00
橡胶	1.210	9.820	84.980	3.940	26 018.00

由表 6-1 和表 6-2 可知，我国城市生活垃圾有机成分和水分的含量都比较高，变化幅度也较大。随着国民经济的发展，城市居民生活水平的提高，食品结构的变化，尤其是能源结构的变化，城市燃气的不断普及，城市生活垃圾的构成也将随之发生变化，其中可燃物、有机物和可再利用物含量将明显增加，垃圾热值等表征参数的值也将有较大幅度的提高。

（二）生活垃圾的分类

我国城市垃圾分类最早始于 1995 年上海市，并于 2000 年在北京、南京、杭州、厦门等城市进行垃圾分类试点，将废纸、塑料、金属以及有毒有害废电池等垃圾分类收集。经过 20 多年的发展，国家的政策引导逐步加强（表 6-3），垃圾分类逐步推进，垃圾分类模式已做了数次调整，把垃圾分为如①有机垃圾、无机垃圾、有毒有害垃圾；②干垃圾、湿垃圾、有害垃圾；③废玻璃、可燃垃圾以及有害垃圾；④可堆肥垃圾、有害垃圾、其他垃圾。近年来，各地虽然在城市垃圾分类领域探索出了诸多的宝贵经验，但作为一项系统性工程，应从收集、运输到后期进行全过程垃圾分类处理才是严格意义上的垃圾分类。从目前的城市垃圾分类现状来看，普遍存在重视垃圾分类，但在运输环节考虑成本等因素，又将分类收集起来的垃圾集中混合运输，导致许多可回收应用的垃圾未得到充分利用而导致巨大资源浪费。

表 6-3 我国的垃圾分类政策

颁布时间	文件名称	垃圾分类相关内容
2016 年 2 月	《关于进一乡加强城市规划建设管理工作的若干意见》	加强垃圾综合治理，建立政府、社区、企业和居民协调机制，通过分类投放政策、综合循环利用，促进垃圾减量化、资源化、无害化。到 2020 年，力争垃圾回收利周率提高到 35%以上
2016 年 5 月	《关于推进再生资源回收行业转型升级的意见》	推动有条件的城市创新工作体制机制，试点开展再生资源回收与生活垃圾分类回收体系的协同发展，鼓励在收集、回收、运转和分拣、处理等重点环节加强对接
2016 年 12 月	《“十三五”全国城镇生活垃圾无害化处理设施建设规划》	2020 年年底，直辖市、省会城市生活垃圾得到有效分类：生活垃圾回收利用率达 35%以上，城市基本建立餐厨垃圾回收和再生利用体系，积极构建“互联网+资源回收”新模式，打通生活垃圾回收网络与再生资源回收网络通道，整合回收队伍和设施，实现“两网融合”
2017 年 3 月	《生活垃圾分类制度实施方案》	加快建立分类投放、分类收集、分类运输、分类处理的垃圾处理系统，形成以法治为基础、政府推动、全民参与、城乡统筹、因地制宜的垃圾分类制度。努力提高垃圾分类制度覆盖范围。在重点城市的城区范围内先行实施生活垃圾强制分
2017 年 6 月	《关于开展第一批农村生活垃圾分类和资源化利用示范工作的通知》	决定在北京市门头沟区等 100 个县（市、区）开展第一批农村生活垃圾分类和资源化利用示范工作。开展示范的县（市、区）要在 2017 年确定符合本地实际的农村生活垃圾分类方法，并在半数以上乡镇进行全镇试点。两年内实现农村生活垃圾分类覆盖所有乡镇和 80%以上的行政村
2017 年 12 月	《关于加快推进部分重点城市生活垃圾分类工作的通知》	确定北京、天津、上海等 46 个重点城市先行实施生活垃圾分类。2018 年 3 月底前，46 个重点城市要出台生活垃圾分类管理实施方案或行动计划：2018 年，46 个重点城市均要形成若干垃圾分类示范片区：2020 年年底前，46 个重点城市基本建成生活垃圾分类处理系统。基本形成相应的法律法规和标准体系：2035 年前，46 个重点城市全民建设城市生活垃圾分类制度。垃圾分类达到国际先进水平
2018 年 7 月	《关于创新和完善促进绿色发展价格机制的意见》	全面建立覆盖成本并合理盈利的固体废物处理收费机制，加快建立有利于促进垃圾分类和减量化、资源化、无害化处理的激励约束机制

做好垃圾分类，要从垃圾的投放、收运和处理等全过程做好分类回收处理。①分类投放。以生活垃圾为例，从垃圾分类试点城市来看，分类投放均采取了“大分流、小分类”的分类模式，将生活垃圾分为装修垃圾、餐厨垃圾、大件垃圾、枯枝落叶等大分流，再设置相应的小分类，如废旧衣物回收点、电子废弃物回收点等。②分类收运。在传统的收运系统中，将分类出来的可回收垃圾、有害垃圾以及厨余垃圾等配置相应的专用车辆分类收运，并利用“互联网+”技术，实现分类垃圾自动称重、采集和实时上传等功能。③分类处理。在分类收储的垃圾中采取分类处理，目前主要的处理技术为焚烧、填埋和堆肥处理等。

（三）生活垃圾的分选回收

目前，发达国家生活垃圾的收集、运输和处理管理与技术都已很成熟，并积累了许多经验。在收集方面大多数国家采取了分类收集，在运输方面基本采用密闭压缩运输；在处理方面广泛采用的方式主要有卫生填埋、焚烧、堆肥和综合利用（再生循环利用）4 种。其中填埋因为存在占用土地及污染环境等问题，已逐渐被德国、丹麦、日本、瑞士等发达国家所摒弃，取而代之的是更为先进的分类回收综合利用和垃圾焚烧结合的综合处理技术。在垃圾综合处理中，要求垃圾尽量资源化、处理处置合理化、运转成本降低、经济效益提高等，实现这一切的关键技术是分选。有效分选不仅可以减少垃圾处理处置的量，而且能回收部分资源性物质。

综述世界各国垃圾综合处理的先进技术和方法，其共同点是：

①基本是“干式”回收有用组分，极少数在工艺过程的结束工序辅以“湿式”回收。

②通用工艺程序均为分类收集（回收利用资源性物质）→垃圾破碎→分选（回收利用资源性物质）→处理（回收能量或物质）→填埋处置。

③采用综合技术方法进行破碎、分选和回收，很少采用单一的方法处理，主要的分选方法有人工手选、筛分、风力分选、磁选和电选等，有些辅以光电等先进技术进行分离提纯。

④各处理工艺所能回收的产品有黑色金屑、有色金属、纸（浆）、塑料、有机肥料、饲料、玻璃以及焚烧热等。一些有机物（如餐厨垃圾）还可通过生物发酵处理，同时产生沼气和腐殖质肥料，沼气可用于燃烧发电或供热；高热值不易

腐烂有机物（织物、竹木等）可进行焚烧处理，或制作垃圾衍生燃料等，进行能量回收；灰渣（如砖头和瓦砾等）也可以进行材料化利用。图 6-4 为我国采用的一种典型的生活垃圾分选回收工艺系统。

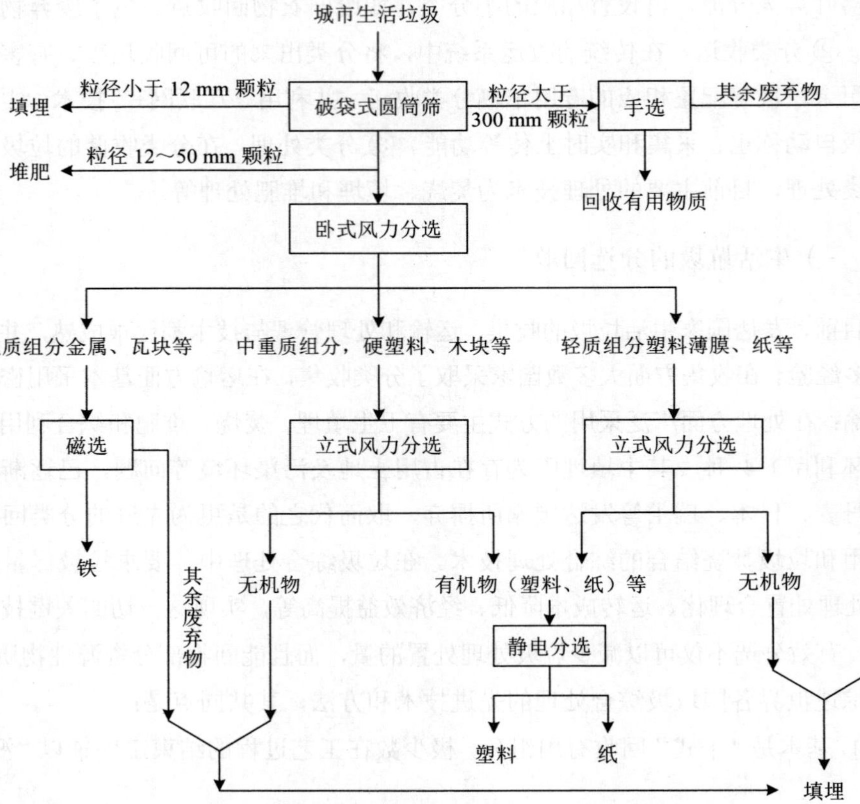

图 6-4 生活垃圾分选回收工艺系统示意图

该工艺系统主要工艺程序有：

① 垃圾破袋筛分分选，其中粒径小于 12 mm 的主要为无机沙砾和易碎的陶瓷玻璃等，可做填埋处置；粒径为 12～50 mm 的主要为有机厨余，可做堆肥处理；粒径大于 300 mm 的通过人工手拣选出可回收利用的物质，如竹木纤维等，其余无机成分可做填埋处置。

② 采用卧式风力风选将粒径为 50～300 mm 的有金属瓦块和硬塑料、塑料和

纸类等进一步分为重质组分、中重质组分和轻质组分。

③ 采用磁选回收重质组分中的黑色金属。

④ 采用立式风力分选分别将中重质组分和轻质组分再次分离得到重的无机成分、轻的废纸和塑料。

⑤ 采用静电分选将废纸和塑料分离后，分别予以回收利用。

⑥ 剩余不可利用残渣填埋处置。

该系统包括破碎、筛选、风力分选、磁选、电选等处理单元，以物理分选为主，破碎和筛分等预处理手段为辅，对生活垃圾进行了较全面的分类回收利用，对不可利用的残渣进行填埋处置，较好地体现了资源化、减量化、无害化的思想，值得推广。

（四）生活垃圾填埋

生活垃圾卫生填埋是指采取防渗、铺平、压实、覆盖等措施对固体废物进行填埋处置和对填埋气体、渗滤液等进行收集治理利用。其处理场地称为卫生填埋场（以下简称填埋场），处置对象主要是生活垃圾、建筑垃圾和炉渣等。填埋是一个逐步推进的过程，需要采用分区分单元的作业方式。理想的分区计划应使每个填埋区能在尽可能短的时间内封顶覆盖，以减少地表水的积蓄和渗滤液的产生。常见的填埋分区填埋方式主要有水平分区方式和垂直分区方式，如图 6-5 所示。

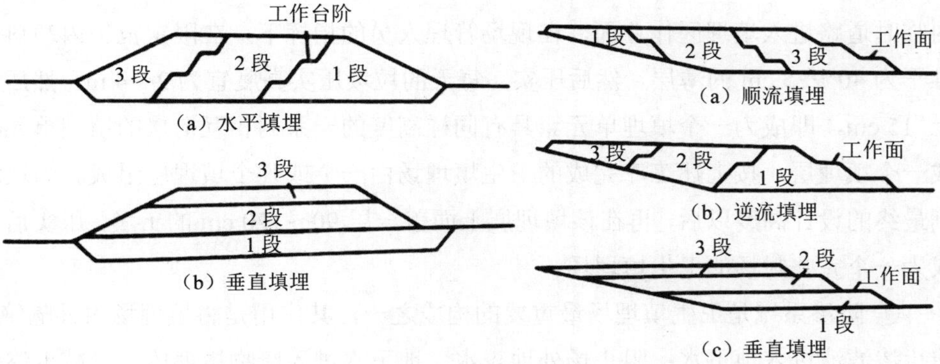

A．平坦地区　　B．丘陵峡谷地区

图 6-5　分区填埋作业方式

填埋场系统主要由防渗系统、渗滤液收集及处理系统、填埋气体收集及利用系统、封场及生态修复系统、垃圾坝及道路系统、截洪/导洪系统、其他辅助工程（如给排水、供电）等组成，其中最重要的是防渗系统、渗滤液收集及处理系统、填埋气体收集及利用系统。

生活垃圾卫生填埋典型工艺流程如图 6-6 所示。

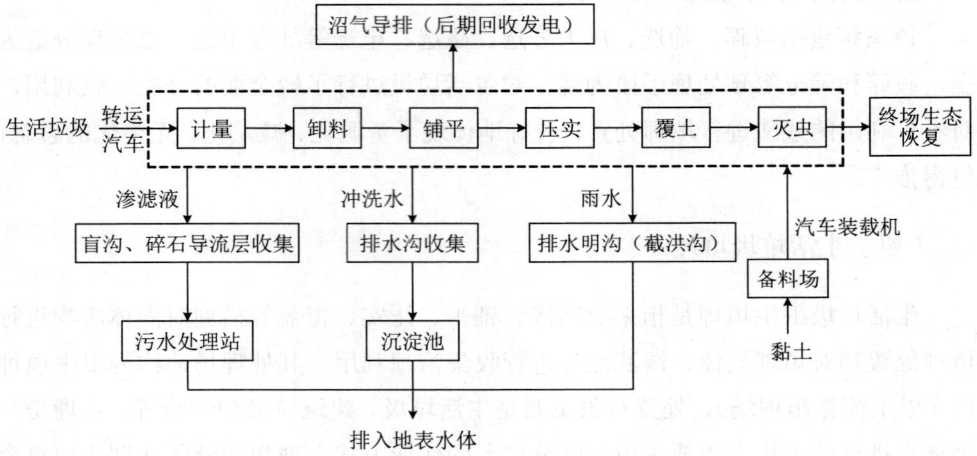

图 6-6 生活垃圾卫生填埋典型工艺流程

生活垃圾由垃圾运输车辆运至填埋场，经地衡称重计量后，由厂区道路和场内临时道路进入填埋区作业面，在现场管理人员的指挥下，在限定范围内卸料、推平为 40～75 cm 的薄层，然后压实。每天的垃圾压实高度宜为 2～4 m，然后覆土 15 cm，即成为一个填埋单元。具有同样高度的一系列相互衔接的填埋单元构成一个填埋层。按上述工序完成的卫生填埋场由一个或几个填埋层组成。当填埋到最终的设计高度以后，再在该填埋层上面盖一层 90～120 cm 的土壤，压实后就成为一个完整封场的卫生填埋场。

① 防渗系统是卫生填埋场最重要的构成之一，其作用是将填埋场内外隔绝，防止渗滤液进入地下水；阻止场外地表水、地下水进入废物填埋体，以减少渗滤液产生量；同时也有利于填埋气体的收集和利用。它通常包括渗滤液收集导流系统、防渗层、保护层、基础层和地下水收集导排系统。

② 渗滤液收集及处理系统。渗滤液收集导排系统（图 6-7）的主要功能是将填埋场产生的渗滤液迅速收集输送至场外指定地点，减少浸出和下渗风险。它包括汇流系统和输送系统。其中汇流系统由砾卵石或碎（渣）石导流层、导流沟、穿孔收集管等构成。输送系统由集水槽（池）、提升多孔管、潜水泵、输送管道和调节池构成。填埋场内的渗滤液通过铺设在垃圾堆体内的导流层流入盲沟，并沿盲沟流入铺设在衬层上的多孔收集管，再由泵提升出堆体和排出场外，最后进入渗滤液处理设施。

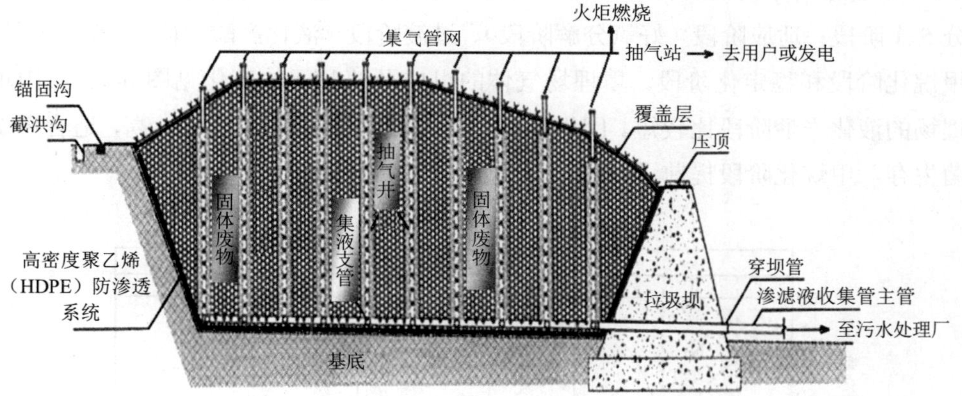

图 6-7　卫生填埋场渗滤液及填埋气收集导排系统

渗滤液性质的复杂多变性给渗滤液的处理处置带来极大的困难。目前渗滤液的处理方法主要有以下两种。

回灌处理工艺，渗滤液回灌是将收集后的渗滤液再次回灌入填埋场，使渗滤液中的微生物、营养成分和水分回到填埋场中，可增强垃圾中微生物的活性，降低垃圾渗滤液中有害物质的浓度，加速产甲烷的速率，缩短垃圾渗滤液稳定化进程。

组合处理工艺，由于渗滤液成分复杂、水质水量变化大，且含有有害成分，单一技术很难达到处理要求，需要通过生物、物理、化学等组合方法才能保证较好的处理效果。图 6-8 是一个具有代表性的渗滤液组合处理工艺，其中深度处理如超滤、纳滤、反渗透等膜分离技术近年来已在渗滤液处理中得到广泛应用。

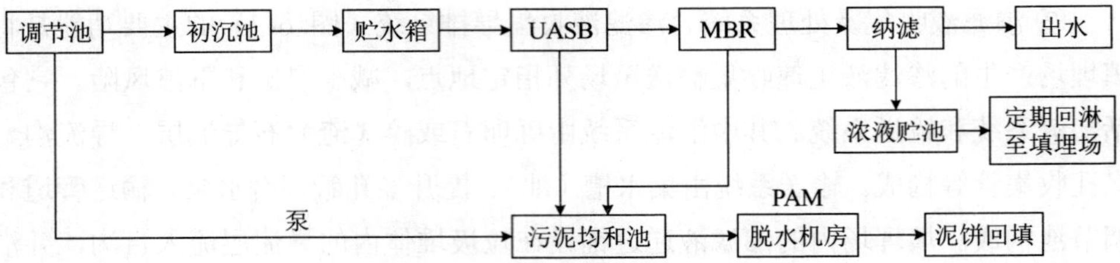

图 6-8 垃圾渗滤液处理工艺流程

③ 填埋气体收集及利用系统。填埋场气体的产生由有机物的分解所致，大致分 5 个阶段：适应阶段（好氧分解阶段）、过渡阶段（液化产酸阶段）、酸化阶段、甲烷化阶段和稳定化阶段。填埋场气体的组成及随时间的变化见图 6-9。我国填埋场的液化产酸阶段比较短。因为我国生活垃圾中炉灰含量大，pH 高，适合甲烷菌生存，甲烷化阶段提前了。

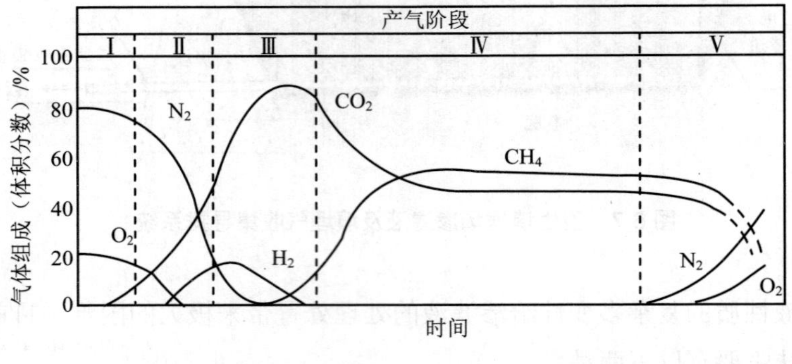

Ⅰ—适应阶段；Ⅱ—过渡阶段；Ⅲ—酸化阶段；Ⅳ—甲烷化阶段；Ⅴ—稳定化阶段

图 6-9 填埋气（LFG）的产生过程

填埋气的主要组成见表 6-4，其对环境的影响主要有：①有爆炸和火灾风险，在有氧条件下，甲烷的爆炸极限为 5%～15%；②对水环境的影响，填埋气中含有的大量 CO_2 会使水呈酸性，使地下水含盐量过高；③对大气环境的影响，填埋气中含有的大量甲烷（占全球甲烷排放量的 6%～18%），甲烷的温室效应是 CO_2 的 21 倍；此外，填埋气中还含有氨、硫化氢等恶臭有害气体。

表 6-4　干填埋气组成

组分	CH_4	CO_2	N_2	O_2	硫化物	NH_3	H_2	CO	微量化合物
体积分数/%	45～60	40～50	0～10	0～2	0～1	0.1～1.0	0～0.2	0～0.2	0.01～0.6

填埋场气体收集系统常与渗滤液导排系统联合设置，其作用是控制填埋气向大气的排放量和在地下的迁移，并回收利用甲烷气体。

填埋场气体收集分为被动收集和主动收集两种。被动收集系统是利用填埋气自身压力进行迁移收集，主要设施包括被动排放井和管道、水泥墙和截留管等，无须外加动力系统，适用于垃圾填埋量不大、填埋深度浅、产气量较低（<40 000 m^3）的小型生活垃圾填埋场。

主动收集系统的主要设施包括抽气井、集气输送管道、抽风机、冷凝液收集井和泵站、气体净化设备、填埋气利用系统（如发电系统）、气体监测设备等，适用于大型填埋场系统。它是在填埋场内铺设一些垂直的导气井或水平盲沟，用管道将这些导气井和盲沟连接至抽风机，利用抽风机将填埋场内的填埋气体抽出来，送至用户或发电。现代填埋场都采用主动收集系统，分为水平集气系统和垂直集气系统。水平集气系统主要适用于新建或正在运行的垃圾填埋场，即沿着填埋场纵向逐层横向布置水平收集管，直至两端设立的导气井将气体引出场面。水平集气管多采用 HDPE（或 UPVC）制成的多孔管，多孔管布设的水平间距为 50 m，其周围铺砾石透气层。输送管道采用ϕ为 150～200 mm 的 PVC 管形成闭合回路，控制气流速度小于 6 m/s，同时要考虑冷凝液的收集和排放，管道铺设坡度一般大于 5%。它适用于小面积、窄形、平地建造的填埋场，但很容易因垃圾不均匀沉陷而被破坏，在填埋加高过程难以避免吸进空气、漏出气体，或因填埋场内积水影响气体的流动。因此现代填埋场一般都采用垂直井收集填埋气。垂直集气系统的典型结构如图 6-10 所示。其作用是在填埋场范围内提供一种透气排气空间和通道，同时将填埋场内渗滤液引至场底部排到渗滤液调节池和污水处理站，并且还可以借此检查场底 HDPE 膜泄漏情况。

填埋气的净化过程主要是脱水、脱硫、脱 CO_2，以提高 CH_4 的含量，增加气体的热值。脱水主要采用低温冷冻法，脱硫采用湿式吸收和活性炭吸附，而脱 CO_2 可采用碱液吸收、分子筛变压吸附和膜分离等技术。目前填埋气的主要利用方式有 3 种：i. 初步净化后，作燃料燃烧产生蒸汽，用于生活或工业供热；ii. 净化并脱除 CO_2 后，可作为高热值燃料，用于发电；iii. 净化并脱除 CO_2 后，达到或接近天然气标准，可注入天然气管网作民用燃气，或作为运输工具的动力燃料。

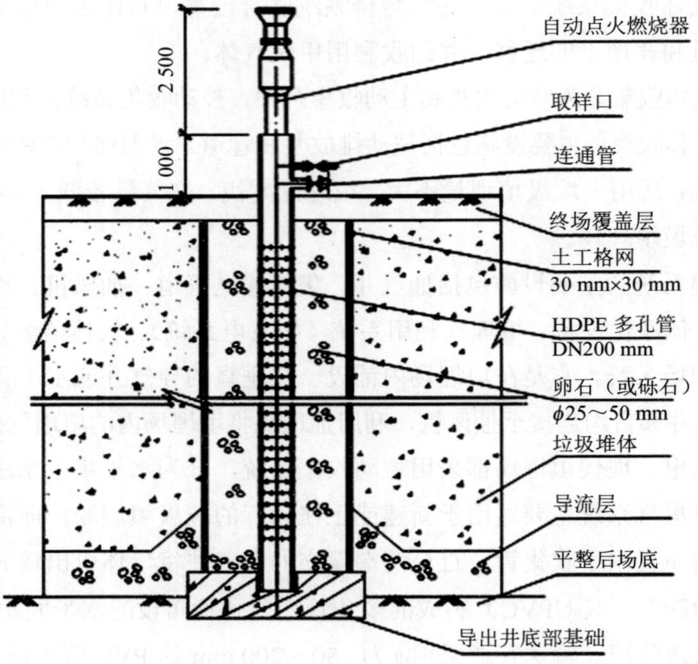

图 6-10 填埋气垂直收集井结构

④ 终场覆盖与后期管理。填埋场填埋作业至设计终场标高或不再受纳垃圾而停止使用时，为限制降水渗入废弃物，尽量减少渗滤液的产出，必须实施终场覆盖，即通常说的“封场”。填埋场封场工程应包括地表水径流控制、排水、防渗、渗沥液收集处理、填埋气体收集处理、堆体稳定、植被类型及覆盖等内容。

封场覆盖系统结构由垃圾堆体表面往上依次为排气层、防渗层、排水层、植被层，其基本结构如图 6-11 所示。

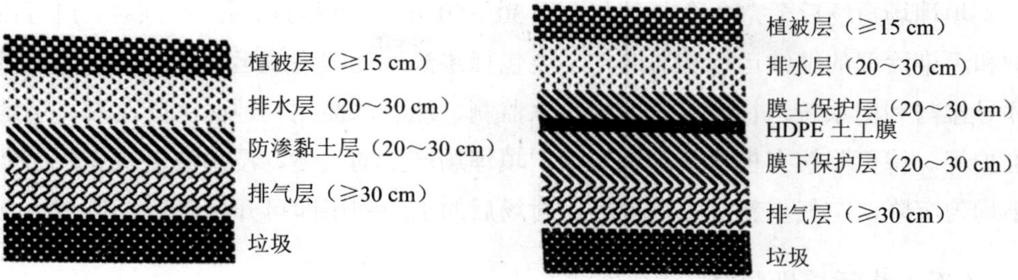

（a）黏土覆盖系统　　（b）人工材料覆盖系统

图 6-11　填埋场封场覆盖系统

封场覆盖系统各结构层的功能和常用材料如表 6-5 所示。其中防渗层应与场底防渗层紧密连接，填埋气体的收集导排管道穿过覆盖系统防渗层处应进行密封处理。铺设土工膜应焊接牢固，在垂直高差较大的边坡铺设土工膜时，应设置锚固平台。填埋场封场顶面坡度不应小于 5%，边坡大于 10%时宜采用多级台阶进行封场，台阶宽度不宜小于 2 m。封场覆盖保护层、营养植被层的封场绿化应与周围景观相协调，并应根据土层厚度、土壤性质、气候条件等进行植物配置。封场绿化不应使用根系穿透力强的树种。

表 6-5　填埋场封场覆盖系统结构及功能

结构层	主要功能	常用材料及要求	备注
植被层	生长植物，并保证植物根系不破坏保护层和排水层，具抗霜冻能力	营养植被层的土质材料应利于植被生长，厚度应大于 15 cm。覆盖支持土层由压实土层构成，渗透系数应大于 1×10^{-4} cm/s，厚度应大于 450 cm	需要地表排水设施
排水层	疏排下渗水，减小其对下部防渗层的水压力	顶坡应采用粗粒或土工排水材料，边坡应采用土工复合排水网，粗粒材料厚度不应小于 30 cm，渗透系数应大于 1×10^{-2} m/s	—
防渗层	阻止下渗水进入填埋废物中，防止填埋气体逸出	压实黏土、焊接牢固的柔性膜、人工改性防渗材料和复合材料，渗透系数应小于 1×10^{-9} m/s	—
排气层	将填埋气体导入收集设施进行处理或利用	粗粒多孔材料，渗透系数应大于 1×10^{-4} m/s，厚度不应小于 30 cm	—

填埋场封场后至完全稳定至少需要 30～50 年，所以封场后还必须对其进行维护和污染治理的继续运行和监测，主要包括渗滤液处理系统运行和监测、填埋气体导排与利用系统运行和监测、地下水监测、地表水监测、地面沉降监测、场地维护等。待可降解有机物基本耗尽后，填埋场产生的气体、浸出液量减少，出现不均匀沉降，空气重新进入填埋场，封场后的土地利用即可开始进行。

（五）生活垃圾焚烧

生活垃圾焚烧是在 800～950℃的高温下燃烧，使垃圾大部分转化为稳定的 CO_2 气体、水和灰渣，并利用燃烧产生的热能供给汽电共生系统使用。垃圾焚烧有直接燃烧和热解气化焚烧两种方式，目前国内外都以直接焚烧为主。

典型的垃圾焚烧发电系统流程如图 6-12 所示，包括垃圾存储、垃圾焚烧、余热发电、烟气净化、渗滤液处理、炉渣和飞灰处理等几个主要环节。垃圾存储环节不仅要把适宜焚烧的垃圾分拣出来，还要将垃圾进行一定的均质化处理，也需要对产生的废气和废水进行收集，还需要防止鼠患造成的环境与健康风险。垃圾焚烧产生的热能需要回收利用，可以用于发电、产蒸汽供热等用途。垃圾焚烧及相应的“三废”处理是垃圾焚烧的核心和关键，下面详细阐述。

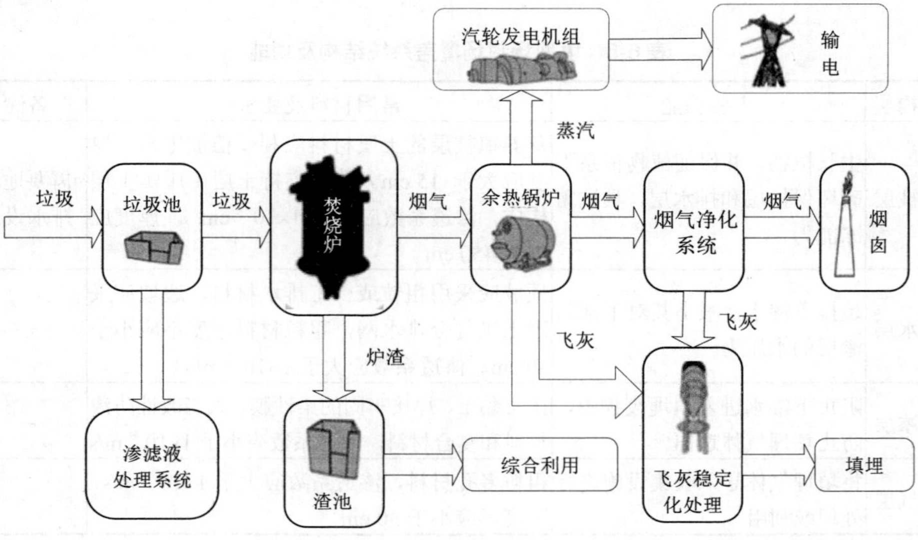

图 6-12 典型的垃圾焚烧发电系统流程

1. 垃圾焚烧

垃圾储池中的垃圾可以通过机器设备将它送进焚烧炉进行焚烧，焚烧系统主要是垃圾焚烧处理中的核心单元，包括垃圾的干燥、气化、燃烧和熔融等过程，主要有机械炉排炉、流化床焚烧炉以及回转式焚烧炉等。几种典型焚烧工艺的特征见表 6-6。

表 6-6 几种典型焚烧工艺的特征

比较项目	机械炉排炉	流化床焚烧炉	回转式焚烧炉	气化熔融式
焚烧原理	将生活垃圾送到炉排上，助燃空气从炉排下供给，在炉排的作用下，垃圾在炉内分干燥带、燃烧带和燃烬带	垃圾从炉膛上部供给，助燃空气从下部鼓入，垃圾在炉内与流动的热砂接触进行快速燃烧	垃圾从一端供入且在炉内翻动燃烧，燃尽的炉渣从另一端排出	先将生活垃圾进行热解产生可燃性气体和固体残渣，然后进行燃烧和熔融，或将气化和熔融燃烧合为一体
应用	过去为应用最广的生活垃圾焚烧技术	20世纪20年代开始使用，目前几乎不再建设新厂	处理高水分的生活垃圾和热值低的垃圾常采用	近年开始应用于美国、德国、日本等发达国家
单炉最大处理能力	1 200 t/d	150 t/d	200 t/d	200 t/d
预处理	一般不需要	入炉前垃圾需粉碎到粒径 20 cm 以下	一般不需要	因炉型而异，有的需干燥和粉碎
烟气处理	烟气含飞灰较多、除二噁英外，其余易处理	烟气中含有大量飞灰，烟气处理较难	一般不要	烟气含二噁英少，易处理
二噁英控制	燃烧温度较低，易产生二噁英	较易产生二噁英	烟气除二噁英外，其余易处理	不易产生二噁英
炉渣处理设备	设备简单	设备复杂	较易产生二噁英	设备简单
燃烧管理	比较容易	难	比较容易	因炉型而异
运行费	比较低	比较高	比较低	比较高
维修	方便	较难	较难	较难
焚烧炉渣	需经无害化处理后才可利用	需经无害化处理后才可利用	需经无害化处理后才可利用	炉渣可直接利用
减量比	10∶1	10∶1	10∶1	12∶1
减容比	37∶1	33∶1	40∶1	70∶1

机械炉排炉，垃圾通过进料斗进入倾斜向下的炉排（炉排分为干燥区、燃烧区、燃尽区），由于炉排之间的交错运动，将垃圾向下方推动，使垃圾依次通过炉排上的各个区域（垃圾由一个区进入另一区时，起到一个大翻身的作用）。通过一次风机在垃圾储坑的上部将垃圾发酵堆积所产生的臭气引出，然后经过蒸汽（空气）预热器的加热处理，将其作为助燃空气送入焚烧炉，保证垃圾在较短的时间内得到干燥处理。燃烧空气从炉排下部进入并与垃圾混合；高温烟气通过锅炉的受热面产生热蒸汽，同时烟气也得到冷却，最后烟气经烟气处理装置处理后排出。机械炉排炉通常不需要添加煤或是其他辅助性的燃料，产生的煤渣较少，其容量较大，在处理中不需要对垃圾进行分类处理。通过炉排的机械运用，可以保证炉内垃圾的稳定燃烧，而且燃烧的过程较为完全，炉渣的热灼现象逐渐降低。然而机械炉排炉存在初投资、运行以及维修费用较高的现象，而且排炉片的磨损腐蚀现象较为严重。

流化床焚烧炉，流化床焚烧炉燃烧的原理主要是通过流态化技术进行垃圾的燃烧，并借助砂进行安全处置。在流化床焚烧垃圾的过程中，需要将垃圾进行破碎处理，使垃圾达到一定的粒度状态，通过短时间的焚烧，借助燃风作用将其在短时间内进行处理。焚烧过程中，空气会从流化床底部喷入，并实现砂介质的合理搅动，使垃圾形成流态性。系统板上装有载热的惰性粒子，并在床下布风的同时使惰性颗粒呈现沸腾的状态，并形成流化床床段。流化床焚烧炉的效率相对较高，未燃物的排除率只有 1%。在炉内燃烧时，炉内没有机械运动部件，且耐久性相对良好，可以延长机械的使用寿命。然而流化床焚烧炉主要是依靠空气进行垃圾的处理及燃烧，对进炉的垃圾有粒度的要求。垃圾在炉内沸腾的状态会全部依靠大风量高压的空气，存在电耗大、生产灰量大的问题，为下游烟气净化带来了一定的负荷。且在运行及操作的过程中，专业性的技术要求较高。

回转式焚烧炉，是用冷却水管或耐火材料沿炉体排列，炉体水平放置并略为倾斜。通过炉身的不停运转，使炉体内的垃圾充分燃烧，同时向炉体倾斜的方向移动，直至燃尽并排出炉体。设备利用率高，灰渣中含碳量低，过剩空气量低，有害气体排放量低。但燃烧不易控制，垃圾热值低时燃烧困难。

生活垃圾焚烧会产生剧毒的污染物二噁英，为了在燃烧阶段控制二噁英的生成，出现了生活垃圾气化熔融焚烧技术，该技术一般分两类，一类为垃圾气化灰渣熔融焚烧技术，该技术先将城市生活垃圾在 500～600℃下热解气化制得可燃气体，制得的气体再根据用途进一步精制，垃圾中 95%以上的含氯物质经除去后所剩下的含碳灰渣在温度为 1 300℃以上的熔融燃烧设备中进行熔融处理，原垃圾中 99.8%以上的二噁英可被分解掉，无害化熔融渣可有多种用途；另一类为垃圾直接气化熔融焚烧技术，该技术则是将城市生活垃圾的干燥、气化、燃烧和熔融等过程置于一个设备中进行，因此该技术的整个工艺过程设备简单，工程投资和运行费用大大降低，操作比生活垃圾两步法气化熔融焚烧处理技术也要容易得多。最典型的一步法气化熔融焚烧技术为高炉型生活垃圾直接气化熔融焚烧系统，它是由炼铁高炉演变而来。生活垃圾、焦炭、石灰石从炉顶上加入，整个炉身从上至下分为 3 个区带，最上面为干燥预热带，温度为 300℃，中间为热分解气化带，温度为 300～1 000℃，最下面为熔融燃烧带，温度为 1 500～1 800℃。生活垃圾在干燥预热带受高温烟气的预热将水分蒸发掉；被干燥后的垃圾依次降到热分解气化带进行气化，热分解气化的气体产物中主要含有 CH_4、CO、H_2、NH_3、HCl_2 等，其中 HCl 和 NH_3 与石灰起中和反应，生成 NH_4Cl、$CaCl_2$ 等，其余气体产物从炉顶排向二次燃烧室进行完全燃烧，然后进入余热锅炉进行余热发电或供热；气化后的残留物和焦炭在熔融燃烧带与供入的空气或富氧空气进行高温燃烧，熔融渣和金属从渣口中排出并被水急速冷却，被冷却的熔融渣和金属经分选机分选出金属和无机残渣，金属回收利用，无机残渣则作为建材。高炉型生活垃圾直接气化熔融焚烧炉熔融渣（主要成分为 SiO_2、CaO 和 Al_2O_3）的含量与炼铁高炉炉渣大致相同，熔融渣经溶出实验表明其中银、铅元素的含量分别小于 0.000 5 mg/L 和 0.005 mg/L。此外，该炉烟气中二噁英的排放量可以控制在 0.01 ng-TEQ/m^3 以下，熔融渣中二噁英的排放量为 0.000 2 ng/g 左右。目前在日本已建有 18 座能力大小不一的这类高炉型生活垃圾直接气化熔融焚烧炉，其中能力最大的为 150 t/d，最小的为 40 t/d，总能力达 1 710 t/d，除一个地方为供热外其余均为余热发电，总发电功率为 12 350 kW。

2．烟气净化与处理

垃圾在燃烧过程中，由于垃圾成分的复杂性和不均匀性，焚烧过程中发生了许多不同的化学反应。产生的烟气中除含有过量的空气和二氧化碳外，还含有对人体和环境有直接和间接危害的成分（表 6-7）。根据污染物性质的不同，可将其分为颗粒物（飞灰、粉尘）、酸性气体（HCl、HF、SO_2、NO_2等）、有机物（二噁英、呋喃）、重金属（Hg、Cd、Pb 等）四大类。这些物质视其数量和性质对环境都有不同程度的危害。垃圾焚烧所产生的烟气是焚烧处理过程产生污染的主要来源。

表 6-7　垃圾焚烧烟气的基本情况

污染物		来源	产生原因	存在形态
酸性气体	HCl	含氧高分子化合物	—	气态
	HF	含氟高分子化合物	—	气态
	SO_2	橡胶及其他含硫物	—	气态
	HBr	火焰延缓剂	—	气态
	NO_x	丙烯腈、胺	热 NO_x	气态
CO、碳氢化合物	CO	—	不完全燃烧	气态
	未燃烧的碳氢化合物	溶剂	不完全燃烧	气态、固态
	二噁英类、呋喃	多种来源	化合物的离解，重新合成	气态、固态
颗粒物		粉末、沙	挥发性物质的凝结	固态
重金属	Hg	温度计、电池等	—	气态
	Cd	电池、涂料等	—	气态、固态
	Pd	多种来源	—	气态、固态
	Zn	镀锌材料	—	固态
	Cr	不锈钢	—	固态
	Ni	不锈钢、Ni-Cd 电池	—	固态
	其他	—	—	气态、固态

焚烧烟气在排入大气之前必须进行净化处理，使之达到排放标准。高效的焚烧烟气净化系统的设计和运行管理是防止垃圾焚烧厂二次污染的关键。烟气净化系统主要包括颗粒物和气态污染物净化两个部分。除尘器主要用于去除颗粒物，而气态污染物主要依靠烟气吸收或者吸附净化去除。

（1）湿法烟气净化工艺

湿法烟气净化工艺在少数经济及技术发达的国家应用较多，通常是将烟气温度冷却至 70℃左右，然后利用碱液对烟气进行洗涤，其对 HCl 及 SO_2 去除率达 95%以上，典型的工艺组成为喷射干燥器（调节控制烟气温度、清除较大颗粒物）+袋式除尘器（清除烟气中颗粒物）+烟气洗涤器（除酸并进一步除尘）。

烟气洗涤器通常使用的碱液为 NaOH 溶液或 $Ca(OH)_2$ 溶液。在大规模的系统中通常采用消石灰溶液。消石灰溶液与酸性气体反应后形成碱盐，其循环洗涤水必须经澄清浓缩及过滤，以防止在设备中沉积，另外洗涤后的废水成分复杂，需作进一步处理后排放。

湿法烟气净化在国外的多年实际验证可知，对酸性物质、有机污染物及重金属有着高去除效率（相对干法、半干法），是今后垃圾焚烧烟气净化的发展趋势。但也有不足之处，主要表现在：产生高浓度无机氯盐及重金属的废水，需处理达标后方可排放；处理后烟气温度降低到露点以下，需再加热到 140℃左右，以防止烟囱出口形成白烟现象；设备投资（为半干法 1.75 倍）、运行费用也较高。

（2）半干法烟气净化工艺

半干法烟气净化工艺是目前国内外垃圾焚烧厂广泛采用的一种垃圾焚烧烟气处理技术。其吸收剂主要采用 $Ca(OH)_2$ 溶液，典型工艺组合形式为喷雾干燥吸收塔+袋式除尘器。

工艺流程是石灰通过石灰浆制备系统形成石灰浆溶液（浓度 10%），然后输送至吸收塔顶的石灰浆高位槽；由高位槽进入吸收塔上的喷嘴（喷嘴形式分为固定喷嘴和高速旋转喷嘴两种），以喷雾的形式在吸收塔内完成对气态污染物的净化过程。石灰浆溶液中的水分在烟气的高温下蒸发，反应残留物则以干态的形式从吸收塔下部排出，携带有大量颗粒物的烟气从吸收塔排出后进入除尘器，经过除尘净化处理后经烟囱排入大气中。在系统运行过程中，为了减少石灰吸收剂的用量，也可考虑将吸收塔下部排出含有大量未反应的吸收剂再次进入系统内部再循环。半干法烟气净化对焚烧烟气酸性气体的去除率可达 85%以上，此外对一般有机污染物及重金属也具有良好的去除效率，而且吸收塔不会产生废水排放。其缺点是对吸收剂品质、操作水平及喷嘴的要求较高。

（3）干法烟气净化工艺

干法烟气净化工艺是比较传统的垃圾焚烧厂烟气处理工艺，管理方便，在 20 世纪 80 年代前采用最多，随着日趋严格的环保标准的推出，其应用已越来越少。典型工艺组合为干法吸收反应器+除尘器。

垃圾焚烧产生的烟气直接进入干法反应吸收器（或干法喷射管道），与吸收器

（或管道）内喷入的 $Ca(OH)_2$ 粉末发生化学反应。同时干法反应吸收器还有一定的降温作用，从反应吸收器出来的“气-固”两相混合物进入高效除尘器进一步反应，并经高效过滤后，由烟囱排放到大气中。在该工艺过程中，除尘器捕集的颗粒物中含有大量未反应的吸收剂，为了降低系统的运行成本，可以考虑将其中的一部分回用，将它们混入新的吸收剂后进入下一轮吸收净化循环。

与上述两种净化工艺相比，干法净化工艺简单，投资费用低，操作水平要求不高，也不存在废水的排出。缺点是药剂的使用量（吸收剂实际喷射量）的过量系数一般要达到 3 级以上，除酸效率也只能达 50%～80%。由于药剂使用量大，也造成后续设备负荷增加，效率降低。同时，为了增加 HCl 等气体同吸收剂接触的概率，要求 $Ca(OH)_2$ 微粒能均匀分布在烟气流的横截面中，这对喷头及设备也提出了很高的要求。因而，为了顺应越来越高的环境要求，一般大型的城市垃圾焚烧厂较少采用此方法。

上述的几种工艺对颗粒物、HCl、SO_2 等具有很高的净化效率，同时对重金属、二噁英、呋喃等也有较高的去除效率，对 NO_x 的去除效果则不是很明显。随着今后排放标准的提高，对烟气中 NO_x 的控制也提上了日程。

（4）NO_x 净化工艺

目前国外 NO_x 净化工艺主要有两种：一是选择性非催化还原法（SNCR）；二是选择性催化还原法（SCR）。前者是以尿素为还原剂，通过向垃圾焚烧炉第二燃烧区的烟气流中有控制喷加来还原，净化效率可达 30%～50%，国外一些先进的垃圾焚烧厂已广泛采用此项技术。后者是在催化剂存在的条件下，NO_x 被还原剂（一般为氨）还原成对环境无害的 N_2 的净化方式，由于有了催化剂该反应不像 SNCR 需在 800～1 000℃下进行，在 400℃以下即可完成净化。由于烟气经过除尘器后温度较低，为了达到理想的反应温度，在烟气进入催化脱氮器前必须对烟气进行加热。国外试验证明，采用此净化方法其 NO_x 排放可以控制在 50 mg/m^3 以下。

（5）活性炭喷射吸附

为了满足越来越严格的垃圾焚烧烟气排放标准，确保重金属（尤其是 Hg）和有机毒物（二噁英、呋喃）达到最低的排放，除严格控制焚烧工艺及其相关的技术参数外，行业正逐步采用活性炭喷射来吸附上述物质作为烟气净化的辅助措施，基本的工艺流程如图 6-13 所示。

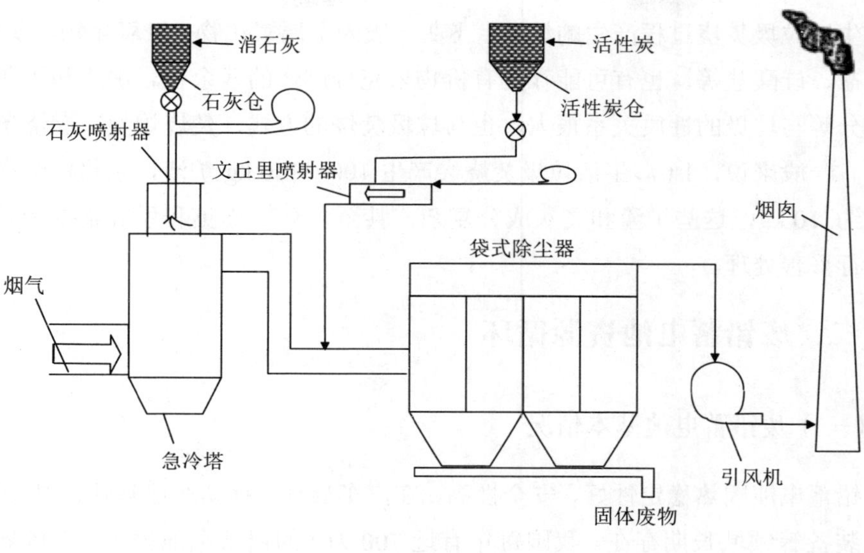

图 6-13　袋式除尘器前管道喷射活性炭吸附烟气净化工艺流程

活性炭的特点在于其具有极大的比表面积，因而，即使喷入较少数量的活性炭，只要保证其与烟气均匀混合及混合的时间，就可以达到较高的吸附净化效率。其与烟气的均匀混合一般是通过强烈的湍流来实现的，而足够长的接触吸附时间完全可以由后续的袋式除尘器来保证。一般来讲，活性炭的喷射应与袋式除尘器配套使用，活性炭的喷射位置尽可能安置在袋式除尘器的前端管路上（尽量靠前），这样活性炭通过喷嘴喷入烟气路中，与烟气强烈混合并吸附一定数量的污染物，即使其未达到饱和状态，还可以吸附在袋式除尘器滤袋上与穿过的烟气再次接触，最终达到对重金属及有机毒物的吸附净化。

3. 垃圾渗滤液的处理

垃圾储池中的垃圾带有较多的水分，加之短暂储存也会发酵，会产生不少的垃圾渗滤液（垃圾渗滤液能够占垃圾质量的 10%）。这种液体成分复杂、异味明显、毒害很大，需要经过处理之后才能排放，不然会造成环境污染。渗滤液的处理工艺大多是组合工艺，包括悬浮物分离、去除重金属、脱氮除磷、降解 COD 等单元，因其组分和含量的不同，各有差别。

4．炉渣、炉灰的处理

生活垃圾焚烧过程产生的炉渣、飞灰一般为金属氧化物、氢氧化物、碳酸盐、硫酸盐、硅酸盐等，也有可能存在有机物未充分燃烧的残余物。炉渣和飞灰的量及组分等与垃圾的性质关系很大，也与垃圾焚烧的方式、焚烧炉型、燃烧条件等相关。一般来说，1 t 湿生活垃圾焚烧会产生 100～150 kg 炉渣，余热锅炉产生的飞灰约 10 kg，这些炉渣和飞灰成分复杂，甚至含有二噁英和汞等剧毒物质，需要进行妥善处理。

二、废铅蓄电池资源循环

（一）废铅蓄电池基本情况

铅蓄电池因热稳定性好、安全性高，在汽车启动、移动通信基站、国防装备、矿山装备等领域长期存在。我国每年有近 700 万 t 的铅蓄电池报废，占世界的一半以上，含铅 300 多万 t，蓄电池中含铅和铅合金板栅 24%～30%、铅膏（硫酸铅、氧化铅、二氧化铅为主）30%～40%、有机物 22%～30%，铅酸水电池还含有 11%～15%的电解液。废铅蓄电池是危险废物，不能随意处置，同时，铅资源消耗总量的 82%以上在铅蓄电池的生产中，科学处置废铅蓄电池是环境保护和铅资源循环的重要内容。

我国铅蓄电池在过去很长一段时期是无序回收的，再生行业则是手工拆解或简单机械拆解，拆解得到的塑料和板栅进入循环渠道，大部分铅膏通过高温熔炼回收铅，也有相当一部分铅膏和废酸一起被丢弃到环境中。

（二）废铅蓄电池的破碎分选预处理

近年来，我国开始重视铅蓄电池造成的环境污染和资源浪费，也开始重视铅资源循环，陆续出台了大量的法律法规对废铅蓄电池回收和铅再生进行规范和引导，如《废铅蓄电池处理污染控制技术规范》（HJ 519—2020）等，要求废铅蓄电池采用机械破碎分选，鼓励对分选出的铅膏进行预脱硫并回收副产物，脱硫铅膏进行低温熔炼回收铅，主要的工艺流程如图 6-14 所示。

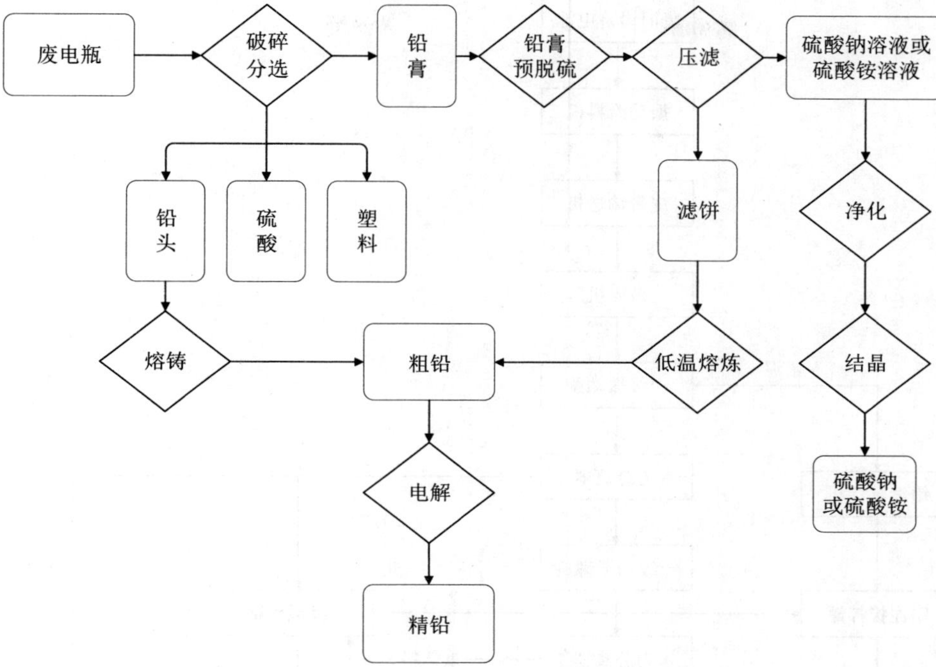

图 6-14　废铅蓄电池破碎分选及预脱硫工艺流程

我国废铅蓄电池品牌多、规格多、材质多样，而且量大面广，精细拆解的技术路线尽管能够精细区分端盖、塑料外壳、电极、极板、铅泥等物料，但处理能力小，无法满足我国废铅蓄电池安全处置与资源循环的需求。而机械化破碎再分选的技术路线具备处理量大的优势，但需要对高度混杂的破碎混料进行高效的分选，以分类回收各种资源。废铅蓄电池利用反击锤式或者颚式破碎机进行破碎，采用振动筛对物料进行清洗，再依据蓄电池碎片中物料的比重差异进行水力分选，最后由螺旋输送机将各种物料输送到各自出料口，分别获得板栅、铅膏、有机物（包括塑料、橡胶）等。破碎分选系统包括给料单元、破碎单元、水力分选单元、压滤单元、酸液净化单元及废气收集处理等辅助单元。工艺流程如图 6-15 所示。

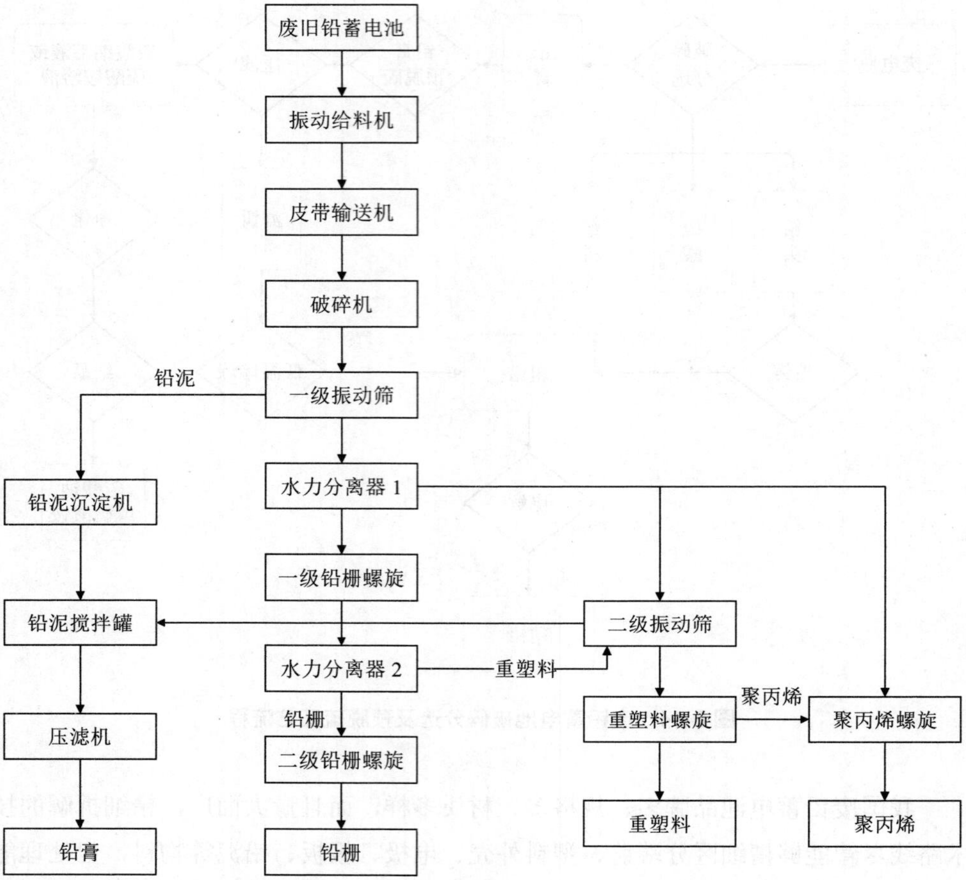

图 6-15 废旧铅蓄电池破碎分选系统工艺流程

（三）废铅膏资源化

废铅蓄电池破碎分选预是行业的预处理环节，得到的废铅膏是含铅的主要物料，其中包含 40%～60%的 $PbSO_4$、其他含铅组分为 PbO_2、PbO、铅栅/铅粉，还含有 10%～12%的塑料和隔板等杂质，废铅膏的处置是再生铅行业的主要任务。废铅膏可以在 1 200℃以上的高温下直接熔炼，添加还原剂、造渣剂等辅料，将含铅物质转化为单质铅，产生含有 1%～3%铅的废渣和含有铅尘（$PM_{2.5}$ 占比 70%以上）、SO_2、二噁英、NO_x 等的烟气，需要对烟气进行进一步的热量回收、除尘及气态污染物净化，然后再排放。烟气的末端治理技术尽管较成熟，但总无法做到近零排放，而且运行成本也居高不下。美国和意大利等发达国家率先应用了废铅膏钠法预脱硫-低温熔炼技术，将硫酸铅在进入熔炼环节前转化为碳酸铅或氢氧化铅，降低冶炼温度，然后即可在 800℃以下进行熔炼，过程能耗大大下降；熔炼脱硫后的铅膏，SO_2 生成量大大减少，几乎不需要烟气再脱硫就可以达标排放；熔炼温度下降以后，铅尘产生很少、NO_x 也几乎不产生，行业的大气环境负担大大下降。然而，相对于国外，我国铅蓄电池种类繁杂、成分多样且使用过程一致性差，导致废铅膏成分杂、杂质多且均一性差，21 世纪初，国内某大型铅蓄电池回收企业曾全套引进国外预脱硫技术装备，无法完全适应中国废铅蓄电池高度混杂的国情，突出表现在废铅膏中的塑料、隔板等杂质会严重缠绕、堵塞铅膏浆液输送设备，运转不畅；铅膏中的硫转化慢，远不能满足国内产能需求；且我国钠碱贵，而硫酸钠便宜，原料-副产品价格倒挂严重，导致预脱硫成本高昂。针对这些关键问题，国内行业开展自主创新，开发了高度混杂废铅膏精细分选技术装备、铅膏预脱硫技术装备，还研发了间接钠碱和碳酸氢铵铅膏预脱硫新工艺，解决了我国再生铅行业预脱硫的三个瓶颈问题，实现了废铅膏预脱硫-低温熔炼的行业技术进步。

铅膏的预脱硫转化是为了将铅膏中的硫酸铅转化为较易清洁处理的其他化合物形态，碳酸盐化是最经济有效的方式之一，脱硫转化剂可以是 Na_2CO_3、$NaHCO_3$、NH_4HCO_3、$(NH_4)_2CO_3$ 等，反应式如下：

$$PbSO_4+CO_3^{2-} \longrightarrow PbCO_3+SO_4^{2-}$$

$$PbSO_4+HCO_3^{-} \longrightarrow PbCO_3+HSO_4^{-}$$

该反应式中 K_{sp}（$PbSO_4$）$=1.6\times10^{-8}$、K_{sp}（$PbCO_3$）$=7.4\times10^{-14}$，两者相差 6 个数量级，热力学上很容易进行，该反应是沉淀置换反应，反应速度很快但很难彻底进行，其原因是反应过程中生成的碳酸铅固体会包裹硫酸铅原料，阻碍反应的进行，因而，具有反应物颗粒表面更新能力的反应器更有利于铅膏预脱硫。间歇式搅拌反应釜是常见的铅膏脱硫反应器，它利用搅拌来实现物料混合，由于水介质对搅拌提供的机械能有很强的“削峰填谷”作用，无法对碳酸铅产物壳层施加强力，只能凭借搅拌产生的水力剪切来实现反应物料的表面温和更新，往往需要通过延长反应时间来提高脱硫率。近年来，国内成功开发了粒子双循环研磨“破壳”更新铅膏脱硫系统，该系统凭借粒子研磨实现反应物硫酸铅颗粒表面的即时强制更新，脱硫效率大大提高（是釜式反应器的5～6倍），原理如图6-16所示。

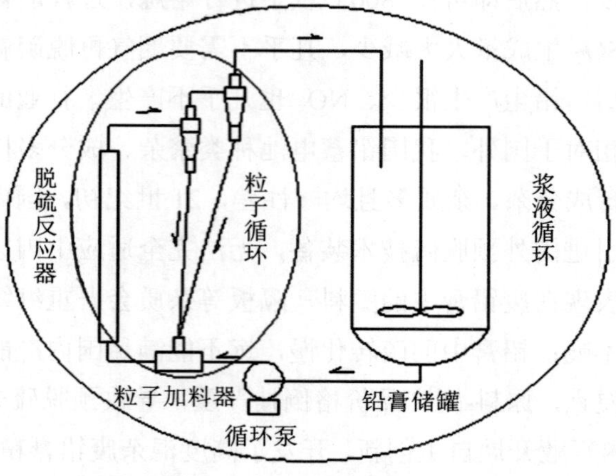

图6-16 粒子双循环研磨表面更新脱硫系统

废铅膏预脱硫-低温熔炼技术，尽管实现了大气污染物的源头减排。但毕竟仍存在熔炼环节，能耗依然较高，仍有显著的大气污染物排放，开发并应用能够从源头减排重金属、二氧化硫、氮氧化物和二噁英等大气污染物以及提高产品附加值的废铅膏免冶炼转化技术是再生铅产业绿色发展和二氧化碳持续减排的客观需求。

废铅膏资源化利用可以从铅资源全寿命周期统筹，优化资源化的思想，研发更清洁的工艺、技术和装备。总体上，废铅膏资源化可分为除杂、净化、硫转化和铅转化4个核心任务，以单元技术的形式攻关并固化前述4个模块的技术成果，能增强新工艺技术的灵活性，可以在各种不同的再生铅产业技术线路上组合，提高相应环节的技术经济水平和环境友好性能，同时也为废铅膏免冶炼绿色转化技术研发拓展了思路。废铅膏免冶炼转化工艺流程如图6-17所示，对废铅膏进行物理性杂质分离、化学性杂质净化、硫及铅转化以后，得到高纯度的氧化铅产品，回用于新铅蓄电池制造。

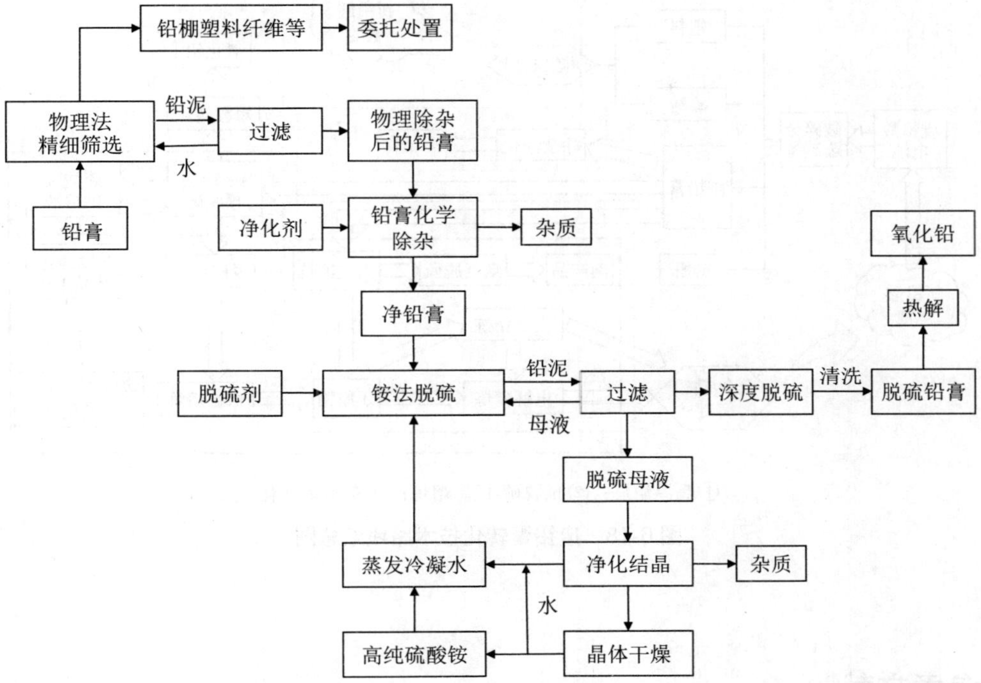

图 6-17　废铅膏免冶炼转化工艺流程

此外，在原矿铅冶炼企业也有将铅蓄电池破碎分选出的铅膏直接与铅原矿掺混进行熔炼的方式，熔炼过程产生的高浓度 SO_2 进入制酸系统生产硫酸，制酸尾气再采用石灰、石灰石等碱性物料吸收 SO_2，最终以硫酸钙等形式将 SO_2 固定下来。废铅膏转化路径有直接高温熔炼、预脱硫-低温熔炼和免冶炼转化 3 条技术路线，如图 6-18 所示，总体上，废铅膏利用技术朝着短流程、高清洁、高效益的方向不断进步，不断推动再生铅行业的技术升级。

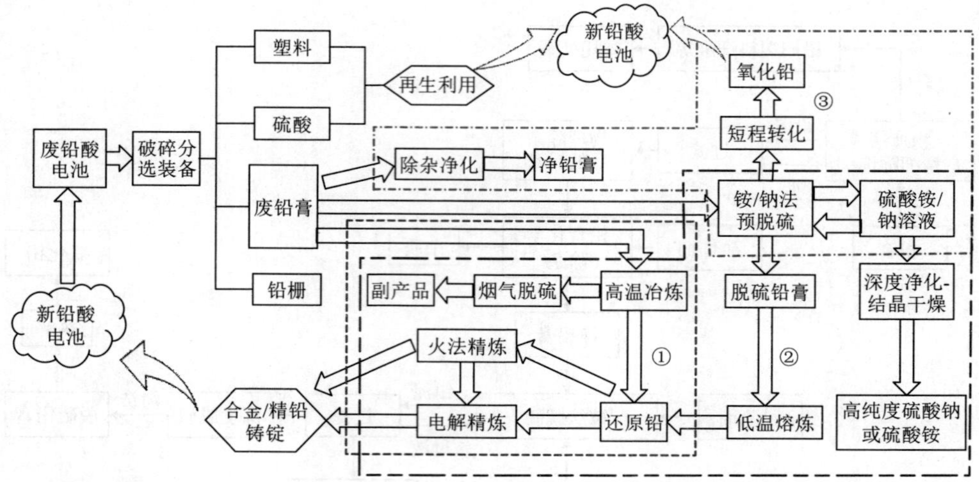

①高温熔炼；②预脱硫-低温熔炼；③免冶炼转化

图 6-18 废铅膏转化技术路线汇总图

参考文献

[1] 胡桂川，朱新才，周雄．垃圾焚烧发电与二次污染控制技术[M]．重庆：重庆大学出版社，2011.

[2] 王华，胡建杭，王海瑞．城市生活垃圾直接气化熔融焚烧技术[M]．北京：冶金工业出版社，2004.

[3] 王华．二噁英零排放化城市生活垃圾焚烧技术[M]．北京：冶金工业出版社，2001.

[4] 戴友芝，黄妍，肖利平．环境工程学[M]．北京：中国环境出版集团，2019.

第七章 噪声污染与防治

随着现代工业、建筑业和交通运输业的迅速发展，各种机械设备、交通工具在急剧增加，噪声污染日益严重，它影响和破坏人们的正常工作和生活，危害人体健康，在《中华人民共和国噪声污染防治法》中，环境噪声是指在工业生产、建筑施工、交通运输和社会生活中所产生的，影响周围生活环境的声音。研究噪声的污染规律，寻找产生噪声的原因，从而有效地控制和治理噪声，已经成为当今迫切的需求。

第一节 噪声的来源与特征

一、声音与噪声

（一）频谱分析

从乐音与噪声的概念分析可知，它们的区别除了主观感觉上有悦耳和不悦耳之分外，在物理测量上可对它进行频率分析，并根据其频率组成及强度分布的特点来区分。对复杂的声音进行频率分析并用横轴代表频率、纵轴代表各频率成分的强度（声压级或声强级），这样画出的图形称为频谱图。乐音的频谱图由不连续的离散频谱线构成，在频谱图上是一系列竖直线段，如图 7-1（a）所示。噪声的频谱图上各频率成分的谱线排列得非常密集，具有连续的频谱特性，如图 7-1（b）所示。人耳听音的频率是 20～20 000 Hz，高音和低音的频率相差 1 000 倍。为实际应用方便起见，一般把这一宽广的频率变化范围划分为一些较小的段落，这就是频带。一般只需测出各频带的噪声强度就可画出噪声频谱图。

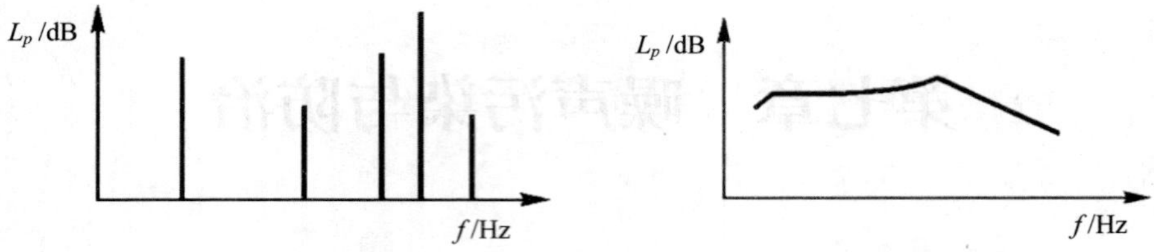

（a）线状谱（纯音）　　（b）连续谱

图 7-1 频谱图

人耳听音的频率范围为 20 Hz～20 kHz，在声音信号频谱分析时一般不需要对每个频率成分进行具体分析。为了方便起见，人们把 20 Hz～20 kHz 的声频范围分为几个段落，每个频带称为一个频程。频程的划分采用恒定带宽比，即保持频带的上限、下限之比为常数。试验证明，当声音的声压级不变而频率提高 1 倍时，听起来音调也提高 1 倍。若使每一频带的上限频率比下限频率高 1 倍，即频率之比为 2，这样划分的每一个频程称 1 倍频程，简称倍频程。如果在一个倍频程的上限、下限频率之间再插入两个频率，使 4 个频率之间的比值相同（相邻两频率比值 = 1.26 倍），即将一个倍频程划分为 3 个频程，称这种频程为 1/3 倍频程。

（二）声音与声源

声音是由物体的振动产生的，发出声音的物体称为声源。声源发出的声音必须通过中间介质才能传播出去。声源的类型按其几何形状特点划分为：① 点声源。声源尺寸相对于声波的波长或传播距离而言比较小且声源的指向性不强时，则声源可近似视为点声源；② 面声源。具有辐射声能本领的平面声源，平面上辐射声能的作用处处相等。常见于有辐射声能作用、分布较大的平面外的一些点上，对该平面声源有必要进行声场分析时，使用这一概念。③ 线声源。火车噪声、公路上大量机动车辆行驶的噪声，或者输送管道辐射的噪声等，远场分析时可将其看做由许多点声源组成的线状声源。这些线声源以近似柱面波形式向外辐射噪声。几种声源类型示意图见图 7-2。

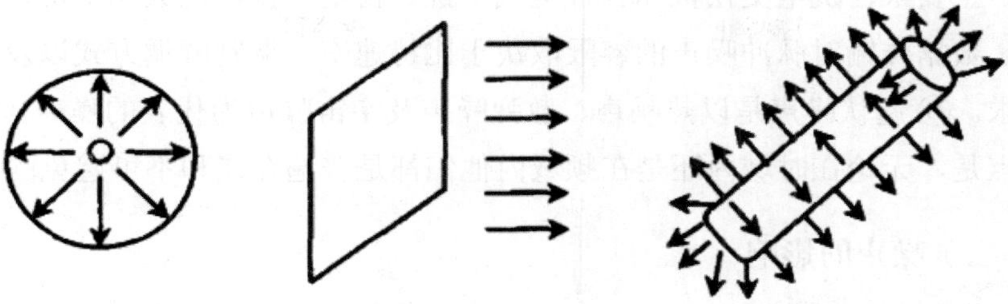

图 7-2　声源的类型

（三）噪声的特征

人们的生活、工作都离不开声音。从环境保护角度而论，凡是人们所不需要的声音统称为噪声。从物理定义而言，振幅和频率上完全无规律的震荡称为噪声。其特点是：① 噪声只会造成局部性污染，一般不会造成区域性和全球性污染；② 噪声污染无残余污染物，不会积累；③ 噪声源停止运行后，污染即消失。噪声是声的一种，具有声波的一切特性，通常把产生噪声的物体或者机械设备称为噪声源，能够传播声音的物质称为传声媒质。

二、噪声的分类与影响

（一）噪声的分类

噪声因其产生的条件不同而分为很多种类，既有来源于自然界的（如火山、地层、潮汐和刮风等自然现象所产生的空气声、地声、水声和风声等），又有来源于人为活动的（如交通运输、工业生产、建筑施工、社会活动等）。影响城市声环境的噪声源按人的活动方式可分为工业噪声、交通噪声、建筑施工噪声和生活噪声。信道中加性噪声的来源，一般可以分为人为噪声、自然噪声和内部噪声。常见的随机噪声可分为 3 类：① 单频噪声是一种连续波的干扰（如外台信号）。② 脉冲噪声是突发出现的幅度高而持续时间短的离散脉冲。这从频谱上看，脉冲噪声通常有较宽的频谱（从甚低频到高频），但频率越高，其频谱强度就越小。脉冲噪声主要来自机电交换机和各种电气干扰、雷电干扰、电火花干扰、电力线感应等。数据传输对脉冲噪声的容限取决于比特速率、调制解调方式以及对差错率的要求。③ 起伏噪声是以热噪声、散弹噪声及宇宙噪声为代表的噪声。这些噪声的特点是，无论在时域内还是在频域内他们都是普遍存在和不可避免的。

（二）噪声的影响

噪声广泛地影响着人们的各种活动，如影响睡眠和休息，妨碍交谈，干扰工作，使听力受到损害，甚至引起神经系统、心血管系统、消化系统等方面的疾病。实际上，噪声是影响面最广的一种环境污染。噪声的危害主要表现在以下5个方面：

① 听力损伤：根据国际标准化组织（ISO）的规定，暴露在强噪声下，对500 Hz、1 000 Hz和2 000 Hz 3个频率的平均听力损失超过25 dB，称为噪声性耳聋。国际标准化组织确定听力损失25 dB为耳聋标准，25～40 dB为轻度聋，40～55 dB为中度聋，55～70 dB为显著聋，70～90 dB为重度聋，90 dB以上为极端聋。

② 对睡眠的干扰：噪声会影响人的睡眠质量和数量，当睡眠受到噪声干扰后，工作效率和健康都会受到影响，老年人和病人对噪声干扰尤其敏感。一般来说，40 dB（A）的连续噪声可使10%的人睡眠受到影响，达到60 dB（A）时，可使70%的人惊醒。

③ 对交谈、通信、思考的干扰：噪声妨碍人们之间的交谈、通信是常见的（表7-1），人们的思考也是语言思维活动，其同样受噪声的干扰。

表7-1 噪声对交谈、通信的干扰

噪声级/dB（A）	主观反应	保持正常谈话距离/m	通信质量
45	安静	10	很好
55	稍吵	3.5	好
65	吵	1.2	较困难
75	很吵	0.3	困难
85	太吵	0.1	不可能

④ 对人体生理和心理的影响：噪声能引起失眠、疲劳、头晕、头痛和记忆力衰退。超过 140 dB（A）的噪声甚至会引起眼球振动，视觉模糊，呼吸、脉搏、血压都发生波动，全身血管收缩，使供血减少，甚至说话能力受到影响。噪声引起的心理影响主要是使人激动、易怒、疲劳、甚至失去理智，因此往往会影响精力集中和工作效率。由于噪声的掩蔽效应，往往使人不易察觉一些危险信号，从而容易造成工伤事故。

⑤ 噪声对物质结构的影响：飞机在超音速飞行时产生的冲击波，一般称为轰声，它虽然是一种脉冲声，但由于能量可观，故具有一定的破坏力。英法合作研制的协和式飞机在试飞过程中，航道下面的一些古老建筑（如教堂等），由于轰声的影响受到破坏，出现了裂缝。150 dB（A）以上的强噪声，由于声波振动会使金属结构疲劳，造成破坏。由于声疲劳造成飞机或导弹失事的严重事故也有发生。据试验证明，一块 0.6 mm 厚的铝板，在 168 dB（A）的无规噪声作用下，只要 15 min 就会断裂。

第二节 噪声质量表征

一、声波的产生及声学基础

（一）声波的产生

当声源振动时，就会引起周围弹性介质（如空气）的振动。这些振动的分子又会使其周围的分子产生振动。这样，声源产生的振动就以声波的形式向外传播，声波依靠介质分子的振动向外传播声能。介质分子的振动传入人耳时，引起鼓膜的振动，通过听觉机构“翻译”，并发出信号，刺激听觉神经而产生对声音的感觉。以敲鼓时听到鼓声为例（图 7-3），当敲打鼓面时，鼓面在原来静止位置附近来回振动，带动了与其相邻近的空气质点，使空气质点产生压缩或膨胀运动。由于空气质点间有一定的弹性，这一局部区域的压缩或膨胀又会影响和促使下一邻近空气质点发生压缩运动或膨胀运动。如此由近及远相互影响，就把鼓面的振动以一定的速度借助于媒质向各个方向传播出去（图 7-4）。这种向前推进着的空气振动就是声波。声波不仅可以在空气中传播，而且可以在液体和固体等弹性媒质中传播。当声源在媒质中振动时，必须依靠媒质的弹性和惯性才能将这种振动传播出去。媒质的弹性和惯性是传播声音的必要条件。声波不能在真空中传播，因为真空中不存在能够产生振动的弹性介质。通常将有声波传播的空间称声场。

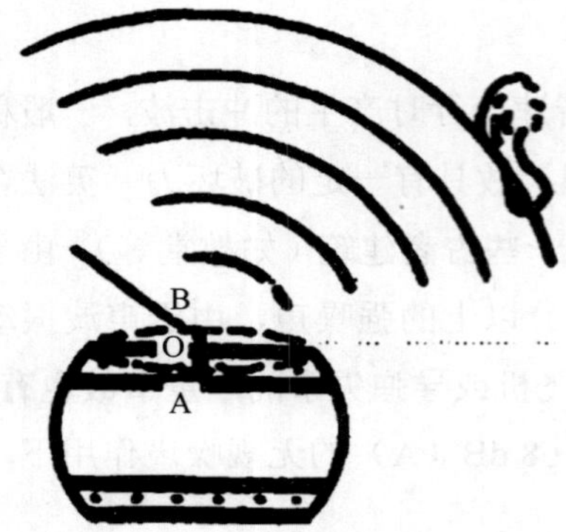

图 7-3 鼓面振动产生的声波

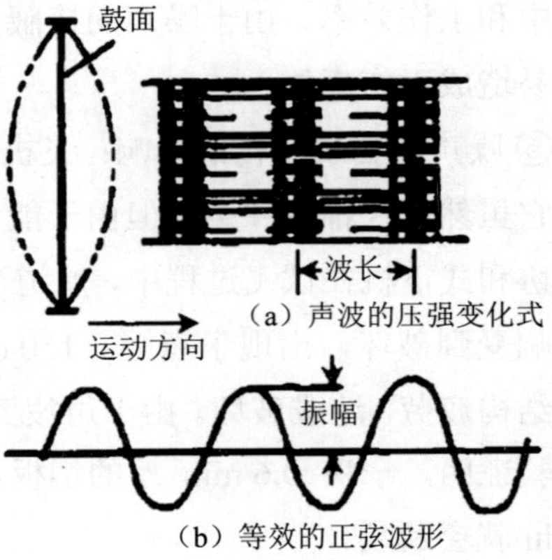

图 7-4 空气中声波的压缩和膨胀

（二）声波的描述量

1．相位角和初相位

声源振动会产生声音，如果振动的幅度随时间的变化如正弦曲线那样，那么这种振动称为简谐振动。物体做简谐振动时周围的空气质点也作简谐振动。物体离开静止位置的距离称为位移（x），最大的位移称为振幅（A）。简谐振动位移与时间的关系可表示为 $x = \sin(2\pi ft + \varphi)$，式中 f 为频率，$(2\pi ft + \varphi)$ 称为简谐振动的相位角，它是决定物体运动状态的重要物理量，φ 表示 $t = 0$ 时的相位角，称为初相位。振幅的大小决定了声音的强弱。

2．频率和周期

声源完成一次全振动所经历的时间称为周期，用 T 表示，单位是秒（s）。1 s 内振动的次数称为频率，用 f 表示，单位是赫兹（Hz），它是周期的倒数，即

$$f = 1/T \qquad (7\text{-}1)$$

声源每秒振动的次数越多，其频率越高，声音的音调也越高，人耳听到的声音就越尖。反之，频率低的声音，音调低，听起来较为低沉。人耳并不是对所有频率的振动都能感受到的。一般来说，人耳只能听到频率为 20～20 000 Hz 的声音，通常把处于这一频率范围的声音称为音频声，把低于 20 Hz 的声音称为次声，把高于 20 000 Hz 的声音称为超声。次声和超声人耳都不能听到，仅有一些动物能听到，例如，老鼠能听到次声，蝙蝠能感受到超声。

3．波长和声速

介质每完成一次往复运动或疏密相间运动所经过的距离称为波长，用 λ 表示，单位是 m。振动每秒钟在介质中传播的距离叫作声波传播速度，简称声速，用 c 表示，单位是 m/s。声速与温度的关系如下：

$$c = c_0 + 0.607t \tag{7-2}$$

式中：c_0——标准大气压下，0℃时的声速，c_0=331.4 m/s；

t——空气温度，℃。

根据频率、波长和声速的定义，它们之间有如下关系，波长和频率成反比，频率越高，波长越短；频率越低，波长越长。

$$\lambda = c/f = cT \tag{7-3}$$

4．声压和声压级

声音在介质中是以波动方式传播的。当有声波存在时，局部空气产生压缩或膨胀，在压缩的地方压强增加，在膨胀的地方压强减少，这样就在原来的大气压上又叠加了一个压强的变化。这个叠加上去的压强变化是由于声波而引起的，称为声压，用 P 表示，其单位是帕斯卡（简称帕），用 Pa 表示。声压的大小与物体的振动有关，物体振动的振幅越大，则压强的变化也越大，因此声压也越大，人们听起来就越响。当物体作简谐振动时，空间各点产生的声压也是随时间作简谐变化，某一瞬间的声压称为瞬时声压。在一定时间间隔中将瞬时声压对时间求方均根值即得到有效声压。

用 P_e 表示，即

$$P_e = \sqrt{\frac{1}{T}\int_0^T P^2_{(t)}\,\mathrm{d}t} \tag{7-4}$$

式中：$P_{(t)}$——某一时刻 t 的瞬时声压，Pa；

T——时间，s。

一般用电子仪器测得的声压即有效声压。因此，习惯上所指的声压往往是指有效声压，它与声压幅值（P_A）之间的关系为

$$P_e = \frac{P_A}{\sqrt{2}} \tag{7-5}$$

声压是表示声音强弱最常用的物理量。正常人耳能听到的最弱声压为 2×10^{-5} Pa，称为人耳的“听阈”。当声压达到 20 Pa 时，人耳就会产生疼痛的感觉，20 Pa 为人耳的“痛阈”。“听阈”与“痛阈”的声压之比为 100 万倍。实际上人耳对声音大小的感受也不是线性的，它不是正比于声压绝对值的大小，而是同它的对数近似成正比。因此，如果将两个声音的声压之比用对数的标度来表示，那么不仅应用简单，而且接近于人耳的听觉特性。这种用对数标度来表示的声压称为声压级，单位为分贝（dB）。某一声音的声压级定义是：该声音的声压（P）与某参考声压（P_0）的比值取以 10 为底的对数再乘以 20，即

$$L_p = 20\lg(P/P_0) \tag{7-6}$$

式中：L_p——声压级，dB；

P_0——参考声压，国际上规定 $P_0 = 2\times10^{-5}$ Pa。

引入声压级的概念后，巨大的数字就可以大大简化。听阈的声压为 2×10^{-5} Pa，其声压级就是 0。普通说话声的声压是 2×10^{-2} Pa，代入式（7-6），可得与此声压相应的声压级为 60 dB。使人耳感到疼痛的声压是 20 Pa，它的声压级则为 120 dB，听阈与痛阈的声压之比从 100 万倍的变化范围变成 0～120 dB 的变化。所以，这种方法已为世人所公认和普遍采用。目前国内外声学仪器上都采用分贝刻度，从仪器上可以直接读出声压级的分贝数。

5. 声强和声强级

任何运动的物体包括振动物体在内都能够做功，通常说它们具有能量，这个能量来自振动的物体，因此，声波的传播也必须伴随声振动能量的传递。在声传

播方向上，单位时间内垂直通过单位面积的声能量，称为声音的强度或简称声强，用 I 表示，单位是 W/m^2。声强的大小可用来衡量声音的强弱，声强越大，人们听到的声音越响；声强越小，人们感觉的声音越轻。声强与离开声源的距离有关，距离越远，声强就越小。与声压一样，声强也可用“级”来表示，即声强级（L_I），单位是 dB，定义为

$$L_I = 10\lg\left(\frac{I}{I_0}\right) \tag{7-7}$$

式中：L_I——声强级，dB；

I_0——参考声强，国际上规定 $I_0 = 10^{-12}$ Pa。

声强级与声压级的关系是

$$L_I = L_p + 10\lg\frac{400}{\rho c} \tag{7-8}$$

式中：ρ——传播介质的密度，kg/m^3；

c——声速，m/s；

ρc——传播介质的特性阻抗，随介质的温度和气压而改变，kg/（$m^2 \cdot s$）。

6. 声功率和声功率级

声功率为声源在单位时间内辐射的总能量，记为 W，单位是瓦（W）。声强和声源辐射的声功率有关，声功率越大，在声源周围的声强也越大，两者成正比，它们的关系为

$$I = \frac{W}{S} \tag{7-9}$$

式中：S——波阵面面积，m^2。

如果声源辐射球面波，那么在离声源为 r 处的球面上各点的声强为

$$I = \frac{W}{4\pi r^2} \tag{7-10}$$

从上式可知，声源辐射的声功率是恒定的，但声场中各点的声强是不同的，它与距离的平方成反比。如果声源放在地面上，声波只向空中辐射，这时：

$$I = \frac{W}{2\pi r^2} \tag{7-11}$$

声功率是衡量噪声源声能输出大小的基本量。声压依赖于很多外在因素，如接收者的距离、方向、声源周围的声场条件等，而声功率不受上述因素影响，可广泛用于鉴定和比较各种声源。当声音以平面波或球面波传播时声强与声压间的关系为

$$I=\frac{p^2}{\rho c} \tag{7-12}$$

因此，利用公式，根据声压的测量值就可以计算声强和声功率。

声功率用级来表示时称为声功率级（L_W），单位是 dB，其声功率级为

$$L_{\mathrm{W}}=10\lg\frac{W}{W_0} \tag{7-13}$$

式中，W_0——参考声功率，取 10^{-12} W。

（三）声波的传播特性

1. 声波的反射、折射和衍射

噪声声波在传播过程中经常会遇到障碍物，这时声波将从一个介质（空气）入射到另一个介质中去。由于这两种介质的声学性质不同，一部分声波从障碍物表面上反射回去，另一部分声波则透射到障碍物里面去。声波在传播途中遇到不同介质的分界面时，除了发生反射外，还会发生折射，声波折射时传播方向将改变，声波从声速大的介质折射入声速小的介质时，声波传播方向折向分界面的法线；反之，声波从速度小的介质折射入声速大的介质时，声波传播方向折离法线。当声波遇到障碍物时除了发生反射和折射外，还会产生衍射现象。衍射现象与声波的频率、波长及障碍物的大小都有关系。

2. 声波的叠加和声压级的计算

两列或数列声波同时在一介质中传播并在某处相遇，在相遇区内任一点上的振动将是两个或数个波所引起振动的叠加。在一般情况下，振幅、频率和位相都不同的波在某点叠加时比较复杂。频率相同、振动方向相同、位相相同或位相差固定的声波称为相干波，如果相干波叠加时在空间某些点上振动加强，而在另一些点上振动减弱或相互抵消，这种现象称为波的干涉现象。两列相干波的合成声压为

$$L_p = L_{p1} + L_{p2} \tag{7-14}$$

具有不同频率，而有固定相位差的声波，或有无规则变化相位差的声波称为不相干波。以两列波为例，声能量是可以代数相加的，设两个声源的声功率分别为 W_1 和 W_2，那么总声功率

$$W = W_1 + W_2 \tag{7-15}$$

而两个声源在某点的声强为 I_1 和 I_2 时，叠加后的总声强

$$I = I_1 + I_2 \tag{7-16}$$

但声压不能直接相加，由于 $I_1 = p_1^2/(\rho c)$，$I_2 = p_2^2/(\rho c)$。$p_{总}^2 = p_1^2 + p_2^2$，$(p_1/p_0)^2 = 10^{L_{p1}/10}$，$(p_2/p_0)^2 = 10^{L_{p2}/10}$，故总声压级：

$$L_p = 10\lg\left[(p_1^2 + p_2^2)/p_0^2\right] = 10\lg\left(10^{L_{p1}/10} + 10^{L_{p2}/10}\right) \tag{7-17}$$

如果 $L_{p1} = L_{p2}$，即两个声源的声压级相等，则总声压级：

$$L_p = L_{p1} + 10\lg 2 \approx L_{p1} + 3 \tag{7-18}$$

同理可得到数列波的总声压级为

$$L_p = 10\lg\sum_{i=1}^{n} 10^{0.1L_p i} \tag{7-19}$$

噪声测量中经常碰到如何扣除背景噪声问题，这就是噪声相减的问题。通常是指噪声源的声级比背景噪声高，但由于后者的存在使测量读数增高，需要减去背景噪声。若设背景噪声为 L_{pB}、背景噪声和被测对象的总声压级为 L_p、被测对象真实的声压级为 L_{ps}。由式（7-19）可得

$$L_p = 10\lg(10^{0.1L_{ps}} + 10^{0.1L_{pB}}) \tag{7-20}$$

$$L_{ps} = 10\lg(10^{0.1L_p} - 10^{0.1L_{pB}}) \tag{7-21}$$

第三节 噪声污染控制技术

一、噪声控制的基本途径

（一）噪声控制的途径

同水体污染、大气污染和固体废物污染不同，噪声污染是一种物理性污染，它的特点是局部性和没有后效。噪声在环境中只是造成空气物理性质暂时的变化，噪声源的声输出停止之后，污染立即消失，不留下任何残余物质。在任何噪声环境中，声源发出噪声并向外界辐射的过程可以用图 7-5 简单描述。噪声的防治主要是控制声源和声的传播途径，以及对接收者进行保护。

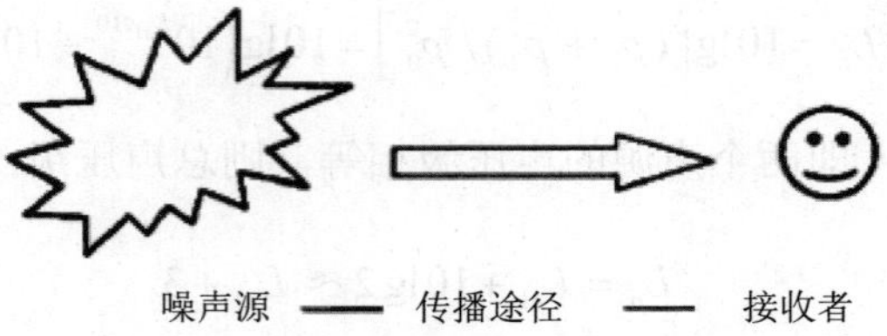

图 7-5 噪声传播示意图

1. 声源控制

运转的机械设备和运输工具等是主要的噪声源，噪声有 3 种控制途径：一是改进结构，提高其中部件的加工精度和装配质量，采用合理的操作方法等，以降低声源的噪声发射功率；二是选用内阻尼大、内摩擦大的低噪声新材料；三是改善或者更换动力传递系统和采用新技术。如将机械传动部分的普通齿轮改为有弹性轴套的齿轮，可降低噪声 15～20 dB；把铆接改成焊接，把锻打改成摩擦压力加工等，一般可减低噪声 30～40 dB。

2. 传声途径的控制

① 声在传播中的能量是随着距离的增加而衰减的，因此使噪声源远离需要安静的地方，可以达到降噪的目的。

② 处在与声源距离相同而方位不同的地方，接收到的声强度也不同，这是声音的指向性。多数声源以低频辐射噪声时，指向性很差；随着频率的增加，指向性增强。因此，控制噪声的传播方向（包括改变声源的发射方向）是降低噪声尤其是高频噪声的有效措施。

③ 在城市建设中，应采用合理的城市防噪声规划。此外，对于固体振动产生的噪声采取隔振措施，可减弱噪声的传播。

3．接收者的防护

① 佩戴护耳器，如耳塞、耳罩、防护棉、防声盔等。

② 减少在噪声环境中的暴露时间。

③ 人的听觉灵敏度是有差别的。如在 85 dB 的噪声环境中工作，有人会耳聋，有人则不会。可以每年进行一次听力检测，把听力显著降低的人调离噪声环境。

（二）噪声污染的防治对策

一是从噪声传播分布的区域性的控制角度出发，强化土地使用、城镇建设规划中的环境管理，贯彻合理布局，特别是工业区和居民区分离的原则，即在噪声污染的传播影响上间接采取防治措施；二是从噪声总（能）量的控制出发，对各类噪声源机电设备的制造、销售和使用等环节，即对污染源本身直接采取限制措施。具体可分为以下几点：

① 制订科学合理的城市规划、城市区域环境规划，划分各个区域的社会功能以保证要求安静的区域不受噪声污染。美国、法国、北欧、东欧等国家和地区都很讲究城市区域功能，使住宅、文教区远离工业区或机场等高噪声源。

② 规划建设专用工业园区，组织并帮助高噪声工厂、企业实施区域集中整治，对居住生活地区建立必要的防噪声隔离带，或采取成片绿化等措施，缩小工业噪声的影响范围。

③ 实施产品噪声限值标准和分级标准。有关政府部门据此对制造、销售厂商进行管理，促使发展技术先进的低噪声、安静型产品，逐步替代或淘汰落后的高噪声产品。国际标准化组织已在推行把噪声级指标正式列为产品铭牌的一项基本内容的规定。

④ 建立有关研究和技术开发、技术咨询的机构，为各类噪声源设备制造商提

供技术指导，以便在产品的设计、制造中实现有效的噪声控制，如开发运用低噪新工艺、高阻尼减振新材料、包装式整视隔声罩设计等，有计划、有目的地推动技术进步。

⑤ 提高用于吸声、消声、隔声等的专用材料的性能，以适应通风散热、防尘防爆、耐腐蚀等技术要求，改进噪声污染影响的评价分析方法，开发应用计算机技术，发展模型实验；提高预测评价工作的效率和精度，节省防治工程的费用。

（三）噪声控制的一般程序

解决噪声污染问题的一般程序是首先进行现场噪声调查，测量现场的噪声级和噪声频谱，然后根据有关的环境标准确定现场容许的噪声级，并根据现场实测的数值和容许的噪声级之差确定降噪量，进而制定技术上可行、经济上合理的控制方案。合理地控制噪声的措施，是根据噪声控制费用、噪声容许标准、劳动生产效率等有关因素进行综合分析确定的。以一个车间为例，如果噪声源是一台或少数几台机器，而车间里工人较多，一般可采用隔声罩，降噪效果为 10～30 dB；如果车间里噪声源多而分散，工人又多，一般可采取吸声降噪措施，降噪效果为 3～15 dB；如果工人不多，可用护耳器，或者设置供工人操作用的隔声间。机器振动产生噪声辐射，一般采取减振或隔振措施，降噪效果为 5～25 dB。如机械运转使厂房的地面或墙壁振动而产生噪声辐射，可采用隔振机座或阻尼措施。

二、吸声材料与吸声技术

在降噪措施中，吸声是一种有效的方法，因而在工程中被广泛应用，采用吸声手段改善噪声环境时，通常有两种处理方法：一是采用吸声材料；二是采用吸声结构。

（一）吸声原理

当声波入射到吸声材料或者结构表面上时，声能部分被反射，部分被吸收，还有一部分透过它向前传播。能吸收消耗一定声能的材料称为吸声材料。一般未做任何声学处理的工厂车间内，墙壁的内表面往往使用坚硬的材料组成，如混凝土壁面、抹灰的砖墙及背面贴实的硬木板等。这些材料与空气的特征阻抗相差较大，对声波的反射能力较强。在房间中声源发射声波时，听者接收的声音有直接传来的直达声，也有由声波传播中受到壁面的多次反射而形成的混响声。直达声与混响声的叠加，增加了听者接收的噪声强度。由于混响的作用，噪声源在车间内所产生的噪声级比在室外产生的噪声级要高近 10 dB，这就是常感到室内机器噪声比室外响得多的直接原因。

为降低混响声，通常采用可以吸收声能的材料或结构设置在房间的壁面上。而这些材料和结构的吸声降噪过程如图 7-6 所示。当声波入射到多孔材料表面时，主要是两种机理引起声波的衰减：首先是由于声波产生的振动引起小孔或间隙内的空气运动，造成和孔壁的摩擦，紧靠孔壁和纤维表面的空气受孔壁的影响不易动起来，由于摩擦和黏滞力的作用，使相当一部分声能转化为热能，从而使声波衰减，反射声减弱达到吸声的目的；其次，小孔中的空气和孔壁与纤维之间的热交换引起的热损失，也使声能衰减。

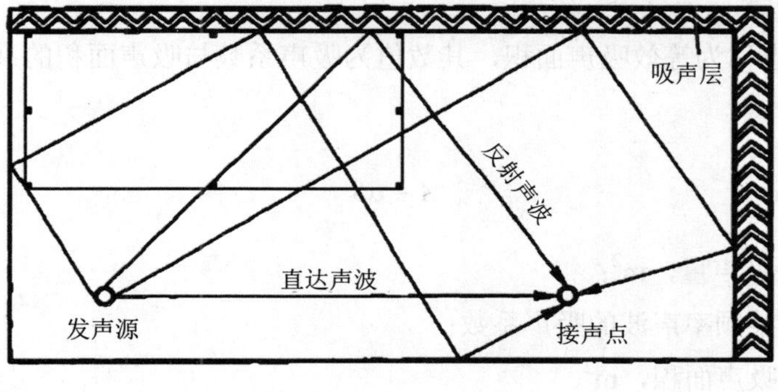

图 7-6　吸声降噪示意图

（二）吸声基本参数

1．吸声系数（α）

吸声系数是表征吸声性能最常用的参数，是指材料吸收的声能与入射到材料上的总声能之比，可用吸声系数来描述吸声材料或吸声结构的吸声特性，计算式为

$$\alpha = \frac{E_\alpha}{E_i} = \frac{E_i - E_r}{E_i} = 1 - r \qquad (7\text{-}22)$$

式中：E_i——入射声能；

E_α——被材料或结构吸收的声能；

E_r——被材料或结构反射的声能；

r——反射系数。

由上式可见，当入射声波被完全反射时，表示无吸声作用，$\alpha = 0$；当入射声波完全没有被反射时，表示完全吸收，$\alpha = 1$；一般材料的吸声系数 α 都在 0～1，即 $0 < \alpha < 1$，α 值越大，表示吸声性能越好。吸声系数是频率的函数，同一种材料，对于不同的频率，具有不同的吸声系数。工程中通常采用 125 Hz、250 Hz、500 Hz、1 000 Hz、2 000 Hz、4 000 Hz 6 个频率的吸声系数的算术平均值表示材料的平均吸声系数，通常当平均吸声系数 $\alpha \geqslant 0.2$ 时，材料才能被称为吸声材料。

2．吸声量

吸声量也称为等效吸声面积，其数值为吸声系数与吸声面积的乘积，可用下式表示：

$$A = \alpha S \qquad (7\text{-}23)$$

式中：A——吸声量，m^2；

α——某频率声波的吸声系数；

S——吸声面积，m^2。

房间中的其他物体如家具，也会吸收声能，而这些物体并不是房间壁面的一部分。因此，房间总的吸声量（A）可以表示为

$$A = \sum \bar{\alpha}_i S_i + \sum A_i \qquad (7\text{-}24)$$

式中第一项是所有壁面吸声量的总和，第二项是室内各个物体吸声量的总和。

（三）多孔吸声材料

在材料表面和内部有无数的均匀分布的微细孔或微间隙，这些孔隙互相贯通并且向外张开，使声波易于进入微孔或微间隙内，这种吸声材料称作多孔吸声材

料。根据多孔吸声材料的形状，可以将多孔吸声材料分为泡沫型、纤维型、颗粒型 3 类。泡沫型材料的表面与内部皆有无数互相连通的微孔，其材质一般由聚氨酯泡沫塑料、微孔橡胶等制成。纤维型材料包括毛、木丝、甘蔗纤维、化纤维、玻璃棉、矿物棉、金属纤维等有机或无机纤维材料，其中超细玻璃棉是最常用的一种多孔吸声材料，金属纤维是最新研制并得到应用的多孔吸声材料。颗粒状材料有膨胀珍珠岩、蛭石混凝土和多孔陶土。

多孔吸声材料的吸声特性主要受入射声波（频率和入射角）和材料性质的影响，一般对高频声吸收效果好，低频声吸收效果较差。因为低频声波激发微孔内空气与筋络的相对运动少，摩擦损失少，因而声能损失少；而高频声容易使之快速振动，从而消耗较多的声能，所以多孔吸声材料常用于高频、中频噪声的吸收。

（四）吸声结构

吸声处理中较常采用的另一措施就是采用吸声结构。由于多孔吸声材料对吸收低频噪声的性能较差，只能通过加厚吸声材料的厚度来提高低频噪声的吸收。为了增加对低频声能的吸收，人们在实践中一般利用共振吸声结构，以解决低频噪声的吸收。目前普遍利用共振原理做成的共振吸声结构有薄板、穿孔板等共振吸声结构。

1. 薄板共振吸声结构

（1）构造

薄板共振吸声结构如图 7-7 所示，将薄的塑料、金属或胶合板等材料的周边固定在框架（称为龙骨）上，并将框架牢牢地与刚性板壁相结合，这种由薄板与板后的封闭空气层构成的系统就称为薄板共振吸声结构。

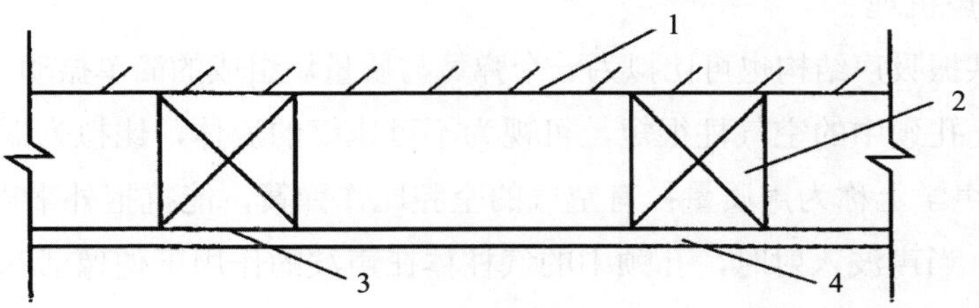

1—刚性壁面；2—龙骨；3—阻尼材料；4—薄板

图 7-7　薄板共振吸声结构示意图

（2）吸声机理

薄板共振吸声结构实际近似于一个弹簧和质量块振动系统。薄板相当于质量块，板后的空气层相当于弹簧，当声波入射到薄板上，使其受激振动后，由于板后空气层的弹性、板本身具有的劲度与质量，薄板就产生振动，发生弯曲变形，因为板的内阻及板与龙骨间的摩擦，便将振动的能量转化为热能，从而消耗声能。当入射声波的频率与板系统的固有频率相同时，便发生共振，板的弯曲变形量大，振动越剧烈，声能也就消耗越多。

2. 穿孔板共振吸声结构

在薄板上穿一小孔，在其后与刚性壁之间留一定深度的空腔所组成的结构称为穿孔板共振吸声结构。按照薄板上穿孔的数目分为单孔和多孔共振吸声结构。

（1）单孔共振吸声结构

1）结构

单孔共振吸声结构又称作“亥姆霍兹”共振吸声器或单腔共振吸声器。它是一个封闭的空腔，在腔壁上开一个小孔与外部空气相通的结构［图 7-8（a）］，可用陶土、煤渣等烧制或水泥、石膏浇注而成。

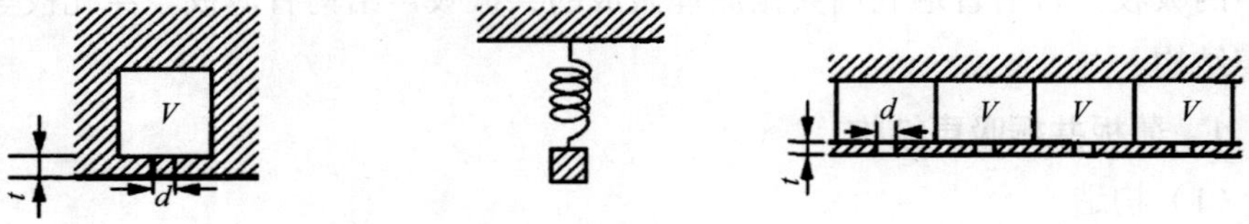

（a）亥姆霍兹共振器　　（b）机械类比系统　　（c）穿孔板共振吸声结构

图 7-8 空腔共振吸声结构

2）吸声机理

单孔共振吸声结构也可比拟为一个弹簧与质量块组成的简单振动系统［图 7-8（b）］，开孔孔颈中的空气柱很短，可视为不可压缩的流体，比拟为振动系统的质量（M），声学上称为声质量；有空气的空腔比作弹簧，能抗拒外来声波的压力，称为声顺；当声波入射时，孔颈中的气柱体在声波的作用下便像活塞一样做往复运动，与颈壁发生摩擦使声能转变为热能而损耗，这相当于机械振动的摩擦阻尼，声学上称为声阻。声波传到共振器时，在声波的作用下激发颈中的空气柱往复运动，在共振器的固有频率与外界声波频率一致时发生共振，这时颈中空气柱的振幅最大并且振速达到最大值，因而阻尼最大，消耗声能也就最多，从而得到有效的声吸收。

3）吸声特性

“亥姆霍兹”共振器的使用条件必须是空腔小孔的尺寸比空腔尺寸小得多，并且外来声波波长大于空腔尺寸。这种吸声结构的特点是吸收低频噪声并且吸收频带较窄（频率选择强），因此多用在有明显音调的低频噪声场合。若在颈口下放置一些诸如玻璃棉之类的多孔材料，或加贴一薄层尼龙布等透声织物，可以增加颈口部分的摩擦阻力，增宽吸声频带。

（2）多孔穿孔板共振吸声结构

多孔穿孔板共振吸声结构通常简称为穿孔板共振吸声结构，它是在板材上，以一定的孔径和穿孔率打上孔，背后留有一定厚度的空气层［图 7-8（c）]。这种吸声结构实际上可以看作由单腔共振吸声结构并联而成。

3. 微穿孔吸声结构

为了克服穿孔板共振吸声结构吸声频带较窄的缺点，我国著名声学家马大猷教授于 20 世纪 60 年代研制成了金属微穿孔吸声结构。

（1）吸声结构

在厚度为 1 mm 的金属薄板上，钻出许多孔径小于 1 mm 的小孔（穿孔率为 1%～4%)，将这种孔小而密的薄板固定在刚性壁面上，并在板后留以适当深度的深腔，便组成了微穿孔板吸声结构。薄板常用铝板或钢板制作，因其板特别薄且孔特别小，为与一般穿孔板共振吸声结构相区别，故称作微穿孔板吸声结构，有单层、双层与多层之分。

（2）吸声机理与吸声特性

微穿孔板吸声结构实质上仍属于共振吸声结构。因此吸声机理也相同，利用空气柱在小孔中的来回摩擦消耗声能，用腔深来控制吸声峰值的共振频率，腔越深，共振频率越低，但因为其板薄孔细，与普通穿孔板比较，声阻显著增加，声质量显著减小，因此明显地提高了吸声系数，增宽了吸声频带宽度。

与穿孔板相比，微穿孔板的吸声系数得到明显提高，是一种良好的宽频吸声结构，特别适用于高温、高湿和高速气流等条件，吸声性能不受高速气流影响。

微穿孔板吸声结构的吸声系数有的可达 0.9 以上，吸声频带可达 4 个倍频程以上。在实际应用中，可以根据有关图表进行设计微穿孔板，不必进行复杂的计算，它的缺点是加工费用高、孔小易于堵塞，适宜在清洁环境中使用。

采用双层与多层微孔板、或减小微穿孔板孔径、或提高穿孔率可增大吸声系数，为展宽吸声带宽，孔径多选 0.5～1.0 mm，穿孔率多选 1%～3%；双层微穿孔板的间距：吸收低频声波，距离要大，一般控制在 20～30 mm；吸收中频、高频声波，距离减小到 10 mm 甚至更小。

三、隔声技术

用构件将噪声源和接收者分开或隔离，阻断空气声的传播，从而降低噪声的方法称为隔声技术。隔声结构主要有单层结构、双层结构以及轻质复合结构等。隔声方法一般有以下几种形式：在噪声源与接收者之间设置屏障物，阻断噪声的传播；把产生噪声的机械设备，如鼓风机、空压机、球磨机、粉碎机等全部密闭在隔声间或隔声罩内，使声源与操作者之间隔开；在较大的车间内，可把操作者置于隔声性能良好的控制室或隔声间内，与发声的机器隔绝。

（一）隔声原理

声音以声波的形式在空气中传播，当声波在传播途径中，遇到均质屏障物（如木板、金属板、墙体等）时，由于介质特性阻抗的变化，部分声能被屏障物反射回去，部分被屏障物吸收，部分声能可以透过屏障物辐射到另一空间。透射声能仅是入射声能的一部分，总是或多或少地小于传进来的能量，这种由屏障物引起的声能降低现象称为隔声。

（二）隔声的描述量

① 透射系数：将透射声强（I_t）与入射声强（I_i）之比定义为透射系数，即 τ，一般隔声结构的透射系数通常是指无规入射时各入射角透射系数的平均值。透射系数越小，表示透声性能越差，隔声性能越好。

② 隔声量：隔声量的定义为隔声构件的入射声功率级与另一面的透射声功率级之差。隔声量等于透射系数的倒数取以 10 为底的对数，单位为 dB，又称作传

声损失。

③ 平均隔声量：隔声量是频率的函数，同一隔声结构，不同的频率具有不同的隔声量。在工程应用中，通常将中心频率为 125～4 000 Hz 的 6 个倍频程或 100～3 150 Hz 的 16 个 1/3 倍频程的隔声量作算术平均，叫作平均隔声量。

④ 插入损失：离声源一定距离某处测得的隔声结构设置前的声功率级（L_{w1}）和设置后的声功率级（L_{w2}）之差值称作插入损失，记作 IL，即 $IL = L_{w1} - L_{w2}$。插入损失通常在现场用来评价隔声罩、隔声屏障等隔声结构的隔声效果。

（三）单层匀质墙隔声结构

1. 单层匀质墙隔声的频率特性

单层匀质墙的隔声量与入射声波的频率关系密切，其变化规律如图 7-9 所示，可分为四个区，即刚度控制区、阻尼控制区（又称为共振区）、质量控制区、吻合谷。频率从低端开始，板的隔声受刚度控制，隔声量随频率增加而降低；随着频率的增加，质量效应增大，在某些频率下，刚度和质量效应共同作用而产生共振现象，图中 f_0 为共振基频，这时板振动幅度很大，隔声量出现极小值，隔声量大小主要取决于构件的阻尼，故称为阻尼控制；当频率继续增高，则质量起主要控制作用，这时隔声量随频率增加而增加；而在吻合临界频率（f_c）处，隔声量会出现较大幅度的降低，形成一个隔声量低谷，通常称为吻合谷。

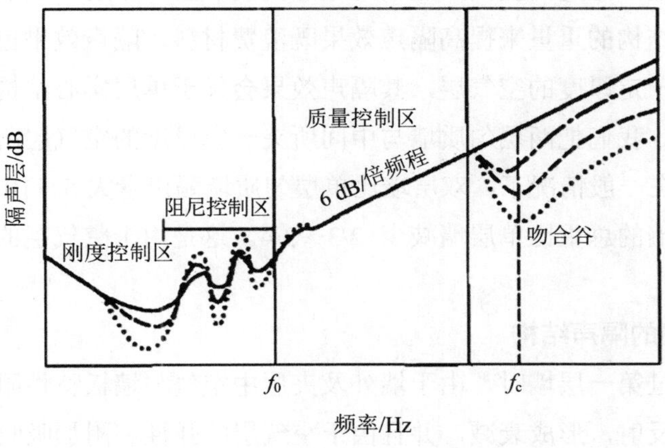

图 7-9 单层匀质墙的隔声频率特性

2．隔声的质量定律

隔声构件的隔声量取决于入射声的频率和隔声构件的面密度，对固定频率的声音，隔声量随着面密度的增加而增加，面密度增加 1 倍，隔声量增加 6 dB；对于固定面密度板材，隔声量也随着入射声波频率的增加而增加，频率增加 1 倍，隔声量增加 6 dB。用公式表示：

$$\mathrm{TL}=10\lg\left[1+\left(\frac{2\pi f}{2\rho}\right)^2\right] \tag{7-25}$$

对于一般固体材料，如砖墙、木板、钢板、玻璃等，隔声量可以表示成：

$$\mathrm{TL}=20\lg m+20\lg f-42.5 \tag{7-26}$$

实际上，无规入射声波对墙的入射角主要分布在 0°～80°，对此范围内的入射声频率求平均，称为“场入射”隔声量，经计算近似为

$$\mathrm{TL}=13.5m+14 \quad (m\leqslant 200\ \mathrm{kg/m^2}) \tag{7-27}$$

$$\mathrm{TL}=16\lg m+8 \quad (m>200\ \mathrm{kg/m^2}) \tag{7-28}$$

（四）双层墙和多层墙的隔声结构

单层墙的隔声能力的提高，主要是增加墙的质量和厚度。实践与理论证明，单纯依靠增加结构的重量来提高隔声效果既浪费材料，隔声效果也不理想。若在两层墙间夹以一定厚度的空气层，其隔声效果会优于单层实心结构，从而突破质量定律的限制。我们把两层匀质墙与中间所夹一定厚度的空气层所组成的结构，称作双层墙。在一般情况下，双层墙比单层匀质墙隔声量大 5～10 dB；如果隔声量相同，双层墙的总重比单层墙减少 2/3～3/4。这是由于空气层的作用提高了隔声效果。

1．双层墙的隔声结构

当声波透过第一层墙时，由于墙外及夹层中空气与墙板特性阻抗的差异，造成声波的两次反射，形成衰减，并且由于空气层的弹性和附加吸收的作用，振动的能量衰减较大，然后再传给第二层墙，又发生声波的两次反射，使透射声能再

次减少，因而总的透射损失更多。

在工程应用中，常用以下经验公式来估算双层结构的隔声量：

$$\mathrm{TL} = 16\lg(m_1 + m_2) + 16\lg f - 30 + \Delta\mathrm{TL} \tag{7-29}$$

平均隔声量估算的经验公式为

$$\mathrm{TL}=16\lg(m_1+m_2) + 8 + \Delta\mathrm{TL} \quad (m_1 + m_2 > 200\ \mathrm{kg/m^2}) \tag{7-30}$$

$$\mathrm{TL}=13.5\lg(m_1+m_2) + 14 + \Delta\mathrm{TL} \quad (m_1 + m_2 \leqslant 200\ \mathrm{kg/m^2}) \tag{7-31}$$

以上两式中 ΔTL 为空气层的附加隔声量。

2．多层复合墙的隔声结构

在多层复合墙的隔声结构中，每层复合板的结构形式多种多样，通常是由三层以上不同的材料交替排列构成的。只要材料选择合理、组合得当，做到不同材质软硬交替叠合，获得同样的隔声量，多层复合板墙就会比单层均质板墙轻得多，而且在 125～4 000 Hz 主要声频范围内，其隔声量还可大于由质量定律计算所得的隔声量。因此，多层复合墙板是减轻隔声构件重量和改善构件隔声性能的有效措施，它在隔声门、隔声罩和轻质隔声墙的设计中得到广泛应用。

多层复合墙结构的隔声原理是利用声波在不同界面上阻抗的变化而使声波反射，减少声能透射，从而提高了隔声能力。多种材质不同的板重叠在一起时，各层界面介质不同，声阻抗也不相同，所以就有多层声阻抗变化的界面，声波在透过复合板的时候就要发生多次反射。因此，透过这种复合板的声能就大大地被减弱了。同时由于隔层中的软硬材料交替，还可减弱板的共振以及在吻合频率区的声能辐射。

（五）隔声间

1．隔声间概述

在噪声源数量多而且复杂的强噪声环境下，如空压机站、水泵站、汽轮机车间等，若对每台机械设备都采取噪声控制措施，不仅工作量大、技术要求高，而且投资多。因此对于这种工人不必长时间站在机器旁的操作岗位，建造隔声间是一种简单易行的噪声控制措施。隔声间也称隔声室，一般是用建筑材料砌筑成不同隔声构件组成的具有良好隔声性能的房间。它是用隔声围护结构建造一个较安静的小环境，人在里面，防止外面的噪声传进来，由于人在其内活动，隔声间要有通风（通风量一般每人为 20 m^3/h）、采光、通行等方面的要求，如图 7-10 所示。工业上对隔声间一般要求有 20～50 dB 的降噪量，根据《工业企业设计卫生标准》（GBZ 1—2010），室内噪声控制在 60～70 dB 较为合适。隔声间在噪声控制中应用极为广泛。在不同具体条件下，要配合消声、吸声、隔振和阻尼等综合技术应用，才能使噪声控制得到最佳的效果。

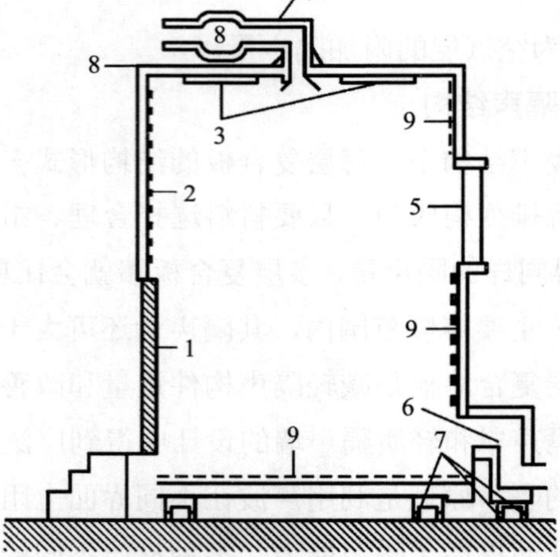

1—入口隔声门；2—隔声墙；3—照明器；4—排气管道；5—双层窗；6—吸气管道；7—隔振底座；8—接头的缝隙处理；9—内部吸声处理

图 7-10 隔声间

2. 组合墙平均隔声量计算

具有门、窗等不同隔声构件的墙板称为组合墙。组合墙的透声系数为各组成部件的透声系数的平均值，称作平均透声系数，按下式进行计算：

$$\bar{\tau} = \frac{\tau_1 S_1 + \tau_2 S_2 + \tau_3 S_3 + \cdots + \tau_n S_n}{S_1 + S_2 + S_3 + \cdots + S_n} = \frac{\sum_{i=1}^{n} \tau_i S_i}{\sum_{i=1}^{n} S_i} \tag{7-32}$$

式中：τ_i——墙体第 i 种构件的透声系数；

S_i——墙体第 i 种构件的面积，m^2。

由上式可得组合墙的平均隔声量：

$$\overline{R}=10\lg\frac{1}{\overline{\tau}} \tag{7-33}$$

3．隔声门的隔声性能提高

要尽力提高门扇自身的隔声能力与解决密封问题。前者主要采用多层结构以及门扇中填充多孔性吸声材料来实现的。门扇和门框接触的严密程度，要根据实际情况确定门的形式（如双重门或单扇门）。密封方法应该根据隔声要求和门的使用条件确定。对于隔声要求非常高的场合，常采用前后双扇门的声闸结构。

4．隔声窗的设计

隔声窗隔声效果的影响因素主要有玻璃的厚度、层数、层间空气层厚度以及窗扇与窗框的密封程度等。玻璃越厚越好，一般选用 3 mm 和 6 mm 两种，也可以选用 10 mm 厚的玻璃。设计隔声窗应该注意以下几方面：

① 多层窗应选用硬度不同的玻璃以消除调频吻合效应。② 多层窗的玻璃板之间要有较大的空气层，一般取 7～15 cm，并应在窗框周边内表面作吸声处理。③ 多层窗玻璃之间要有一定的斜度，朝声源一面的玻璃做成斜 85°，以消除驻波。④ 玻璃窗的密封要严，在边缘用橡胶条或毛毡条压紧，这不仅可以起密封作用，还能起到有效的阻尼作用，以减少玻璃板受声激振透声。⑤ 两层玻璃间不能有刚性连接，以防止“声桥”。

（六）隔声屏

1．隔声原理

声波在传播过程中，遇到隔声屏障时，就会发生反射、透射和绕射 3 种现象。通常我们认为屏障能够阻止直达声的传播，并使绕射声有足够的衰减，而透射声的影响可以忽略不计。因此，隔声屏障的隔声效果一般可采用减噪量表示。在声源和接收点之间插入一个隔声屏障，设屏障无限长，声波只能从屏障上方绕射过去，而在其后形成一个声影区，就像光线被物体遮挡形成一个阴影，在这个声影区内，人们可以感到噪声明显地减弱了，这就是隔声屏障的减噪效果。这个“声影区”的大小与声音的频率有关，频率越高，声影区的范围也就越大。

2．隔声屏的插入损失

当在空旷的自由声场中设置一道有一定高度的无限长屏障，通过声屏障本身的声音假设忽略不计，那么，相对于同一噪声源的条件，同一接受位置，设置隔声屏障和不设置隔声屏障时，两次测量到的声压级的差值，即屏障的降噪量可用下式计算：

$$\Delta L = 20\lg\left[\frac{\sqrt{2\pi N}}{\tan(h\sqrt{2\pi N})}\right]+5 \qquad (7\text{-}34)$$

式中：ΔL——噪声衰减量，dB；

N——越过屏障顶端衍射的菲涅耳数，描述声波传播中绕射性能的量。$N = 2/\lambda(A + B - D)$；

λ——声波波长，m；

A——噪声源到隔声屏障顶端的距离，m；

B——接受点到隔声屏障顶端的距离，m；

D——声源到接受点之间的直线距离，m。

当 $N \geqslant 1$ 时，双曲正切函数的值很快便趋于 1，这时可化简为

$$\mathrm{IL}=10\lg N+13 \qquad (7\text{-}35)$$

四、消声器与消声技术

消除空气动力性噪声的方法称作消声，能够实现消声的特殊装置称作消声器。消声器是一种既能阻止或减弱噪声向外传播，又允许气流通过的装置，使用时安装在空气动力设备的气流通道上，它是控制空气动力性噪声沿管道传播的最有效措施。在空气动力性机械进、出口安装消声器，一般可使进出口的噪声降低 20～30 dB（A）[①]，相应的响度能降低 75%～85%，主观感觉效果明显。

① dB（A）是指在噪声仪测量噪声的时候，以等效声级 A 计级，所测量的实际噪声值。

（一）消声器的基本要求

① 声学性能：在使用现场的正常工况下（一定的流速、湿度、温度、压力等），在所要求的频率范围内，有足够大的消声量。

② 空气动力性能：对气流的阻力要小，阻力损失和功率损失要控制在实际允许的范围内，不影响气动设备的正常工作，气流通过消声器时所产生的气流再生噪声要低。

③ 机械结构性能：消声器的材料应坚固耐用，尤其应注意材质和结构的选择。另外，消声器要体积小，重量轻，结构简单，并便于加工、安装、维修。

④ 外形和装饰：除消声器几何尺寸和外形应适应实际安装空间外，消声器的外形美观大方，表面装饰应与设备总体相协调。

⑤ 经济要求：价格便宜，经久耐用。

（二）消声器声学性能评价量

消声量是评价消声器声学性能好坏的重要指标，常用以下 4 个量来表征：

1．插入损失（IL）

插入损失是指在声源与测点之间插入消声器前后，在某一固定点所测得的声压级差，即

$$\mathrm{IL} = L_{p1} - L_{p2} \tag{7-36}$$

L_{p1} 是指安装消声器前测点的声压级；L_{p2} 是指安装消声器后测点的声压级。用插入损失作为评价量的优点是比较直观实用，测量也简单，这是现场测量消戸器消声量最常用的方法。但插入损失不仅取决于消声器本身的性能，而且与声源、末端负载以及系统总体装置的情况紧密相关，因此适于在现场测量中用来评价安装消声器前后的综合效果。

2．传递损失（TL）

传递损失是指消声器进口端入射声的声功率级与消声器出口端透射声的声功率级之差。

$$\mathrm{TL}=10\lg\left(\frac{w_1}{w_2}\right)=L_{w_1}-L_{w_2} \tag{7-37}$$

由于声功率级不能直接测得，一般是通过测量声压级值来计算声功率级和传声损失，传声损失反映的是消声器自身的特性，和声源、末端负载等因素无关，因此适宜于理论分析计算和在实验室中检验消声器自身的消声特性。

3．减噪量（L_{NR}）

减噪量是指消声器进口端和出口端的平均声压级差。即

$$L_{NR}=\overline{L}_{p1}-\overline{L}_{p2} \tag{7-38}$$

这种测量方法，易受环境声反射、背景噪声、气象条件的影响。

4．衰减量（L_A）

消声器内部两点间的声压级的差值称为衰减量，主要用来描述消声器内声传播的特性，通常以消声器单位长度的衰减量（dB/m）来表征。

（三）消声器种类

消声器种类很多，根据消声原理，一般可以分为 3 类：一是阻性消声器；二是抗性消声器；三是阻抗复合式消声器。阻性消声器由于具有消声量大、消声频率范围宽且体积小等特点，目前在国内外都有较为广泛的应用。而结构复杂、体积庞大的抗性消声器已逐渐减少。

1．阻性消声器

（1）阻性消声器消声原理

阻性消声器主要是利用多孔吸声材料来吸收声能的。吸声材料固定在气流通道内，当声波通过贴有多孔吸声材料的管道时，声波将激发多孔材料中无数小孔内空气分子的振动，因克服摩擦阻力与黏滞阻力将声能转变为热能，达到消声的目的。

一般来说，阻性消声器对中高频噪声的消声效果良好，而对低频噪声的消声效果较差。然而，只要适当合理地增加吸声材料的厚度和密度，以及选用较低的穿孔率，低频、中频消声性能也能大大改善，从而可以获得较宽频带的阻性消声器。

（2）阻性消声器的性能

消声器的传递损失与吸声材料的声学性能、气流通道周长、断面面积以及管道长度等因素有关。别洛夫由一维理论推导出长度为 l 的消声器的声衰减量（L_A）为

$$L_A = \varphi(\alpha_0)\frac{L}{S}l \tag{7-39}$$

式中：$\varphi(\alpha_0)$——消声系数；

L——消声器通道断面周长，m；

S——消声器的通道有效横截面积，m^2；

l——消声器的有效长度，m。

另外，赛宾计算消声器的声衰减量的经验计算式为

$$L_A = 1.03(\overline{\alpha})^{1.4}\frac{L}{S}l \tag{7-40}$$

式中：$\overline{\alpha}$——吸声无规入射平均吸声系数。

阻性消声器实际消声量除了与消声器的周长、截面积、消声系数、有效长度有关外，还与噪声的频率有关。噪声频率越高，传播的方向越强，对于一定截面积的气流通道，当入射声波的频率高至一定的限度时，由于方向性很强而形成“光束状”传播，很少接触粘贴的吸声材料，消声量明显下降。产生这一现象所对应的频率称为上限失效频率（$f_{上}$）。可用如下经验公式计算：

$$f_{上} = 1.85\frac{c}{D} \tag{7-41}$$

式中：c——声速；

D——消声器通道的当量直径，m，对矩形管道取边长平均值，圆形管道取直径，其他可取面积的开方值。

当频率高于失效频率时，每增高一个倍频带其消声量约下降 1/3，具体可用下式估算：

$$\Delta L' = \frac{3-n}{3}\Delta L \tag{7-42}$$

式中：$\Delta L'$——高于失效频率的某倍频带的消声量，dB；

ΔL——失效频率处的消声量；

n——高于失效频率的倍频程频带数。

由于高频失效，所以在设计消声器时对于小风量的细管道，可以选用直管式，但对于较大风量的粗管道就必须采用多通道式。通常采取在消声器通道中加装消声片，或把消声器设计成片式、折板式、蜂窝式或弯头式等。这样才能保证消声器中频、高频范围内有良好的消声效果。

2. 抗性消声器

抗性消声器是借助于管道截面的扩张或收缩，或旁接共振腔，利用声波的反射、干涉或共振现象达到消声目的的一种消声装置。抗性消声器相当于一个声学滤波器，通过不同管路元件的组合，使某些特定频率或频段的噪声反射回声源或得到较大的吸收，来达到消声的目的。所以，抗性消声器的消声原理不同于阻性消声器，它不是直接吸收声能，而是利用控制声抗的大小进行消声，称其为抗性消声器。

抗性消声器宜用于消除低频、中频噪声，可在高温、高速、脉动气流下工作，适用于汽车、拖拉机的排气管道、空压机进排气口等的消声。按照消声的机理，抗性消声器可分为扩张式消声器、共振式消声器。

（1）扩张式消声器

扩张式消声器也称为膨胀式消声器，它是由管和室组成的，其最基本的形式是单节扩张式消声器，消声的原理在于声波沿截面突变的管道中传播时，截面突变引起声阻抗变化，而使声波发生反射，如图 7-11 所示。

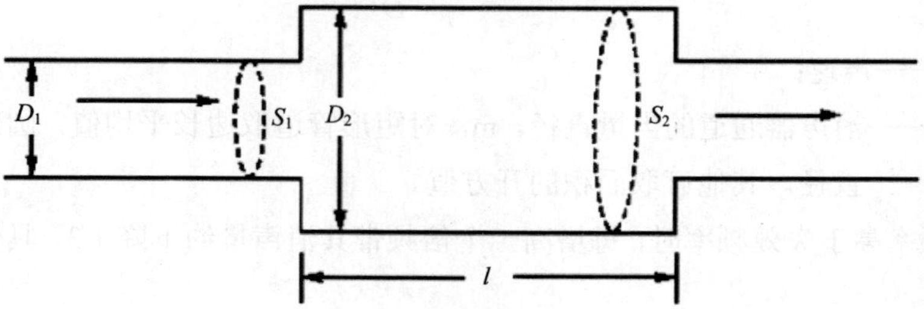

图 7-11 单节扩张室消声器

根据消声器传递损失的定义，单节扩张室消声器的传声损失：

$$\mathrm{TL}=10\lg\frac{1}{\tau_I}=10\lg\left[1+\frac{1}{4}\left(m-\frac{1}{m}\right)^2\sin^2 kl\right] \tag{7-43}$$

式中：$m=\frac{S_2}{S_1}$称为抗性消声器的扩张比，从上式看出，管道截面收缩 m 倍或扩张 m 倍，其消声作用是相同的，在实用中为了减少对气流的阻力，常用的是扩张管。

扩张室消声器的消声量与 $\sin^2 kl$ 有关，所以消声量随频率作周期性的变化。当 $\sin^2 kl=1$ 时，有最大消声量；当 $\sin^2 kl=0$ 时，即不起消声作用，分别讨论：

① 当 $kl=(2n+1)\,\pi/2$，即 $l=(2n+1)\,\lambda/4$ 时（$n=0$、1、2、3…），$\sin^2 kl=1$，扩张室消声量达最大值，则消声量

$$\mathrm{TL}=10\lg\left[1+\frac{1}{4}\left(m-\frac{1}{m}\right)^2\right] \tag{7-44}$$

由上式可以看出，扩张室消声器的消声量大小取决于扩张比（m），通常 $m\gg 1$，当 $m>5$ 时，最大消声量可由下式近似计算：

$$\mathrm{TL}_{\max}=20\lg(m/2)=20\lg m-6 \tag{7-45}$$

将波数 $k=\frac{2\pi}{\lambda}=\frac{2\pi f}{c}$ 代入 $kl=(2n+1)\,\pi/2$ 中，即可导出消声量达到最大值时的相应频率

$$f_{\max}=(2n+1)\frac{c}{4l} \tag{7-46}$$

② 当 $kl=n\pi$，即 $l=n\lambda/2$（$n=0$、1、2、3…），$\sin^2 kl=0$，消声量（TL）= 0，表明声波可以无衰减地通过消声器，这是单节扩张消声器的主要缺点所在。此时对应的频率称为消声器的频率

$$f_{\min}=nc/2l \tag{7-47}$$

为了消除某一频率的噪声可适当选择扩张室的长度，以使消声器在该频率上有最大消声量。

（2）共振式消声器

共振式消声器实质上是共振吸声结构的一种应用，其基本原理基于“亥姆霍兹”共振器。管壁小孔中的空气柱类似活塞，具有一定的声质量，密闭空腔类似于空气弹簧，具有一定的声顺，二者组成一个共振系统。当声波传至颈口时，在声压作用下空气柱产生振动，振动时的摩擦阻尼使一部分声能转换为热能耗散掉。同时，由于声阻抗的突然变化，部分声能将反射回声源。当声波频率与共振腔固有频率相同时，便产生共振，空气柱振动速度达到最大值，此时消耗的声能最多，消声量也就最大。其最简单的结构形式为单腔共振消声器，如图 7-12 所示。

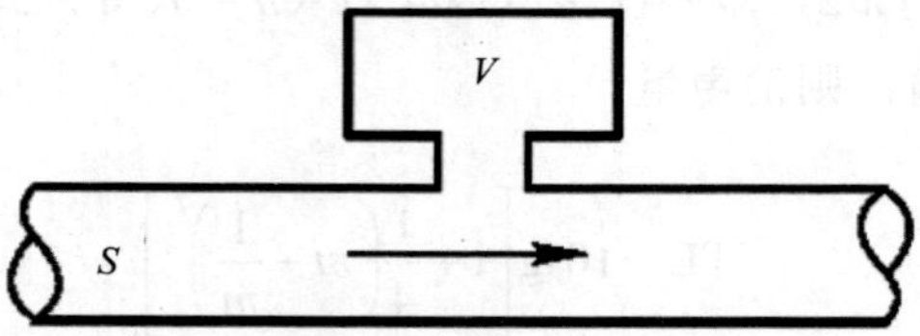

图 7-12　单腔共振消声器

当声波波长大于共振腔消声器的最大尺寸的 3 倍时，其共振吸收频率

$$f_r = \frac{c}{2\pi}\sqrt{\frac{G}{V}} \tag{7-48}$$

式中：c——声速，m/s；

V——空腔体积，m^3；

G——传导率。

忽略共振腔声阻的影响，单腔共振消声器对频率为 f 的声波的消声量：

$$L_R = 10\lg\left[1 + \frac{K^2}{(f/f_r - f_r/f)^2}\right] \tag{7-49}$$

$$K = \frac{\sqrt{GV}}{2S} \tag{7-50}$$

式中：S——气流通道截面积，m^2。

实际工程中的噪声源多是连续的宽带噪声，某一频带内的消声量，此时式（7-48）可以简化为

对倍频带：

$$L_R = 10\lg(1+2K^2) \qquad (7\text{-}51)$$

对 1/3 倍频带：

$$L_R = 10\lg(1+19K^2) \qquad (7\text{-}52)$$

3. 阻抗复合式消声器

阻抗复合式消声器在实际工程中应用较多，常见的有扩张室—阻性复合消声器、共振腔—阻性复合消声器及扩张室—共振腔—阻性复合消声器 3 类，其结构见图 7-13。

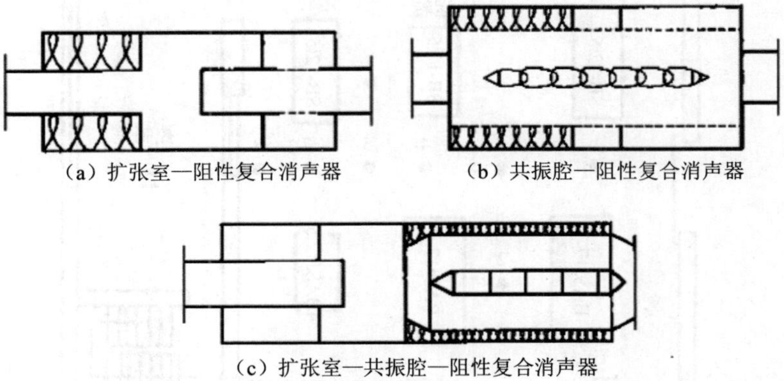

（a）扩张室—阻性复合消声器　（b）共振腔—阻性复合消声器

（c）扩张室—共振腔—阻性复合消声器

图 7-13　阻抗复合式消声器结构示意图

阻抗复合式消声器的消声原理，是利用阻性消声器消除中频、高频噪声，利用抗性消声器消除低频、中频以及某些特定频率的噪声，从而达到宽频带消声的目的。不同频率的消声量计算，可以分别按阻性及抗性消声器消声量计算，然后将同一频带的消声量相加，即可得出总的宽频带消声量。设计阻抗复合式消声器时，要注意抗性消声部分放在气流的入口端，而阻性消声部分放在气流的出口端，即前抗后阻。

第四节　典型的噪声污染控制案例

一、吸声降噪工程应用实例（某禽蛋厂冷冻压缩机房的吸声降噪）

某冷冻压缩机房尺寸为 10.6 m×9.8 m×5.5 m（长×宽×高），屋顶为钢筋混泥土预制板，壁面为砖墙水泥粉刷，两侧墙有大片玻璃窗，共计 52 m^2，约占整个墙面的 40%。机房内安装有 6 台压缩机组，其中，2 台 A 型，每台制冷量为 $5.6×10^6$ kJ/h，转速 720 r/min，3 台 B 型和 1 台 C 型机组每台制冷量为 8.25 cal/h，转速为 960 r/min，压缩机组和噪声测点布置见图 7-14。

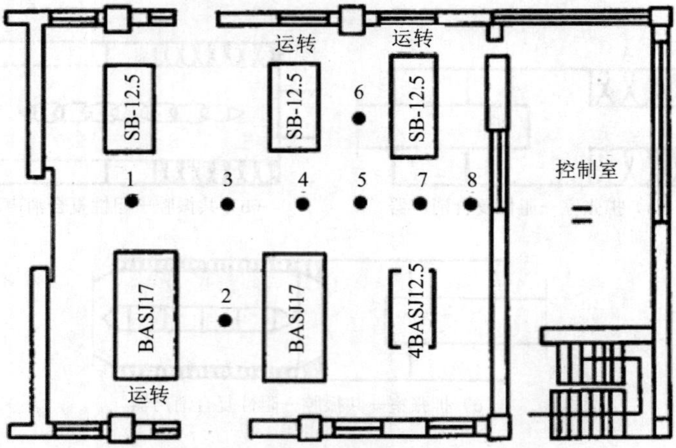

图 7-14　压缩机房内机组位置和噪声测点布置

当 3 台机组运转（其 A 型 1 台和 B 型 2 台）时，机房内的平均噪声级为 89 dB（A）。当 6 台机组全部运转时，预计机房内噪声级将达 92 dB（A）。为改善工人劳动条件，消除噪声对健康的影响，需要进行噪声治理。

1．吸声材料的选择

选用的吸声材料为蜂窝复合吸声板，它由硬质纤维板、纸蜂窝、膨胀珍珠岩、玻璃纤维布及穿孔塑料片复合而成。厚度为 50 mm，分单面和双面复合吸声板。

吸声体构造见图 7-15。该吸声体具有较高的刚度，能耐受一定的冲击，不易损坏，以及吸声效率高等特性。

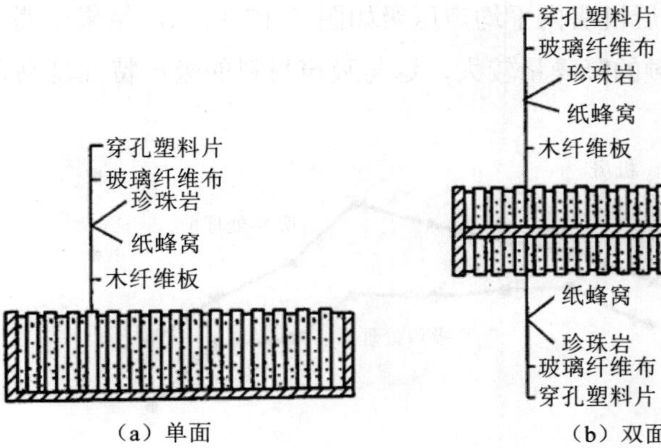

图 7-15　蜂窝复合吸声板构造

2．吸声材料的布置

吸声材料布置在机房内四周墙和平顶上，为了使吸声材料不易损坏，单面蜂窝复合板安装在台面以上的墙面上，材料后背距墙面 5 cm 空气层，吸声材料面积为 72 m^2，约占墙面的 31.7%。平顶为双面蜂窝复合吸声浮云式吊顶，吸声板之间留有较大空当，使其上下两面均能起吸声作用。材料面积约为 44 m^2，约占评定面积的 42%。平顶的吸声处理布置如图 7-16 所示。

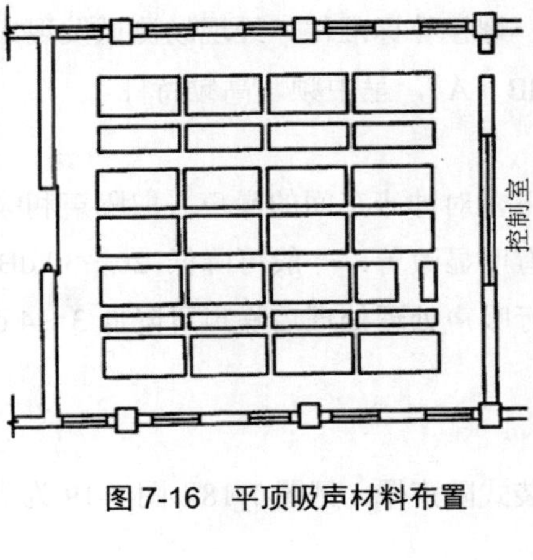

图 7-16　平顶吸声材料布置

3．降噪效果

吸声降噪处理后，机组运转情况与吸声前处理相同，机房内平均噪声已降到80.7 dB（A）。降噪前后机房内平均声压级如图 7-17 所示。结果表明，低频的降噪量较小，中频、高频的降噪量较大，这与吸声材料的吸声特性是吻合的。

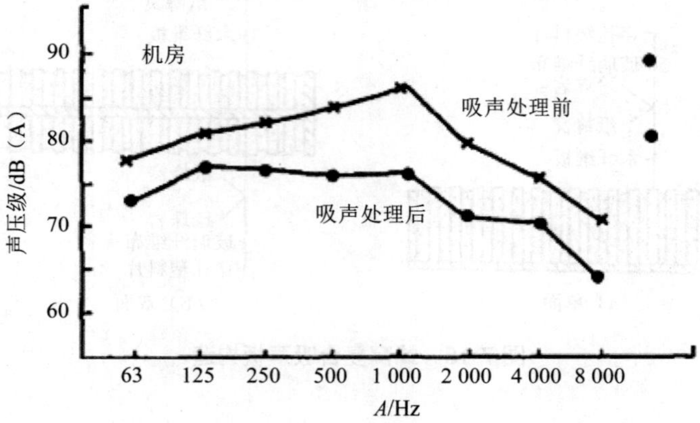

图 7-17 吸声降噪前后实测的平均噪声声压级

本工程吸声降噪效果明显，机房内的噪声已从 89 dB（A）下降到 80.7 dB（A），噪声级低于国家容许标准值［85 dB（A）］。

二、隔声降噪工程应用实例（某厂自动冲床隔声罩降噪）

某厂冲床车间的空间尺寸为 48 m×15 m×11 m（长×宽×高），车间设有 18 台大小冲床，主要生产螺杆、螺栓等标准件。经现场测试发现，自动冲床为主要噪声源，叠加噪声高达 101 dB（A），呈中频、高频特性。

1．噪声治理方案

在现有的技术条件下，对冲床车间的噪声采取隔声和吸声处理。噪声源加隔声罩后，近场噪声将会有明显改善，一般可降低 20～30 dB（A），且比较经济。在此基础上，对车间进行吸声处理处理后噪声可降低 3～4 dB（A）。

2．隔声罩设计

（1）方案确定

对冲床采用整体组装式隔声罩，见图 7-18。图 7-19 为隔声罩立体示意图。在机器间距较小的情况下，这一方案可增大工作场地，有利于操作，维修时可在罩内进行。罩体采用组装式结构，在机器大修时，可将局部罩壁拆卸，而不影响隔声罩的整体骨架，并可减少二道隔壁，从而达到经济实用，实现操作维修方便的目的。在拆去部分罩壁对其中某台冲床检修时，即使有部分噪声传出的问题，但由于仍有三面罩壁，固隔声罩仍有一定的效果，在检修期不长的情况下，影响不大。

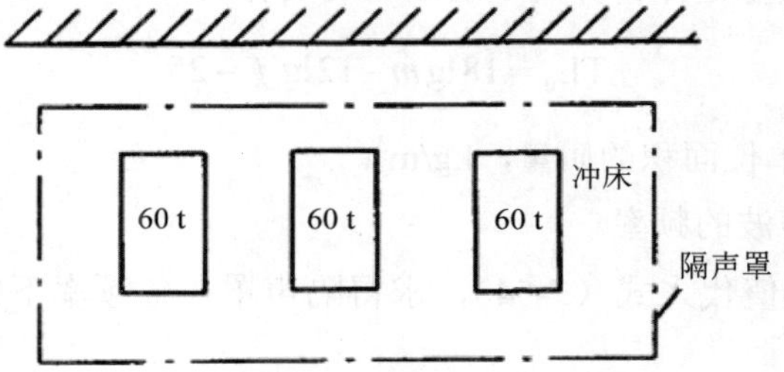

图 7-18 整体组装式隔声罩

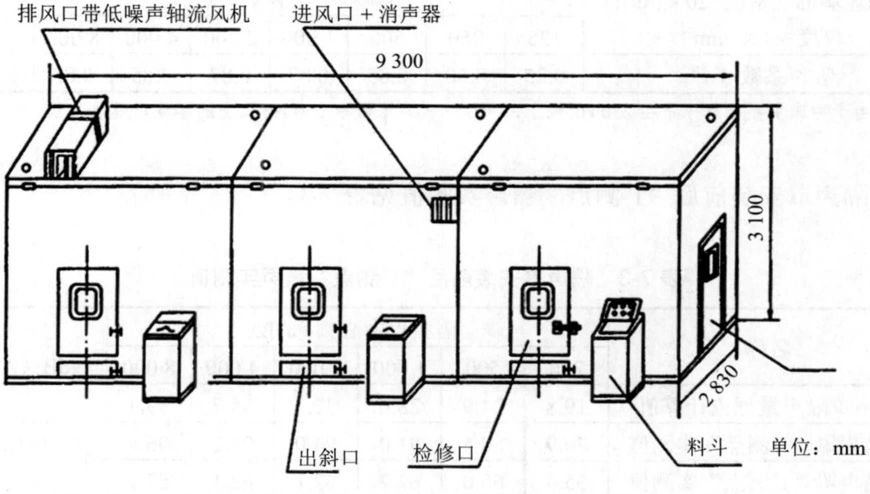

图 7-19 冲床隔声罩立体示意图

（2）隔声罩的结构

隔声罩采用全封闭式结构，隔声罩长 9.3 m、宽 2.88 m、高 3.3 m。全部使用钢结构骨架，罩壁检修门、观察门等均可拆卸，用螺栓固定在骨架上。罩壁用 1.5 mm 厚钢板，内壁护面钢板穿孔率 19%，内填厚度约为 100 mm，密度为 20 kg/m^3 的超细玻璃棉吸声材料，各单元隔声罩之间的连接用 10 mm 厚的橡胶圈密封。

（3）罩壁隔声量（插入损失）的计算

$$TL = TL_0 + 10\lg 2f \tag{7-53}$$

式中：TL_0——按质量定律计算的单层结构的固有隔声量。

$$TL_0 = 18\lg m - 12\lg f - 25 \tag{7-54}$$

式中：m——壁面单位面积的质量，kg/m^3；

f——入射声波的频率。

各中心频率数值代入式（7-54），求得隔声罩在各频率下的理论隔声量，见表 7-2。

表 7-2 超细玻璃棉的吸声系数

超细玻璃棉（密度=20 kg/m^3；厚度≈100 mm）	倍频程中心频率/Hz							均值
	125	250	500	1 000	2 000	4 000	8 000	
吸声系数（α）	0.25	0.60	0.85	0.87	0.87	0.85	0.85	0.815*

注：*由于冲床主要噪声分布在 250 Hz 以上，所以平吸声系数取 250 Hz 以上的各频段吸声系数。

隔声罩安装前后“1#测点”噪声实测值见表 7-3。

表 7-3 隔声罩安装前后“1#测点”噪声实测值

名称	倍频程中心频率/Hz						总声级/dB（A）
	250	500	1 000	2 000	4 000	8 000	
隔声罩隔声量理论计算值	19.8	24.9	28.6	32.2	35.7	39.4	
无隔声罩“1#测点”实测值	76.9	88.5	91.0	94.0	97.2	96.8	101.2
无隔声罩“1#测点”实测值	55.4	60.0	62.7	62.1	62.1	53.4	68.5
实际隔声量	21.5	28.5	28.4	32.0	35.1	43.4	32.7

（4）散热要求

冲床的 3 台电机功率分别为 7.5 kW、5.5 kW、7.5 kW，是隔声罩内的主要发

热源，为了保证罩内温度均衡，增加空气对流的程度，不使电机烧坏，隔声罩采用强制排风方式，隔声罩所允许的换气量按下式计算

$$L = \frac{Q}{C \cdot \rho_0 (t_p - t_g)} \tag{7-55}$$

式中：L——换气量，m^3/h；

ρ_0——空气的密度（在 t 为 30℃时，ρ_0=1.127 kg/m³）；

t_g——吸入空气温度，℃，取 30℃；

t_p——排出空气温度，℃，取 45℃；

C——空气比热，一般取 0.24 kcal/（kg·℃）；

Q——电动机及减速器的散热量。

$$Q = N(1 - \eta_1 \eta_2)860 \tag{7-56}$$

式中：N——电动机功率，本书取 7.5 kW；

η_1、η_2——电机机械效率（取 0.9）和减速齿轮的机械效率（取 0.95）。

$$L_{总} = 3L = 3 \times 230.5 = 691.5 \tag{7-57}$$

根据计算散热量，选用排风机低噪声轴流风机，其风量为 7 700 m³/h，电机功率为 0.37 kW。

表 7-4　通风计算数据表

电机功率/（N/kW）	散热量/［Q/（J·h）］	换气量/［L/（m³·h）］	消声器通道面积
7.5	3 928.25	230.5	0.3

隔风罩的进风口设置在罩的上部，用管道把进气引到底部，进入罩内，在进风口设片式阻性消声器。将进风消声器竖直放置，不在罩的底部，这样可以减小占地面积，便于工人操作维修。排风口设在罩的顶部，在其内部也安装上片式阻性消声器，以减少声音从此处漏出，参见图 7-20，风机被安放在排风出口处。

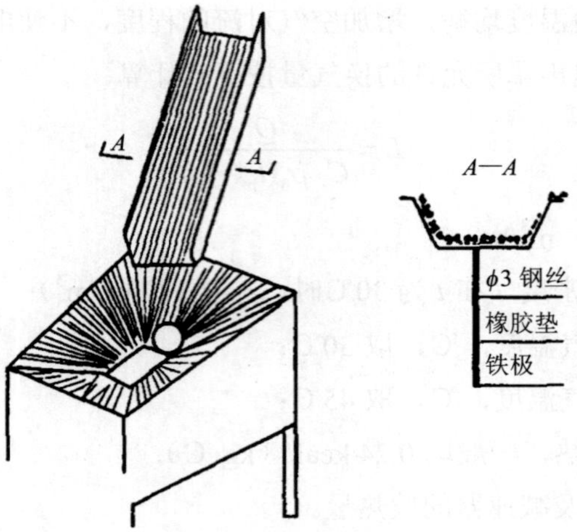

图 7-20 冲床隔声罩示意图

（5）落料机

由于原上料机构成不合理，上料多于进料，余料通过薄钢板制成的落料槽回到加料斗，导致螺杆与落料槽及料斗由于碰撞产生的噪声高达 100 dB（A）。为此，采用钢丝橡胶组合材料结构对原有落料机结构进行改造。薄板振动发声效率一般要比细铁丝高，采用细钢丝橡胶组合结构，如图 7-21 所示，可使料槽的横向振动切断，纵向振动因受到橡胶阻尼，振动减少，从而降低了落料的冲击声。实测其噪声级为 85 dB（A），下降了 15 dB（A）。

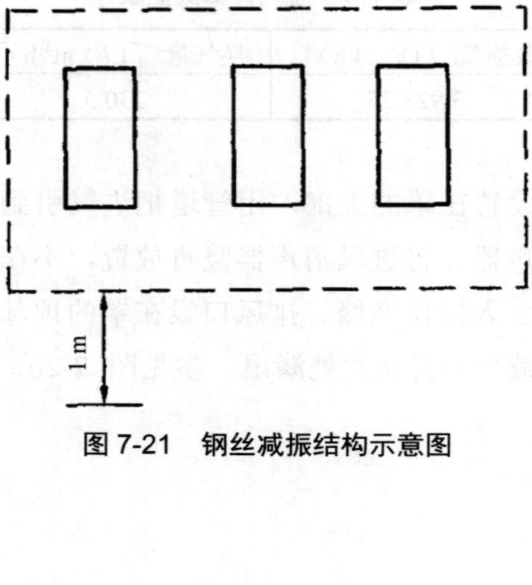

图 7-21 钢丝减振结构示意图

3. 隔声罩的隔声效果及改进意见

隔声罩施工完毕后，对其隔声效果使用 NL-11 精密声级计，NX-0 lA 倍频程滤波器测量，测前用 NC-73 型校准器校准。

测试结果如表 7-5 所示。

表 7-5　隔声罩安装前后 6 个测点的噪声实测值

条件	1	2	3	4	5	6	平均声级/dB（A）
加罩前噪声级	101.2	101.4	101.2	100.3	100.2	99.8	100.7
加罩后噪声级	68.5	78.1	78.7	71.4	72.6	73.4	73.8
隔声量	32.7	23.3	22.5	28.9	27.6	26.4	26.9

结论：

① 3 台冲床工作时隔声罩的 6 点平均插入损失为 26.9 dB（A），在“1#测点”处隔声量为 32.7 dB（A），与理论计算基本相符。

② 车间平均噪声级为 92 dB（A），下降了 5 dB（A）。

③ 对落料机结构的改进，使落料机噪声级下降了 15 dB（A），改进效果显著。

④ 实际隔声值与理论计算值对比数据见图 7-22，在整个频带上相差不大。

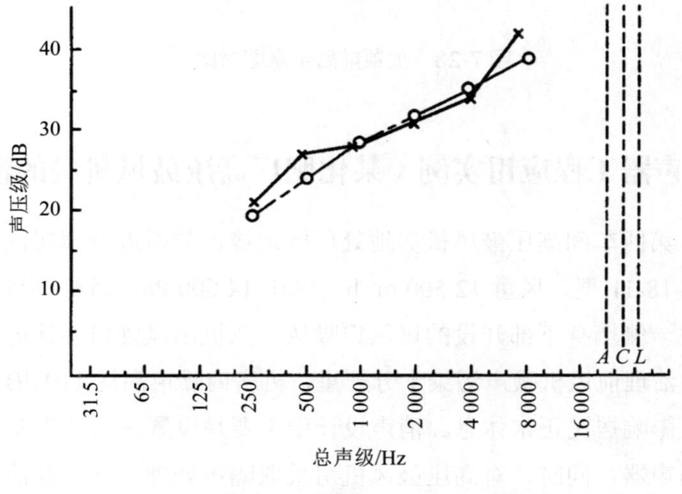

图 7-22　加罩前后“1#测点”的声压级对比

⑤ 由于受到现场条件的限制及施工问题的影响进口消声器长度欠短，消声量不足，近消声器口处，噪声级偏高，若经过改进，增加消声器的消声量，隔声罩的插入损失将可以达到 29.1 dB（A）。

⑥ 从目前的车间噪声来看，尚未达到《工业企业厂界环境噪声排放标准》（GB 12348—2008）的要求［90 dB（A）］，如果进一步实施吸声处理，可使车间噪声控制在 90 dB（A）以下。

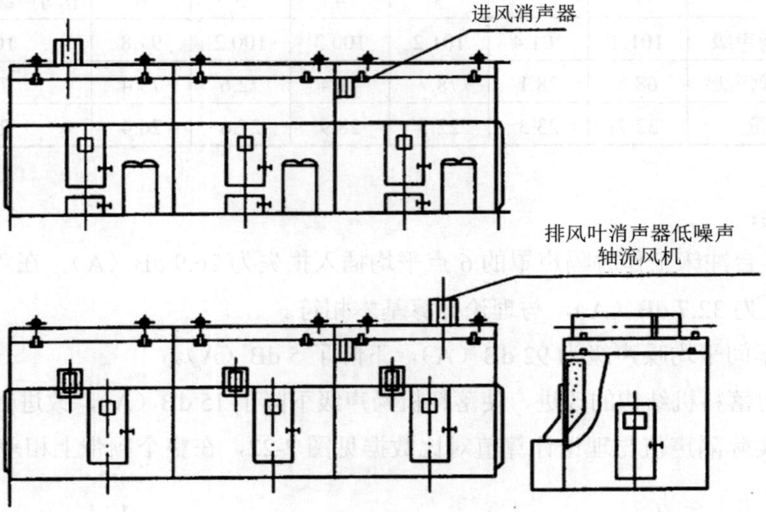

图 7-23 加罩前后示意图对比

三、消声器工程应用实例（某化肥厂高压鼓风机房的消声降噪）

某化肥厂第四车间高压鼓风机房地处厂区边缘，与附近城镇居民相距不远。风机型号为 8-18-11 型，风量 12 500 m^3/h，风压 14 000 Pa，风机进风口敞开，由机房面向民宅一侧墙身下部开设的进风口吸风，风机出风管口接管道输出气至工艺用气部分。治理前风机噪声污染十分严重，机房内噪声高达 119 dB（A），机房外无法交谈，影响居民正常休息。消声设计中主要是设置进风消声器，选用 F_B-4 型阻抗复合消声器，同时，对高压鼓风机房采取隔声处理，并使经消声器吸入机房的风接近电机，以起到通风冷却作用（图 7-24）。改建设计后，机房外已可对话，居民区噪声明显降低，实测的 F_B-4 型阻抗复合消声器的进出口两端声级差达 31 dB（A），中频、高频声压级差值大多在 30 dB（A）以上，表 7-6 为实测主要结果，该工程投资 0.2 万元。

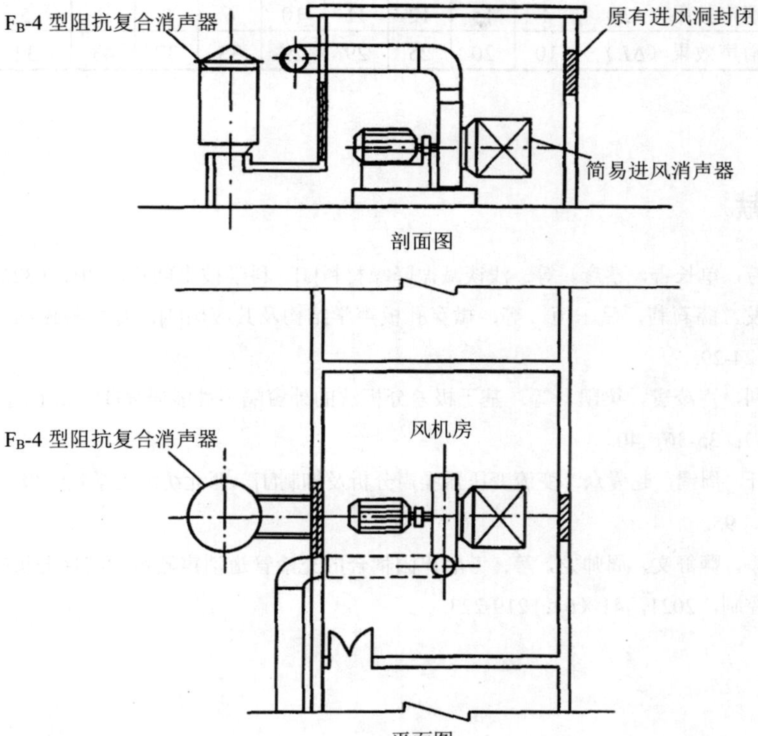

图 7-24　该化肥厂风机房消声处理示意图

表 7-6　实测消声效果

测点及条件	倍频程声压级/dB（A）								总声压级/dB（A）	
	63	125	250	500	1 000	2 000	4 000	8 000	A	C
机房内近消声器出风口	108	108	100	108	107	104	96	89	113	115
机房外近消声器出风口	94	89	81	76	78	75	66	59	82	96
消声效果（ΔL）	14	19	19	32	29	29	30	40	31	19
原吸气室内近 3#机进风口	106	103	108	115	118	115	107	100	119	120
原吸气室外近进风百叶窗口	96	96	99	111	109	103	98	92	112	114

测点及条件	倍频程声压级/dB（A）								总声压级/dB（A）	
	63	125	250	500	1 000	2 000	4 000	8 000	A	C
现吸气室内近 3#机进风口	102	88	96	104	108	109	97	96	114	114
原吸气室顶外消声器口外	86	76	74	82	80	70	61	49	80	88
吸气室内消声效果（ΔL）	4	15	12	11	10	6	0	4	5	6
吸气室外消声效果（ΔL）	10	20	25	29	29	33	37	43	32	26

参考文献

[1] 杜国芳，单长吉，蔡彦，等．浅谈减振降噪材料[J]．科学技术创新，2018（32）：189-190.

[2] 张明发，薛莉莉，吕玉恒，等．微穿孔板声学结构及其应用[J]．噪声与振动控制，1996（4）：24-29.

[3] 谢小利，卢凌寰，梁凯，等．基于极差分析法的外窗隔声性能研究[J]．绿色建筑，2021，13（5）：35-36，40.

[4] 刘重轩，周镭，赵爱众．变流变压器噪声分析及抑制[J]．西北纺织工学院学报，1996（1）：66-70，95.

[5] 陈理添，卿舒文，周帅龙，等．考虑声固耦合的充液管道消声器声学特性分析[J]．噪声与振动控制，2021，41（6）：219-223.